塔里木盆地中央隆起带火山活动规律与油气成藏特征

李　坤　赵锡奎　何建军　著

科学出版社
北　京

内 容 简 介

本书重点分析塔里木中央隆起带火成岩的岩相、产状、性质、成因、发育期次以及分布规律，指出塔中地区经历五期火山活动，其中早二叠世火成岩属非典型大陆裂谷环境的岩浆活动产物，具有拉张裂谷特点，受大型反转断裂带控制，具有西厚东薄、北厚南薄的特征；在此基础上提取火成岩段综合地震波场特征参数，利用基于遗传算法的神经网络方法进行网络速度、密度和波阻抗反演，揭示卡1三维区块四种岩相特征，并结合孔隙度反演，揭示高孔区围绕火山口分布，并具有条带状延伸向南的趋势，进而指出上下贯通的断裂、火山岩裂缝、火山岩顶面鼻凸构造带以及海西晚期不整合面是塔里木盆地火山岩层系成藏的主控因素，为下一步油气勘探提供指导。

本书可供广大地质勘探工作者、石油勘探技术人员及地质资源矿产类高校相关专业学者、研究生阅读和参考。

图书在版编目（CIP）数据

塔里木盆地中央隆起带火山活动规律与油气成藏特征/李坤，赵锡奎，何建军著. —北京：科学出版社，2016.7

ISBN 978-7-03-049385-9

Ⅰ. ①塔… Ⅱ. ①李… ②赵… ③何… Ⅲ. ①塔里木盆地—火山作用—规律—研究 ②塔里木盆地—油气成藏形成—研究 Ⅳ. ①P317 ② P618.130.2

中国版本图书馆（CIP）数据核字（2016）第160915号

责任编辑：杨 岭 郑述方/责任校对：彭珍珍
责任印制：余少力/封面设计：墨创文化

科学出版社出版
北京东黄城根北街16号
邮政编码：100717
http://www.sciencep.com
成都创新包装印刷厂印刷
科学出版社发行 各地新华书店经销
*
2016年7月第 一 版 开本：787×1092 1/16
2016年7月第一次印刷 印张：13.5 插页：4
字数：340 000

定价：98.00元

（如有印装质量问题，我社负责调换）

前　言

本书以现代地质学的系统论、活动论等先进理论为理论支撑，以多技术相互交叉、多模式相互融合为特色，以火山活动背景、期次、产物以及对油气运移、聚集和成藏改造作用为主线，重点分析和总结塔中地区火成岩的岩相、产状、性质、成因、发育期次以及分布规律等，指出中央隆起带以二叠纪火山岩为主，受柯坪断隆南断裂带、色力布亚—玛扎塔格断裂带、阿恰—吐木休克断裂带、古董山断裂、塔中Ⅱ号断裂等大型反转断裂带控制，具有西厚东薄、北厚南薄、断裂带附近火山较发育、北部有大规模的火山溢流的特征，火山活动具有震旦纪早期、震旦纪晚期—寒武纪早期、寒武纪晚期—奥陶纪早中期、志留纪和早二叠世五期特征，其中早二叠世火成岩属非典型或发育不完全的大陆裂谷环境的岩浆活动产物，具有拉张裂谷特点，其中侵入岩略偏亚碱性系列，基性侵入岩为富集地幔。同时总结火成岩测井解释特征，提取火成岩段多地震波场特征参数，进行均衡、压缩和融合处理得到综合参数，进而利用基于遗传算法神经方法进行网络速度、密度和波阻抗反演，揭示卡1三维区块火山通道（火山口）相、溢流主体相、喷发主体相、喷发相四种火成岩岩相特征，并在孔隙度反演的基础上发现高孔区（＞6%）主要集中于研究区中南部，围绕火山口分布，并连片向南条带状延伸的趋势。在上述研究基础上，分析火成岩对油气的生成、储集、运移、聚集的影响和对油气藏遮挡、调整、破坏的综合作用，总结火成岩对塔中地区油气聚集的利弊，指出上下贯通的断裂、火山岩裂缝、火山岩顶面鼻凸构造带（局部构造）以及T_5^0不整合面构成很好的网状输导体系，这是火山岩上、下层系发现较好的油气显示的前提和基础，为下一步油气勘探提供指导。

李　坤

2016年5月1日

目　录

第1章　区域地质概况及勘探历程

1.1　区域地质特征

塔里木沉积盆地在漫长的地质历史中，经历了从伸展到收缩的多期强烈构造变革，这些构造事件都在不同程度上使盆地原始形态发生变化，在地质历史中原本互不相邻的地质体在现今有可能共生在一起，而曾经在历史中有成因联系的地质体有可能会被天各一方，所以处在同一单元内的地质体可能有着截然不同的石油地质条件，而相距遥远的地质体的石油地质条件有可能有着惊人的一致性，因此，若要客观认识压性盆地的油气资源潜力，不同区带石油地质条件的优劣以及同一构造带不同目标含油气潜力的差异，就需要对研究区的地质历史、原型盆地的性质和几何形态有一个清晰的认识，才能历史地、合理地看待生油凹陷、区带、生储盖组合与勘探目标的变化及其相互关系。

1.1.1　区域地质背景

塔里木盆地位于我国新疆维吾尔自治区南部，夹持于天山、西昆仑山和阿尔金山三大褶皱山系之间，盆地范围为东经 74°00′～91°00′，北纬 36°00′～42°00′，盆地面积 $56\times10^4 km^2$。

塔里木盆地是塔里木板块的核心稳定区，而塔里木板块是一个具有前震旦系克拉通结晶基底的、自元古代超大陆裂解出来的古生代独立古陆块，中新生代塔里木板块北邻哈萨克斯坦板块和西伯利亚板块，南接特提斯羌塘板块和柴达木板块，处于几个板块的交汇处，是构造最活跃和地貌最壮观的地带。在晚古生代末期到中生代塔里木板块主要受特提斯构造域控制，新生代则主要受喜马拉雅构造带控制，现今为欧亚大陆板块南缘蒙古弧与帕米尔弧之间的广阔增生边缘的中间地块（图 1-1）。塔里木盆地目前的构造格局主要是在新生代喜马拉雅构造旋回形成的，北侧为天山构造带，东南侧为阿尔金构造带，西南侧为西昆仑构造带。北部界线主要表现为一个向南逆冲的断裂带，与南天山大规模挤压抬升相关。南界为阿尔金大型左旋走滑断裂，把塔里木盆地与柴达木盆地和其他南部诸小盆地分隔开。西南边界存在一系列压扭性右旋走滑断裂，如费尔干纳断裂的南段和喀喇昆仑断裂等，其形成与印度板块向北强烈挤入相关。塔中—巴楚地区属于塔里木盆地的中央隆起带，其形成和演化受周边造山带的控制，不同时期的主控构造作用不同，构造性质也不同。

1.1.2　区域构造演化特征

贾润胥（1991）、孙肇才（1990）、王鸿祯（1990）、贾承造等（1997）、何登发（2002）

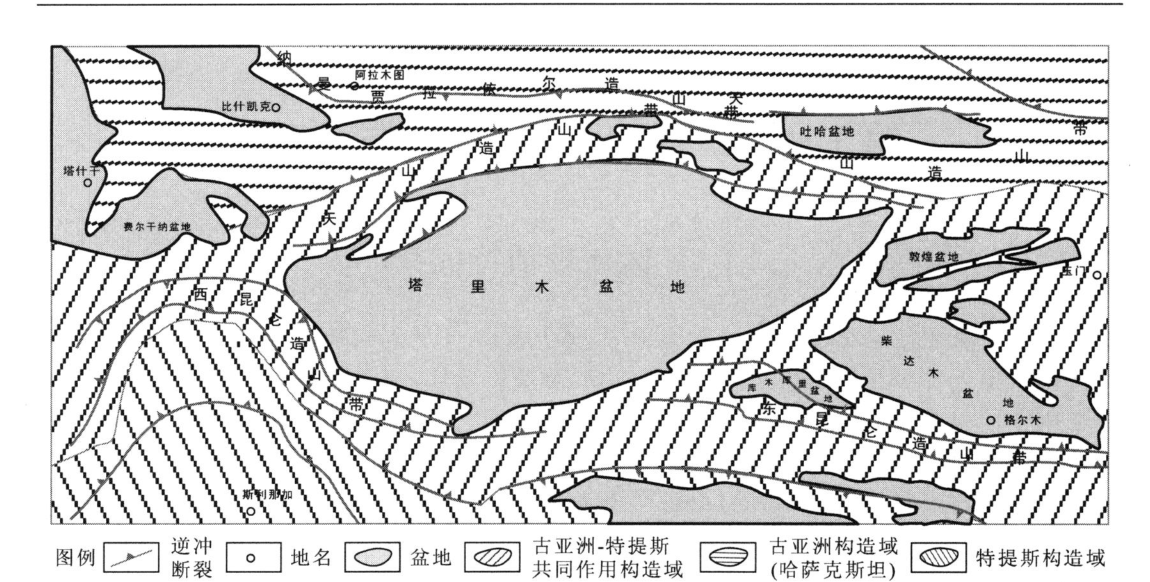

图 1-1 塔里木盆地及其周缘盆山体系图（许志琴等，2011）

等比较系统地总结了震旦纪以来该区不同盆地原型的特征和展布。本次通过对塔里木盆地地震大测线（Z40、Z50、Z55、Z60、Z70、L250）、90 余条二维地震测线，卡 1、卡 4 三维地震资料的解释及构造演化分析，认为现今塔里木盆地是在地质历史中受天山、昆仑山、阿尔金山构造域长期演化所控制、不断转换、不断遭受改造而在中新生代定型的盆地。自震旦纪以来经过多次的裂解、闭合，至喜山期最终碰撞关闭形成的夹持在天山和昆仑山之间的大型复合型盆地，它是在不同板块构造运动体制和多阶段作用下形成的。结合塔里木盆地周缘构造背景，将塔里木盆地形成演化历程划分为 5 大构造旋回：①震旦—奥陶纪原特提斯稳定克拉通与被动大陆边缘盆地原型发育阶段；②志留—中泥盆世原特提斯关闭前陆盆地—克拉通边缘坳陷盆地原型发育阶段；③晚泥盆世—三叠纪古特提斯开合交替背景下克拉通周缘裂陷（坳陷）—内部裂陷（坳陷）—前陆盆地原型发育阶段；④侏罗—古近纪新特提斯开合交替背景下断陷—坳陷盆地原型发育阶段；⑤新近纪以来复合前陆盆地原型发育阶段（表 1-1）。

早震旦世在三个大洋或正裂解的陆间窄洋盆的包围之中，塔里木古陆块形成的克拉通上，发育了塔南、沙雅两个古隆起，中部克拉通内部坳陷原型盆地；受 NE—SW 向拉张应力作用，东部发育了受张性断裂限制的库满坳拉槽原型盆地。此时塔中 Ⅰ 号深部也发育正断裂，通过应力背景并结合平衡剖面分析，认为早期拉张背景下形成走向 NW，倾向 NE 的基底正断层，仅断开震旦—早寒武世，晚奥陶世才受区域 SN 向挤压，形成倾向 SW 的塔中 Ⅰ 号边界主断裂。如果认为是早奥陶世末应力反转大规模逆冲，那么上下两盘中上奥陶统上千米的落差，必然导致垮塌堆积，但是剖面上没有找到相关反射特征，因此认为周缘在加里东中期早幕的应力反转没有第一时间传递到中央隆起区，而是在晚奥陶世才开始大规模逆冲隆升。

表 1-1　塔里木盆地构造演化一览表

时代		构造旋回		主要构造运动	主要构造反转	演化阶段
代	纪	旋回	阶段			
Kz	Q	新特提斯洋开合旋回	新特提斯洋关闭阶段	喜山晚期运动	正反转时刻	复合前陆盆地
	N		新特提斯洋消减阶段		负反转时刻	
	E			喜山早期运动		断陷盆地阶段
Mz	K		新特提斯洋消减阶段	燕山晚期运动	负反转时刻	
	J_{2+3}				正反转时刻	
	J_1		新特提斯洋拉张阶段	燕山早期运动	负反转时刻	
	T_3	古特提斯洋开合旋回	古特提斯洋关闭阶段	印支运动	正反转时刻	弧后前陆盆地前陆盆地阶段
	T_{1+2}		古特提斯消减阶段			
Pz_2	P_{2+3}	古特提斯洋开合旋回	古特提斯消减阶段	海西晚期运动	正反转时刻	弧后前陆盆地前陆盆地阶段
	P_1		古特提斯拉张、残余古亚洲洋手风琴式张、消交替—关闭阶段		负反转时刻	边缘裂陷、内部坳陷或火山喷发阶段
	C_2				正反转时刻	
	C_1				负反转时刻	
	D_3					
	D_{1+2}	古亚洲洋、前特提斯洋开合旋回	前特提斯洋关闭、古亚洲洋消减阶段	海西早期运动	正反转时刻	周缘前陆盆地阶段
Pz_1	S_{2-3}			加里东晚期运动		
	S_1		前特提斯洋消减阶段			
	O_3					
	O_2			加里东中期运动	负反转时刻	克拉通边缘坳拉槽被动边缘、内部坳陷发育阶段
	O_1		古亚洲洋、前特提斯洋拉张阶段	加里东早期运动		
	∈					
An∈	Z_2			塔里木运动		
	Z_1		原中国古陆裂解阶段			克拉通边缘坳拉槽发育阶段
	Anz	原中国古陆形成旋回				

晚震旦世，古昆仑洋、古亚洲洋主要为拉张背景，张性断层在周缘活跃，盆地大部分地区为克拉通内坳陷，沙雅和塔东南为隆起区；寒武纪至早奥陶世，各个地块漂移，古亚洲洋主要为拉张背景，在盆地内部尤其是巴楚—卡塔克一带发育 NW—SE 向和近 EW 向早期正断裂，部分断裂仅断入寒武系或下奥陶统，后期改造作用不明显，仍保持正断裂形态；多数断裂由于加里东晚期—海西期以及喜山期运动的强烈挤压，沿着早期正断层系统大规模反转逆冲，上覆地层抬升形成古隆起，早期正断裂继承性活动成为古隆起的边界断裂（塔中 I 号断裂、色力布亚断裂等），并且对奥陶系的沉积也起到了明显的控制作用，进而影响后期成藏演化。中晚奥陶世的构造变革导致塔里木盆地构造格局出现强烈分异，盆地动力学背景从张性转为压性挤压背景，周缘的挤压、逆冲造山导致古地理背景变化。

塔东南阿尔金隆起活动，局部隆起进一步发育，在塔西克拉通内部坳陷有和田低隆起、玛参1井低隆起、卡塔克低隆起和轮台低隆起，在库满坳拉槽有阿克苏低隆起和罗布庄低隆起。东边的库满坳拉槽与西边连通，展示了当时南北挤压，东西展布的原型盆地特征。奥陶纪末沙雅隆起和EW向中央隆起基本形成，且以中央隆起剥蚀最为严重，并使震旦—奥陶纪沉积时形成的古隆起（英买力—轮南隆起、卡塔克隆起）隆升幅度进一步加大。

早志留世盆地北部、西南部持续遭受NE—SW向挤压，塔里木克拉通南部阿尔金隆起与和田低隆相连，形成大范围的南部隆起，北部原阔克苏低隆起向西扩展形成近EW向沙雅隆起，至依木干塔乌组沉积期，盆地东南部隆起区和沙雅隆起连成一片。至中泥盆世末塔里木盆地发生大规模的海西早期运动，造成盆地内大面积隆起，是沙雅、卡塔克两大隆起的主要形成期，上泥盆统及下伏地层遭受强烈剥蚀，对应的T_6^0反射波在卡塔克东南部、满加尔坳陷东部、沙雅隆起等地区表现出上超下削性质，形成了古生代隆凹相间的基本构造格局。晚泥盆世已经由前特提斯转化为古特提斯的大格局，早石炭世盆地西部柯坪隆起、西南部和田隆起、东南部阿尔金隆起发育；至石炭纪末，塔里木盆地北缘天山隆起形成，此前的沙雅隆起、塔东隆起连成一片，形成东部隆起，占据盆地中东部大部分位置，主要为隆起剥蚀区。早二叠世开始，天山构造域拉张作用加强，在克拉通周缘的洋盆普遍发育基性、超基性火山岩，而且在塔里木克拉通边缘和内部原加里东断裂区发育张性断裂活动，但断距不大，克拉通内部稳定区则没有断裂活动，部分火山岩以熔透方式溢出，与断裂无关。赵锡奎等（1998）认为，塔里木盆地早二叠世的玄武岩与整个古特提斯构造域火山岩均代表岩石圈深部拉张构造环境，中国西南地区反映强烈拉张，而塔里木盆地北缘的玄武岩则代表了挤压汇聚期或汇聚后的有限拉张。岩浆沿先存的或新生的高角度或走滑断裂溢出，由于拉张较弱，在地壳浅部表现为"拉而未裂或裂而未陷"的构造特征。同时盆地东北部大面积隆升剥蚀，克拉通内部裂陷中也发育小规模的隆起。晚二叠世末发生海西晚期构造运动，南侧的甜水海地体与塔里木板块发生碰撞，导致古天山山脉的进一步隆升，塔里木克拉通整体遭受挤压，盆地东部抬升遭受剥蚀，海水西退，使晚二叠世晚期在塔西南形成的前陆盆地逐渐向盆地中部迁移，在今巴楚地区形成古隆起。

三叠纪是古陆块汇聚最活跃的时期，早三叠世克拉通内部普遍遭受剥蚀，西部及东南部发育大型隆起，在中部坳陷和库车前陆盆地之间发育新和前缘隆起；至晚三叠世，北部天山隆起持续发育，新和隆起向西延伸，东部和西部隆起分别向西、向东扩大，使得中部克拉通内部坳陷呈不规则的南北向盆地。三叠纪末发生印支构造运动，受羌塘地块与塔里木陆块的陆陆碰撞拼贴事件影响，卡塔克和塔东北地区的大部分地区都在这次构造运动之后被抬升为陆地，遭受不同程度的剥蚀，麦盖提斜坡以及巴楚隆起几乎剥蚀了全部三叠系，而北部的新和前缘隆起被沉积覆盖，同时也使塔里木盆地内近东西向发育的构造格局转化为一系列NW向为主的大型构造带。

侏罗纪进入新特提斯开合交替背景下断陷—坳陷盆地原型发育阶段。早侏罗世拉张作用较强烈，阿尔金山南北发育右旋走滑作用下扭张断裂，塔里木主体发育了塔东北陆内坳陷，西部隆起和沙雅隆起，在现今的巴楚隆起一带处于隆起剥蚀状态；晚侏罗世挤压作用加强，断陷作用停止，盆地的隆起状态表现得更为突出，西部隆起、东部隆起连片为南部隆起，新和隆起与天山隆起也相互连接在一起。早白垩世周缘全部为隆起剥蚀状态，塔里木盆地已初具现今盆地形态，盆地主体区存在西部隆起和东部隆起两个古隆起，新和隆起已经发育为水下隆起；晚白垩世除了塔西南坳陷仍发育外，塔里木克拉通大部分地区都处于抬升状态并遭受剥蚀。现今的巴楚隆起、卡塔克隆起、麦盖提斜坡、塘古巴斯坳陷、塔南隆起和东南坳陷西部，是三叠纪以来长期发展的隆起剥蚀区，白垩纪末剥蚀面积为$25.16\times10^4\text{km}^2$，其中以巴楚地区地层剥蚀厚度较大，为500～700m。

始新世末盆地南缘印度板块与欧亚大陆板块开始碰撞，使盆地地处于强烈挤压构造环境，周边山系开始褶皱隆起，差异性升降运动显著加强，进入复合前陆盆地演化阶段，沙雅隆起、塔南西部隆起等为水下隆起，巴楚隆起已经出露水面，成为剥蚀性隆起，整个盆地范围有东延趋势。新近纪昆仑造山带、阿尔金造山带的崛起，导致塔里木盆地遭受最显著的碰撞后汇聚，形成SW向挤压和SE向左旋走滑作用，北部天山构造域承受南部挤压，周缘隆起带普遍隆升、逆冲，阿瓦提—库车前陆盆地与塔东南前陆盆地呈NEE或NE向，二者共拥的卡塔克隆起呈一弧形带展布，西接巴楚隆起（为剥蚀型隆起）。新近纪晚期由于喜山运动的加强，印度板块向欧亚板块的碰撞导致塔里木克拉通遭受汇聚后挤压的远程效应明显，塔里木克拉通周缘隆升、逆冲、走滑、推覆强烈，使得塔里木克拉通内部强烈变形。吐木休克断裂、色力布亚—玛扎塔格断裂活动并逐渐加强，二者构成的背冲断块（塔西南前陆盆地的前缘隆起）开始大规模形成，并与卡塔克隆起相连构成大型中央隆起带。第四纪以来盆地边缘造山带的运动学过程基本一致，但强度不断增加，形成一个统一的大型陆内坳陷，更新世时盆地开始萎缩，周围褶皱山系的不断隆升，逐渐造成盆地的强烈封闭，并随着气候干燥而逐渐沙漠化，并最终形成现今地貌景观。

1. 塔中地区构造演化特征

塔里木盆地主要经历了塔里木运动、加里东运动、海西运动、印支运动、燕山运动、喜马拉雅运动的多期改造，具有复杂的构造演化史。其中对塔中地区影响显著的是早奥陶世末的加里东早期、晚奥陶世末的加里东中期、志留纪末期的加里东晚期、中泥盆世末的海西早期及早二叠世末的海西晚期等运动。其中加里东晚期构造运动中对塔中地区影响最为强烈，这一次构造运动形成了塔中下古生界地层的隆起构造，使得志留系地层与下奥陶系地层以削截的形式成角度不整合接触，上覆构造层之间表现为局部的角度不整合。

1）塔里木运动

在元古代漫长的地质时期，塔里木及其外围地区地壳构造活动性强，在古塔里木地块（含南天山、西昆仑）基底形成过程中，经历了两次普遍而强烈的构造运动，即中条运动和晋宁运动（相当于塔里木运动）。早元古代末的中条运动为聚敛运动，晚元古代末的晋宁运动使古大洋最终封闭而转化为克拉通，由中上元古界浅变质岩系和下元古界、太古界深变质岩系组成结晶基底。形成古塔里木地块。至此塔里木地块由地壳的活动状况转变为地壳构造的稳定区，震旦纪时，整个地块处于一个拉张构造背景下的陆表海环境。由于受晋宁运动影响，地台基底地形起伏不平，地势相对高差大，地台边缘下沉，地块内部相对隆起，震旦系盖层呈超覆或充填方式沉积，前震旦纪基底古构造具三隆两凹格局（北部隆起、北部凹陷、中央隆起、西南凹陷、南部隆起）。塔中地区处于隆起与坳陷的边缘过渡地带，其北东方向为裂谷下陷的满加尔坳陷区，西南方向为缓慢抬升的台地区。

2）加里东早期运动

从震旦纪开始，塔里木盆地进入区域伸展的构造背景。从震旦至早中寒武世，塔中为近 EW 向的台地边缘斜坡或坳陷，发育以向北倾为主，少部分南倾的张性断裂，为一被动大陆边缘的浅海碳酸盐岩台地，处于拉张的离散大陆边缘环境，斜坡总体向北倾。晚寒武世—早奥陶世，塔中地区处于塔西克拉通内坳陷的东部，伸展背景下，张性断层发育（图 1-2B）。此时期，塔中Ⅰ号深部断裂为代表的张性断层形成，该断层为一倾向北东，走向北西的基底张性断裂，与库满坳拉槽南界断裂走向一致，说明为同一应力背景。此断裂对断裂北侧满加尔坳陷靠近塔中一侧的寒武系—奥陶系的沉积起控制作用，使得顺南一带的寒武系—下奥陶统厚度上盘（断层北侧）大于下盘的厚度。

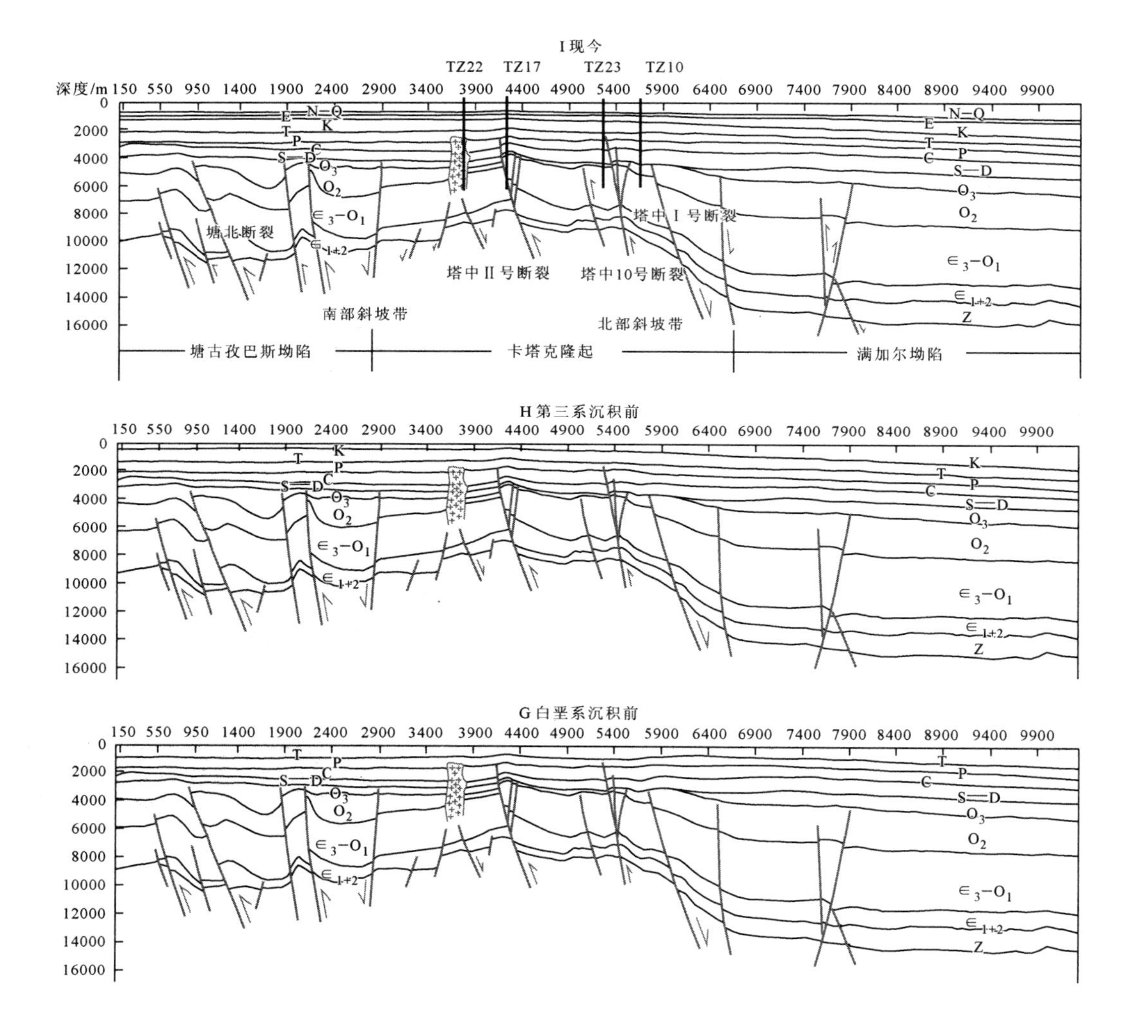

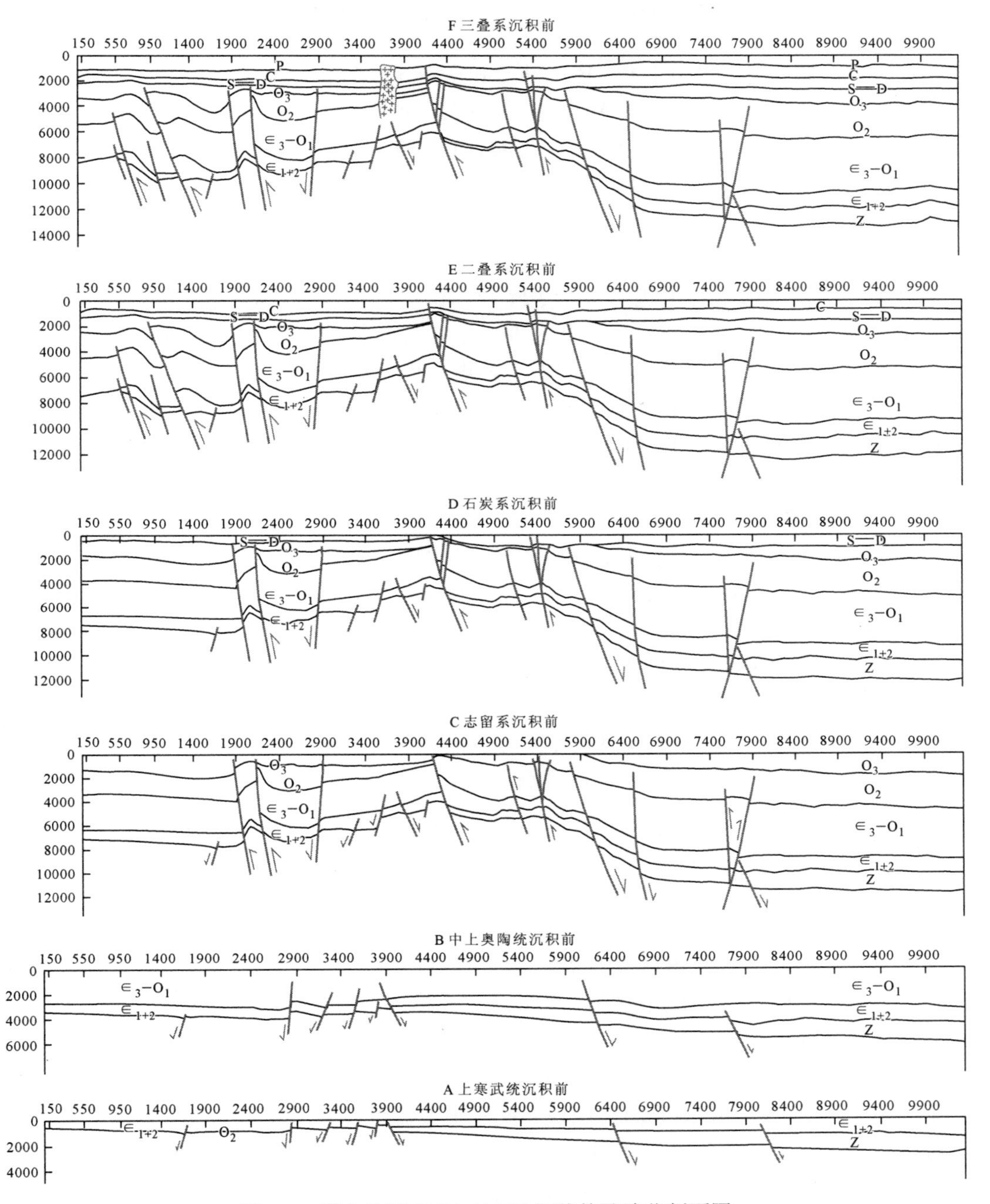

图 1-2　塔中地区 TZ01-448SN 测线构造演化剖面图

3）加里东中期运动

中奥陶世初，塔里木盆地南北边缘板块处于稳定状态，库满坳拉槽的向西发展与快速沉降、充填，塔中地区地层整体抬升遭受剥蚀，地台中央形成了一个低隆起背景。此时塔中地区塔中 I 号深层正断裂继承性活动，为塔中隆起东北部的陡边缘。

中奥陶世晚期，塔里木克拉通周缘开始由大陆伸展环境向聚敛构造环境转变，盆地性质由被动大陆边缘背景下的拉张型盆地向挤压型盆地转变，卡塔克地区在此背景下，地层开始变形并开始隆升。塔中Ⅰ号、塔中Ⅱ号和塔中5井断裂开始活动，全区下奥陶统一间房组剥蚀殆尽，鹰山组遭不同程度剥蚀，卡塔克隆起萌生。中下奥陶统遭剥蚀已为区内数口井钻探成果证实，地震剖面解释亦可证实，T_7^4—T_8^1层序所代表的上寒武—中奥陶统在隆起的顶部明显比南北斜坡的厚度薄，更不及塘古孜巴斯坳陷和满加尔坳陷的厚度。

晚奥陶世末的加里东中期运动二幕，在上奥陶统良里塔格组和桑塔木组超覆沉积在东低西高、中部隆起两侧低凹的古地形上和较强的南北挤压背景下，寒武—奥陶系在中奥陶世萌生的低隆起基础上进一步褶皱隆升，塔中Ⅰ号、Ⅱ号、塔中5井断裂重新活动。塔中Ⅰ号断裂反向发育为逆断层，此时期塔中Ⅰ号断裂带对沉积已无明显的控制作用。塔中10、塔中8-1井、塔中3井和塔中22井等断裂开始活动，亦产生了一批小断裂，进而形成各断裂带及其间的局部构造，塔中隆起雏形形成，并遭剥蚀，桑塔木组仅存于中央断裂构造带南北两侧的低部位，残厚20～600m不等；良里塔格组亦仅残存于中央断裂构造两侧。

4）加里东晚期运动

志留纪塔里木地台整体抬升，塔中古隆起呈现为一套滨岸相，沉积厚度相对均匀，志留系地层向南超覆沉积。志留纪末，南北挤压构造作用强烈，卡塔克隆起带东部进一步隆升，地层抬升并遭受强烈的剥蚀，志留系大面积缺失剥蚀，并形成了志留系与上覆泥盆系的角度不整合接触关系。此时期，中央断裂带为一“低梁”，在中央断裂带的高隆部位，志留系下统、中上奥陶统地层完全被剥蚀，致使志留系红色泥岩直接覆盖于下奥陶统的云灰岩之上，形成T_6^2、T_7^0、T_7^2、T_7^4等多个不整合界面的叠合区。加里东晚期运动使塔中地区构造格局发生了重大变革，构造高点发生了重大变迁，古隆起东部地区的抬升，前期西部高部位逐渐向西倾没，形成向东翘起的鼻状构造雏形。中央隆起区及其南部地区强烈逆冲褶皱，隆起明显得到加强，塔中古隆起雏形得到了进一步继承和发展。

5）海西早期运动

中泥盆世末的海西早期运动造成了石炭系与泥盆系及更老地层间的区域不整合接触，这是塔里木盆地及其周缘地区发育最广泛的不整合面之一，又称库米什运动（黄河源，1986）或阿克库勒运动（张先树等，1991）。该期构造运动使部分地区发生构造反转隆升，并出现第一次准平原化过程，石炭系覆盖在下伏不同时代的地层之上（汤良杰，1996）。

志留系—中泥盆统超覆沉积于东低西高、隆起轴部高、南翼稍高、北翼低的地形上。中泥盆统沉积后，强烈的南北向挤压使寒武—中泥盆统在雏形隆起上进一步褶皱隆升，中央断裂构造带和南北两侧的各断裂构造带进一步活动得以强化，其间次级逆冲断裂亦已形成，前期形成的局部构造得以强化和改造的同时，又产生一批新局部构造，隆起定型。海西早期运动与奥陶纪末的加里东中期构造运动相比，该期构造运动对塔中地区的影响较小，所以塔中的大部分区域，特别是中部、西部和北部地区构造活动强度低，未能将S—D地层剥蚀或剥蚀不强烈（图1-2中D）。定型后的隆起仍呈南翼稍高于北翼之势，但东端隆起的幅度远大于西部，呈现了东高西低向西倾没的鼻状隆起。隆起西段北翼的中1井附近的断裂组合，下断入基底，上切T_7^0进入志留系。隆起的形成使寒武系—中泥盆统遭受剥蚀，中央断裂构造带内志留系—中泥盆统荡然无存，并向下剥蚀残留的下奥陶统。志留系—中泥盆统东部剥蚀强度大，隆起两翼渐弱，显示了西部厚、两翼厚、东部薄的趋势。

6）海西晚期运动

二叠纪早期，海水逐渐向西退却，盆地东部大片地区不断抬升为陆地，发育陆相沉积物，同时塔中地区东部部分小海子组被剥缺。早二叠世末，海西运动晚期早幕，塔里木板块与周边西昆仑地块碰撞及南天山洋的最终关闭，造成塔中地区局部地区火山喷发和岩浆侵入；同时隆起区东部抬升，西部下降，在原海西早期台背斜的背景上继承性发展，形成了一个北西西向宽缓的大型鼻隆。中二叠世，中基性岩浆活动强烈，区内多处沿断裂侵入于寒武—志留系，并喷溢地表（图 1-2 中 F），多口钻井钻遇沿断裂侵入的辉绿岩岩脉。使区内分布大面积的中基性火山岩，顺层侵位呈岩盘、岩床的辉绿岩分布在东高西低、南高北低的隆起上。

中二叠世末，随塔里木板块与欧亚大陆从东向西剪刀式碰撞完成，塔里木盆地全面抬升，结束了海相克拉通。近南北向的挤压，使塔中隆起的古生界轻微变形；沿中央构造带隆升显著，除塔中 1 号断裂外，其他断裂带及次级断裂再次活动，多数仅断穿 T_6^0，少数断穿 T_5^4 进入二叠系，2 号断裂的西端可见断至 T_5^0。各断裂带内与断裂有关的局部构造最终形成，塔中隆起得以强化。

7）印支—燕山运动

从三叠纪开始，塔中地区进入内陆湖泊，河流沉积阶段。三叠纪末的印支运动使塔东隆起形成并定型，侏罗系地层覆盖在从三叠系到奥陶系的不同地层之上，羌塘地体与欧亚大陆拼贴导致的印支运动使盆地抬升，但地层未褶皱变形，断裂未活动，仅南北向翘倾，三叠系遭剥蚀，一直延续至侏罗纪末。白垩纪塔中地区位于陆内坳陷的西南部，沉积了河流三角洲相红色碎屑岩建造，燕山晚期，受来自南方的挤压，盆地抬升，白垩系受剥蚀，地层未变形，断裂未活动（图 1-2 中 H）。塘北地区在燕山—喜山期，受到吐木休克断层活动的影响，早期形成的断裂发生重新活动，并影响到石炭系上覆地层，使之挠曲变形。但由于受西侧巴楚断隆隆升的影响，在海西期以前形成的圈闭得到部分改造，例如塔中 18 井附近圈闭在二叠纪末已开始发育，印支期受北东—南西方向持续挤压，石炭系背斜构造继承性隆升，而且越向西变形越明显。

8）喜马拉雅运动

古近纪，喜山早期塔里木盆地为伸展环境，该期本区位于坳陷盆地的中南部，接受了小于 500m 的棕红色碎屑岩沉积。渐新世末，随全盆的抬升而抬升，地层未变形，无断裂活动。喜山中期随着塔西南和库车前陆盆地的形成和发展，全盆内统一的陆内坳陷盆地形成，本区成为其一部分。在中新世、上新世、早更新世三期盆地沉降和中新世末、上新世末、早更新世末三期边缘造山、盆内抬升过程中，卡塔克隆起始终随盆地的沉降而沉降，随其抬升而抬升，地层未变形亦无明显断裂活动（图 1-2 中 G）。总之，晚二叠世以来，塔中隆起处于稳定的沉降和抬升过程，未受明显的改造。

综上所述，塔中地区在寒武纪—中奥陶世为克拉通内坳陷一部分，塔中 1 号深层断裂、中 2 井断裂提供了隆起发育的基础条件，中奥陶世末塔中隆起萌生，加里东中期二幕，形成雏形，海西早期定型，海西晚期进一步强化，印支、燕山运动影响不大，喜山运动亦未显著改造，故而是一个稳定的古隆起。

2. 巴楚地区构造演化特征

根据区域构造事件，结合巴楚地区主要构造层的厚度变化特征，主要断裂构造带的断裂特征、构造样式的分析研究认为，巴楚地区的构造演变格局可以划分为五个阶段：加里东早中期、加里东晚期—海西早期、海西晚期、印支—燕山期和喜马拉雅期。

1）加里东早中期运动阶段

震旦纪，塔里木地块处于岩石圈伸展构造状态，强烈的伸展作用一直持续到早古生代早期。研究区在基底隆起的构造背景下，震旦系表现为一平缓的低隆起。震旦纪末受构造运动影响，呈现一个平缓的低凸起，剖面上可见寒武系与震旦系之间的不整合关系，古隆起南翼可见早寒武世地层由南向北在震旦纪古隆起上超覆沉积，沉积体系由深水浊积岩系逐渐演变为浅水陆相—滨岸沉积体系和浅水台地碳酸盐沉积体系，同时局部发生玄武岩岩浆活动。该时期麦盖提斜坡—巴楚隆起地区位于该裂谷带的北部，虽然也处于基底伸展状态，但构造断陷作用相对较弱，仅在局部发现小型张性断裂，且平面延伸性较差。

早—中寒武世处于区域伸展背景，是裂谷、坳拉槽、被动大陆边缘和碳酸盐岩台地发育时期，在巴楚隆起东部的小海子和和田河区块中下寒武统地层中发育一系列NW走向的小型张性断裂，未切穿 T_8^1，部分呈现同沉积特征，表明中寒武世末发生了一次弱的挤压运动（图 1-3 中 A）。此时期受塔西南南缘地区震旦—寒武纪裂解作用的影响，莎车—和田一带发生均衡肩部翘升，麦盖提斜坡部位发育塔西南古隆起（和田古隆起），呈现 NWW 向条带状展布。此时巴楚地区位于古隆起西北高隆的东北翼的平缓斜坡低部位，基底表现为向北的倾伏，地层沉积向塔西南古隆起方向减薄，而麦盖提地区位于东南端的低隆斜坡区，明显高于巴楚地区。晚寒武—早奥陶世为区域弱伸展背景，是形成被动大陆边缘的浅海碳酸盐岩台地和斜坡时期；基本延续了早—中寒武世古构造格局。

中奥陶世末期，塔里木地块由被动大陆边缘向主动大陆边缘转变，构造作用从拉张环境向挤压环境转变，该构造事件导致研究区掀斜，西南部抬升幅度大，NWW 向展布的塔西南古隆起（和田古隆起）继承隆升，整体呈现西南高北东低的格局，麦盖提北部及现今巴楚隆起区是当时隆起的北倾斜坡（图 1-3 中 B），麦盖提及其以南地区中下奥陶统遭受不同程度的剥蚀，研究区广泛发育一期第一期岩溶，色力布亚—玛扎塔格一带一间房组剥蚀殆尽。

晚奥陶世末期，巴楚地区在加里东中期开始遭受强烈挤压，寒武系—中下奥陶统发生褶皱变形，早期张性断裂选择性反转冲断，例如南缘带附近的色力布亚、海米罗斯 1 号、玛扎塔格南断裂、古董山断裂等，同时吐木休克断裂、巴东、卡拉沙依等断裂在该构造事件中开始发育，北西向斜列断裂带初具规模。巴麦东南的塘北断裂带形成了一系列北东向展布的叠瓦状的逆冲推覆带，导致麦盖提斜坡东部褶皱隆升（图 1-3 中 C）。在强烈挤压环境作用下，本区再次掀斜，西南部的上奥陶统大面积遭受剥蚀，中下奥陶统再次暴露剥蚀，研究区西南部发育第二期岩溶，形成倾向北东的剥蚀斜坡。

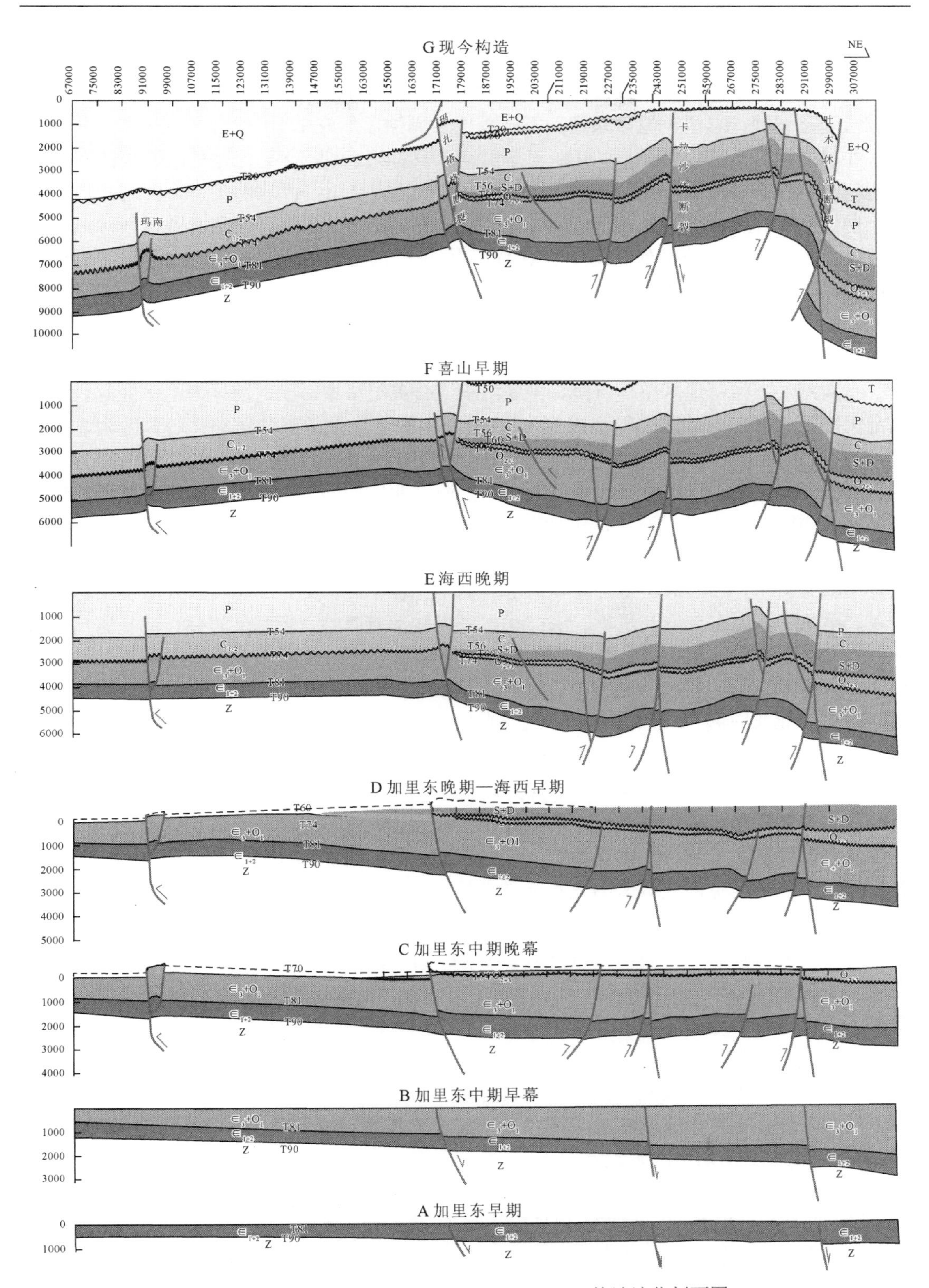

图 1-3 巴楚地区 TZ-276.6SN-MGT-272.6SN 构造演化剖面图

2）加里东晚期—海西早期运动阶段

此阶段最重要的构造事件发生在中泥盆世末，强烈的北西—南东向挤压应力作用导致区域性隆升剥蚀，志留—泥盆系遭受不同程度的剥蚀，形成 T_6^0 不整合面。在山 1 井—玛参 1 井以南地区全部剥蚀殆尽，并在麦盖提地区发育第三期岩溶。巴楚地区西部的海米罗斯断裂、色力布亚断裂等 NW 向断裂表现为继承性弱挤压，西北部抬升，而玛扎塔格断裂、鸟山断裂、吐木休克断裂等 NWW 向断裂进一步挤压逆冲，玛南断裂也开始活动，致使隆起东部构造活动强烈（图 1-3 中 D），并且根据现今 S—D 的剥蚀尖灭线可以推断和田古隆起隆起幅度范围进一步扩大，整体呈现北倾构造斜坡，构造高点位于东南部，麦盖提地区成为低隆区，而巴楚地区成为和田古隆起的西北翼斜坡。

3）海西晚期运动阶段

石炭纪，塔西南地区整体沉降，接受沉积。石炭纪早期，巴楚地区为水下隆起，并以稳定沉降及碎屑岩与碳酸岩混合沉积为特征；早石炭世中期的巴楚运动使研究区西北部抬升，卡拉沙依组遭受不同程度的剥蚀，导致本区由北倾斜坡转为向东南倾的鼻状隆起雏形，构造形态开始反转。而巴楚隆起东部地区保持南高北低的格局，下石炭统地层超覆并披覆在早期的古隆起之上。早石炭世中后期，海平面短暂下降；小海子期，随着海平面上升，自西向东出现较大规模的海侵。

早二叠世末，塔西南主体为伸展构造环境，巴楚地区爆发了大规模的火山喷发和岩浆侵入，小海子水库东部麻扎塔格、南部瓦吉里塔格都有基性、超基性岩体，或呈岩墙、岩脉，色力布亚断裂、玛扎塔格断裂、吐木休克断裂、卡拉沙依断裂、古董山断裂等早期发育 NW 向断裂张性开启，断裂带成为岩浆活动的通道，因此研究区基性侵入岩和喷发岩的分布多呈北西向展布，而和田 1 井以东到塘北断裂带发育的基性侵入岩和基性喷发岩呈北东向串珠状展布，反映了巴楚隆起东西两区构造格局的差异。

中二叠世末，海西晚期运动构造应力场再次发生正反转，从伸展转变为挤压，使塔里木台盆的面貌发生了巨大变革，海水全部退出盆地。研究区在南北向挤压背景下，不仅使古生界东西向拱起变形，先存于基底的断裂开始活动，南北两侧的色力布亚—玛扎塔格断裂和阿恰—吐木休克断裂等大型先存断裂开始重新活动（图 1-3 中 E），逆冲隆升，形成大型背冲型低隆，在西北部西北高东南低的巴楚隆起开始形成，并且在南缘断裂的控制下巴楚隆起与麦盖提斜坡带逐渐分割开来。同时控制二级构造带的康塔库木断裂，古董山断裂、卡拉沙依断裂等又同期活动，促使本区形成隆凹相间的构造格局。另外在巴楚隆起南缘和麦盖提斜坡上形成一批近 EW 向构造，如巴什托—先巴扎断裂、玛南断裂、玉代里克断裂、海米东断裂等发育，并伴随断层产生了断层传播褶皱变形。对巴楚隆起之后的发育和巴麦西部上古生界成藏条件的形成具有重要意义。随后整体隆升遭受剥蚀，形成 T_5^0 不整合面，二叠系自南向北剥蚀减薄，甚至在同 1 井处剥蚀殆尽。

4）印支—燕山期运动阶段

三叠纪末期的印支运动表现为较强烈的差异升降活动，在继承前期西北高东南低的基础上进一步抬升，巴楚地区与麦盖提地区构成整体南倾的剥蚀斜坡，研究区西北部遭到强烈的挤压变形和剥蚀，只在巴楚隆起东段残存部分三叠系，而且地震剖面上呈现向西北方面减薄，主要沿吐木休克断裂带两侧分布，断裂下盘三叠系保存较厚，而上盘剥蚀殆尽，可见吐木休克断裂对三叠系的保存具有控制作用。侏罗纪—白垩纪，研究区继承早期构造格局，形成大面积的隆起区，白垩系主要分布在阿恰—吐木休克断裂带以东的阿瓦提断陷和塔中地区；构造格局一直延续至中生代末，甚至古近纪末。

5）喜马拉雅期运动阶段

渐新世开始，随着欧亚—印度板块的持续碰撞，塔西南山前逆冲推覆带逐步形成、推覆带向盆地内部迁移，前陆隆起逐步迁移至现今的巴楚隆起，研究区逆冲断裂活动强烈，全面褶皱、抬升，并遭受剥蚀；和田古隆起遭受破坏，成为现今的南倾斜坡。

中新世晚期，塔里木盆地南北两侧的昆仑造山带和南天山造山带发生强烈冲断和推覆，地层遭受强烈变形。巴楚隆起南北两侧原海西期形成的断层也不同程度地重新活动，色力布亚—玛扎塔格断裂带和阿恰—吐木休克断裂带分别向南、北方向发生强烈的背冲运动，以基底卷入挤压型断裂为主，主干断裂上盘一般都发育有反冲断裂，形成断垒背斜构造，断裂带内的地层发生强烈的褶皱变形，并遭受剥蚀夷平，上新统超覆其上，在全区形成极为重要的T_2^0不整合面。巴麦地区的构造形态基本定型，形成了现今麦盖提斜坡和巴楚断隆的构造格局。

上新世末至早更新世，巴楚隆起开始处于强烈的挤压和扭动环境，使巴楚隆起西段右旋50°左右，隆起西段以压扭变形和继承性隆升为特征，乔硝尔盖断裂带、巴楚断裂、别里塔格断裂带等以高角度压扭为特征，隆起边缘的有色力布亚断裂带、海米罗斯断裂带和吐木休克断裂继承性基底卷入式冲断抬升，形成现今隆起西高东低，向东南倾伏的格局；东段以边缘大型断裂及其褶皱活动为特征，同时沿色力布亚断裂南段—玛扎塔格断裂系前缘形成了巴楚南缘构造带浅层的逆冲推覆构造以及西北缘的柯坪推覆体（图1-3中G），进而对隆起西段的构造带叠加改造，并使巴楚地区最终定型，形成了现今西北高，东南低，两侧由逆冲断裂和压扭断裂所围限的大型背冲型断隆构造格局。

综上所述，巴楚地区是在加里东中晚期和田古隆起的隆后斜坡的基础上，在大型NW向古断裂继承性活动控制之下，巴楚西部地区晚泥盆世开始隆起，东部地区从晚三叠世开始隆起，最终在喜山中晚期强烈挤压和走滑双重作用发育起来的一个继承性古隆起。多期次的构造活动逐步改变早期的构造格局，晚海西运动和喜山中期运动是主要构造变革期，而奥陶纪末、早石炭世末和中新世末是构造格局转变的三个关键时刻。

1.2　区域地层特征

新生界—白垩系全区分布，各井均钻遇。缺失侏罗系及三叠系中上部。二叠系缺失南闸组，东部与I号断裂附近部分探井无火成岩。石炭系小海子组缺失顶部地层，与下伏泥盆系巴楚组连续沉积或不整合于奥陶系上秋里塔格组之上。泥盆系东河塘组主要分布于北部斜坡及中央断垒带的部分钻井中，东部大部分钻井及中央断垒带塔中2井、中19井缺失，不整合于奥陶系上丘里塔格组之上或不整合中下泥盆统或志留系之上。志留系缺失柯坪塔格组中上段，不整合或假整合于奥陶系的不同层位之上。上奥陶统上部为碎屑岩，下部为灰岩；缺失中奥陶统与下奥陶系统上部。下奥陶统与上寒武统整合接触。上寒武统为灰岩与白云岩，中寒武统为膏岩与白云岩，下上寒武统为灰岩与白云岩，中寒武统为膏岩与白云岩，下寒武统为局限台地相白云岩夹黑色页岩与震旦系不整合接触（表1-2）。

表 1-2　塔里木盆地中央隆起带地层简表

地层系统			代号	岩性	厚度/m
界	系	统			
新生界	第四系		Q	灰黄色粉、细砂层夹粉砂质黏土，底为浅棕黄色含砾粉砂质黏土	100～270
	新近系		N	上部为黄、灰色中—细砂岩、粉砂岩、泥质粉砂岩夹粉砂质泥岩；下部为黄、棕黄、紫红色含砾砂岩、粉砂岩夹泥岩	1000～1300
	古近系		E	灰黄、棕黄、棕红、褐色粉砂岩、泥质粉砂岩夹中—细砂岩	800～950
中生界	侏罗系	中下统	J_{1+2}	上部黄褐色粉、细砂岩夹泥岩、粉砂质泥岩；中部黄色含砾砂岩；下部灰黄色中—细砂岩夹泥岩、粉砂质岩	250～400
	三叠系	中上统	T_{2+3}	上部灰紫色泥岩、粉砂质泥岩夹中—细砂岩、泥质粉砂岩；下部灰褐色、浅灰绿色粉砂岩与泥岩互层	270
		下统	T_1	上部黑色碳质页岩、深灰色泥岩、粉砂质泥岩夹粉砂岩；下部褐灰色、深灰色粉—细砂岩、中砂岩夹泥岩	260
古生界	二叠系	上统	P_2	上部灰色钙质泥岩与砂岩互层；下部灰褐色泥岩、粉砂质泥岩与粉砂岩泥晶灰岩、含膏泥晶灰岩互层	110～500
		下统	P_1	上部深灰色含砾砂岩、细砂岩夹泥岩、粉砂质泥岩；下部灰褐色泥岩、黑色页岩、钙质泥岩夹粉砂岩、细砂岩、泥晶灰岩；局部夹玄武岩	250～350
	石炭系	上统	C_2	深灰色泥岩、粉砂质泥岩、粉砂岩、中—细砂岩与砂屑生物灰岩互层	100～150
		下统	C_1	上部深色泥岩、粉砂质泥岩与中—细砂岩互层；下部深灰色泥岩、钙质泥岩夹粉砂岩、泥晶灰岩；底部为白云质角砾岩	400～500
	志留系		S	上部灰色泥岩与粉砂岩、细砂岩互层；上部灰色、棕褐色泥岩与泥质粉砂岩、细砂岩不等厚互层；下部灰色细砂岩、含砾砂岩夹泥质粉砂岩	0～350
	奥陶系	下统	Q_1	上部泥晶灰岩夹砂屑泥晶灰岩、云质灰岩、灰质云岩；上部泥质粉晶白云岩夹云质泥页岩；下部褐灰色泥粉晶白云岩、藻白云岩、砂砾屑细晶白云岩及硅质条带	1000～1500
	寒武系		∈	上部灰褐色中—细晶白云岩夹泥—粉晶白云岩夹泥—粉晶白云岩，含硅质；下部深褐灰色中—细晶白云岩夹藻云块白云岩；含硅质条带	1000～1200
元古界	震旦系	上统	Z_2	顶部砾屑白云岩；上部深褐灰色砂屑细—粉晶白云岩。含硅质团块；下部褐灰色砂屑细—粉晶白云岩，具轻微大理岩化	800～1200
	前震旦系		AnZ	变质岩	

1）寒武系（∈）

塔中 1 井、塔中 5 井、塔中 7 井、塔中 42 井、塔中 162 井等井钻遇寒武系。自上而下划分为下秋里塔格组、阿瓦塔格组、肖尔布拉克组—吾松格尔组，厚达 2102m。与下伏震旦系浅褐红色花岗岩不整合接触。肖尔布拉克组—吾松格尔组仅塔参 1 井钻遇。岩性为局限台地相褐灰色、浅褐灰色白云岩夹黑色页岩。阿瓦塔格组仅塔参 1 井钻遇，上部为泻湖相深灰色、褐灰色白云岩、含膏白云岩夹紫红色白云质泥岩、黑色页岩；下部泻湖相灰色、灰褐色白云岩、含泥白云岩夹灰色褐色白云质膏岩、含膏白云岩，厚 238m。下丘里塔格组（$\in_1 x$）为局限台地相沉积，上部主要为浅灰色、褐灰色白云岩夹砂屑白云岩、含灰质白云岩、燧石结核白云岩；下部主要为深灰色、褐灰色白云岩夹含泥白云岩，含灰白云岩，厚 1783m。

2）奥陶系（O）

塔中地区奥陶系分布广泛，上奥陶统可划分为桑塔木组和良里塔格组，塔中北斜坡保存较多，缺失柯坪塔格组下段。中奥陶统全区缺失。下奥陶统与下伏寒武系整合接触。

3）志留系（S）

本区志留系包括克孜尔塔格组一部分，中统为依木干他乌组（S_2y），下统为塔塔埃尔塔格组（S_1t），缺失柯坪塔格组中上段，分布于北部斜坡及中央断垒带塔中 4 井区以西地区，厚 200 余米，不整合或假整合于奥陶系不同层位之上。

4）泥盆系（D）

本区泥盆系分为东河塘组和克孜尔塔格组。东河塘组分布广泛岩性为灰色、深灰色细砂岩夹粉砂岩、灰色含砾不等粒砂岩、灰色细砂岩。克孜尔塔格组主要分布于北部斜坡，岩性棕红色含砾砂岩、细砂岩、棕色、灰绿色泥岩。

5）石炭系（C）

石炭系广泛分布于塔中地区，自上而下为上统小海子组顶灰岩段，卡拉沙依组含灰岩段、砂泥岩段、上泥岩段、标准灰岩段、中泥岩段，下统巴楚组生屑灰岩段、下泥岩段。与下伏泥盆系连续沉积或不整合于奥陶统上丘里塔格组之上。

6）二叠系（P）

塔中地区二叠系发育阿恰群，缺失下二叠统南闸组。存在火成岩的探井阿恰群划为上二叠统上碎屑岩段，中二叠统火山岩段、下碎屑岩段，无火成岩的探井二叠统称阿恰群。本区普遍钻遇二叠系，自东北向西南二叠统逐渐减薄。阿恰群（$P_{2+3}aq$）：上碎屑岩段岩性为褐色、棕褐色、灰褐色泥岩、粉砂质泥岩夹褐灰色、灰色细砂岩、粉砂岩、含砾砂岩，见灰质团块。火山岩段可分为上下两部分，上部以凝灰岩为主，下部以玄武岩为主，凝灰岩不发育。本区大部分井钻遇火山岩，厚度一般十几米至百余米，塔中 22 井最厚达 545.5m。下碎屑岩段以灰色、褐灰色、褐色泥岩、粉砂质泥岩夹褐色、灰色灰白色细砂岩、粉砂岩、泥质粉砂岩间夹灰岩颜色以灰色为特征，与下伏石炭系假整合接触。

7）三叠系（T）

在全区均有分布，可划分为中上三叠统克拉玛依组（$T_{2-3}k$）和下三叠统俄霍布拉克组（T_1e）。俄霍布拉克组（T_1e）为湖泊—冲积平原—泛滥平原相沉积，上部巨厚状棕褐色、紫红色、暗紫红色泥岩夹灰绿色细砂岩、粉砂岩与灰色、灰白色、灰黄色细砂岩构成正旋回；下部巨厚层状深灰色、灰色泥岩与灰色、浅灰色、灰白色、灰褐色中砂岩、含砾不等粒砂岩组成正旋回，厚 300 余米，变化不大。与二叠系阿恰群不整合。克拉玛依组（$T_{2-3}k$）为湖泊—冲积平原—泛滥平原相，上部巨厚—厚层状紫红色、棕色泥岩与下部棕色、棕褐色、灰色细砂岩、粉砂岩、含砾不等粒砂岩组成一正旋回。泥岩段与砂岩段从本区的西部、北部斜坡向东端减薄。整合于俄霍布拉克组之上。

8）白垩系（K）

白垩系全区分布各井均钻遇，具上下细上粗特点，上部灰黄色、棕黄色不等粒砂岩夹少量黄灰色泥岩、砂质泥岩，西端以棕红色泥岩、粉砂质泥岩为主；中部黄灰色、棕黄色砾状砂岩、含砾不等粒砂岩、粗砂岩、细砂岩；下部浅棕色、浅棕黄色粉砂质泥岩、粉砂岩、细砂岩、粉砂质泥岩、泥岩。钻厚 189～478m，向北有增厚之势。

9）古近系（E）

分布范围与新近系相同。为干旱冲积平原相沉积，岩性主要为褐色、灰黄色、褐灰色粉砂岩、细砂岩、不等粒砂岩夹薄层同色粉砂质泥岩、泥质粉砂岩。厚度变化不大，钻厚217.5～344m，与下伏白垩系不整合接触。

10）新近系（N）

本区新近系广泛分布，全区钻井均有钻遇，主要为干旱冲积平原相沉积，上部为灰黄色、黄色中砂岩、不等粒砂岩、粉砂岩、粉砂质泥岩；下部为棕红色、浅褐色、棕黄色粉砂质泥岩、泥质粉砂岩、浅灰色、褐灰色细砂岩、粗砂岩。钻厚1195～1460m，假整合于古近系之上。

11）第四系（Q）

本区第四系广泛分布，以风积—洪积灰黄色中细沙夹黏土为主。钻厚一般260～330m，不整合于新近系之上。

1.3 勘探历程

“塔里木盆地中央隆起带火山活动规律及其油气地质意义研究”从盆—山耦合关系出发，深入研究塔中地区火成岩形成的构造背景，在详细的断裂与火成岩时空关系研究的基础上，从地震、钻井等资料识别火成岩分布并研究其岩相、产状、成因类型和岩石学特征及形成机制、活动期次。在此基础上，结合发现的火成岩油气井和油气显示井，分析火成岩对局部构造（圈闭）的影响，油气运移聚集等成藏要素之间的关系，建立油气成藏期次与火成岩活动的关系，指出火成岩对塔中地区油气的影响作用，最终为塔中地区的油气勘探决策及部署提供有力的技术支持。本书的主要研究范围是塔里木盆地中央隆起带，具体包括卡塔克隆起外围中石化登记的卡1区块、卡2区块、卡3区块、卡4区块、顺拖果勒区块、顺拖果勒北区块、顺拖果勒南区块和巴楚隆起的阿东区块和和田河区块，其中以塔中地区为核心。

火成岩油气藏作为一种非常规油气藏类型，在油气勘探中的地位也越来越重要，展示了广阔的勘探前景。20世纪70年代至今，胜利油田相继发现了火成岩油气显示和富集高产的火成岩油藏，包括玄武岩油藏、辉绿岩油藏、基性火山碎屑岩油藏等火成岩油藏系列。此外，准噶尔盆地克拉玛依油田发现石炭系玄武岩油气藏，地质储量达1亿吨；四川盆地的周公山上二叠统玄武岩油藏，二连盆地有阿北油田的白垩系安山岩油气藏，渤海湾盆地也发现了侏罗系—第三系的火成岩油藏等。在国外，日本的新潟盆地发现30多个火成岩油藏，最大的吉井—东柏崎气田原始可采储量$118\times10^8m^3$；阿塞拜疆的穆拉德汉雷油田，储层为安山岩、玄武岩和玢岩，其单井最高日产量超过500t。然而，作为油气的这种特殊载体——火成岩，表现出了极强的非均质性和复杂的成藏规律。

中国石油天然气集团公司（简称中石油）塔里木勘探指挥部、中石化西北油气分公司和西部勘探分公司在塔里木盆地油气勘探过程中，都曾在塔中地区发现了与火成岩有关的油气显示或油气藏，并认为塔里木盆地塔中地区古生代曾发生过多期火山活动，主要有两期，即寒武纪—中奥陶世和石炭—二叠纪，尤以二叠纪的海西期岩浆活动最为强烈。塔中—巴楚地区火成岩总体特征是：二叠系属多火山口多期次喷发形成，主要为玄武岩、安山岩和凝灰岩（玻屑凝灰岩和多屑凝灰岩）；奥陶系主要为玄武岩、辉石玄武岩、凝灰岩；寒武系火成岩仅 TC1 井钻遇，主要为酸性花岗闪长岩和闪长斑岩。塔中地区加里东运动早、中期奥陶纪曾出现过较大规模的火山活动，其中有 TZ（塔中）9、TZ33、和 3、和 4 井钻遇。塔中地区钻遇寒武系、震旦系的井很少，目前仅有 TC1 井钻遇，岩性以酸性侵入岩和喷出岩为主。二叠系火山岩发育，分布广泛，钻遇的有塔中 2、5、9、10、14、17～23、25、33、37、45、60、64、402，及满西 2、塘参 1、和 3、和 4、塔参 1、满西 1、阿满 1、阿满 2、塘北 2、顺 1、顺 2、顺 6、巴东 2、胜利 1、中 1～3、中 16～17、古隆 1 等。对于火成岩的构造背景，李曰俊等（2004）通过岩石学、岩相学、构造地球化学的分析，主要认为属于板内拉张构造背景的产物，其中震旦—寒武系的火成岩主要与克拉通裂谷拉斑玄武岩的稀土配分形式类似，早二叠世的火成岩主要为板内深部地幔。

第 2 章　中央隆起带断裂发育及演化特征

2.1　塔中地区断裂发育演化特征

塔中隆起带是一个加里东—海西早期的复式背斜构造（图 2-1）北靠满加尔坳陷，南邻塘古孜巴期坳陷，西以巴东断裂与巴楚隆起相接，东以塔中Ⅰ号断裂与塔东低凸起（古城鼻隆）和塔南隆起相隔。隆起的基底之上的盖层由三个构造层组成，下构造层由寒武系—中泥盆统组成，中构造层由上泥盆统—二叠系组成，上构造层为中—新生界。卡塔克隆起的下构造层南北两侧分别由塔中 5 井断裂和塔中Ⅰ号断裂界定，并组成背冲样式，使隆起形成背冲型复式断背斜，轴部高部位为中央背冲型断裂背斜带，北坡发育塔中 10 号背冲断裂构造带、塔中Ⅰ号断裂构造带，南翼由塔中 22 井南断裂构造带、塔中 8-1 井断裂构造带和塔中 5 井构造带组成，构成南北分带的构造格局。各断裂在平面上向东收敛于塔中Ⅰ号及塔中 5 井断裂之间，使隆起变窄、高陡，向北西西向倾没撒开，形成

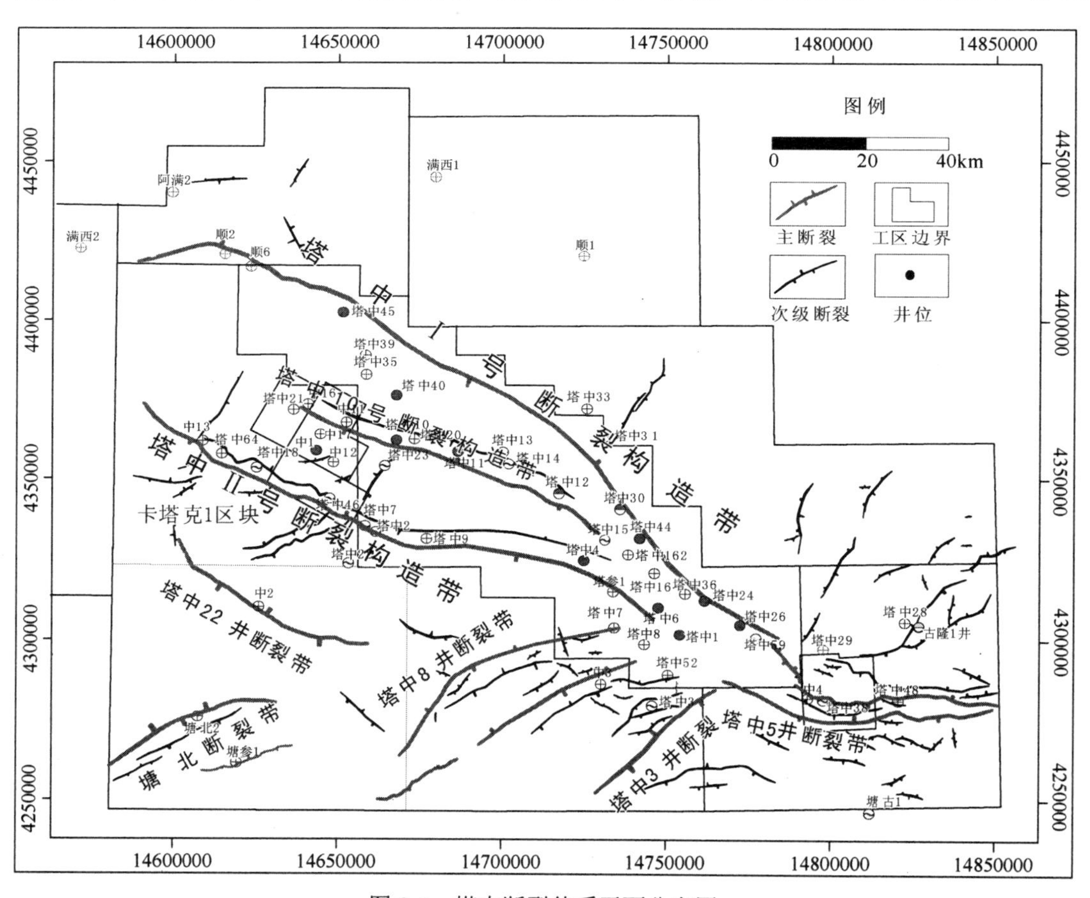

图 2-1　塔中断裂体系平面分布图

东西分段的格局。东段断裂活动强烈、断距大，下构造层褶皱紧密、抬升高陡；中段为过渡段；西段为倾没端，断裂活动弱、断距小，隆起低而宽缓。中构造层较简单，披覆于下伏复背斜之上，呈向东抬升、向北西西向倾没的鼻状隆起，轴部位于中央断裂构造带上，并随各断裂构造带轻微起伏。上构造层叠覆于二叠系的夷平面上未变形。这说明，卡塔克隆起主要形成于加里东—海西期，定型于晚泥盆世—早石炭世。凸起轴部石炭系直接角度不整合于奥陶系风化壳之上；向两翼，下伏地层依次变为志留系和泥盆系。奥陶系地层被一系列断层切割；断层往往具挤压走滑的特征。石炭系及其上地层平缓超覆于下伏地层之上，表明塔中低凸起早海西期之后构造较稳定，构造变形微弱，未发生明显的褶皱和断裂作用。

2.1.1　塔中地区断裂体系

三组不同方向、不同级别的断裂系统在平面上组成爪状断裂体系（图 2-1），塔中Ⅰ号、Ⅱ号、10 号、中 2 井断裂等走向北西，除塔中Ⅰ号断裂主断裂南倾外，其他几条主断裂均北倾；塘北断裂、塔中 7-8 井断裂走向北东，倾向北西。两组断裂平面上在塔中 1 井、塔中 5 井附近收敛于塔中Ⅰ号断裂和塔中 5 井断裂之间。塔中 5 井断裂走向近东西向，倾向北。

2.1.2　塔中地区主要断裂剖面特征

1. 塔中Ⅰ号断裂

该断裂位于塔中隆起北侧，平面上呈北西—南东向展布，延伸约 150km，倾向南，东起中 4 井区，西至顺 1 井附近，该断裂具有明显的分段性。Ⅰ号断裂的深层断裂是发育于早加里东期的一条基底正断层，具有生长断层性质（图 2-2、图 2-3），控制了下降盘的沉积厚度；受加里东中期构造运动的影响，产生了反向的塔中Ⅰ号断裂。塔中Ⅰ号断层早古

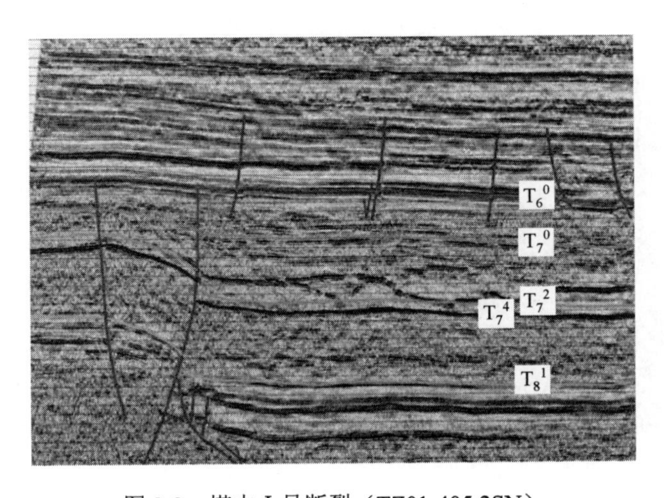

图 2-2　塔中Ⅰ号断裂（TZ01-405.2SN）

生代为北东倾向的张性断层，有的剖面上现今还保留正断层状态(图 2-4 中 1 井断层下部)，晚加里东期后发生逆反作用。断开层位为中上奥陶统至震旦系基底，它是塔中隆起带北界的断裂，它控制着断层南北两翼的沉积和油气分布。

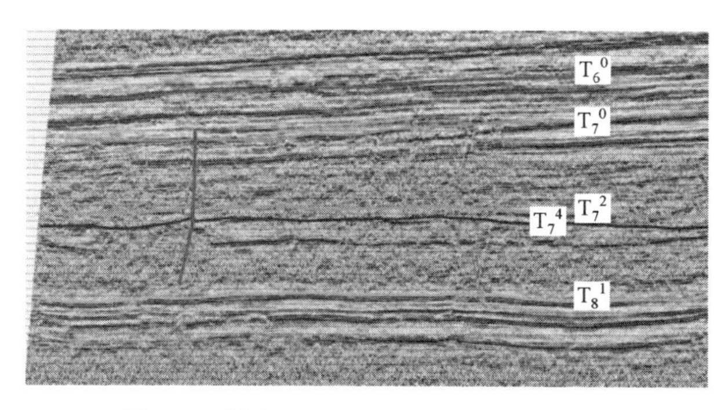

图 2-3　塔中 I 号断裂（TZ-02-392EW）

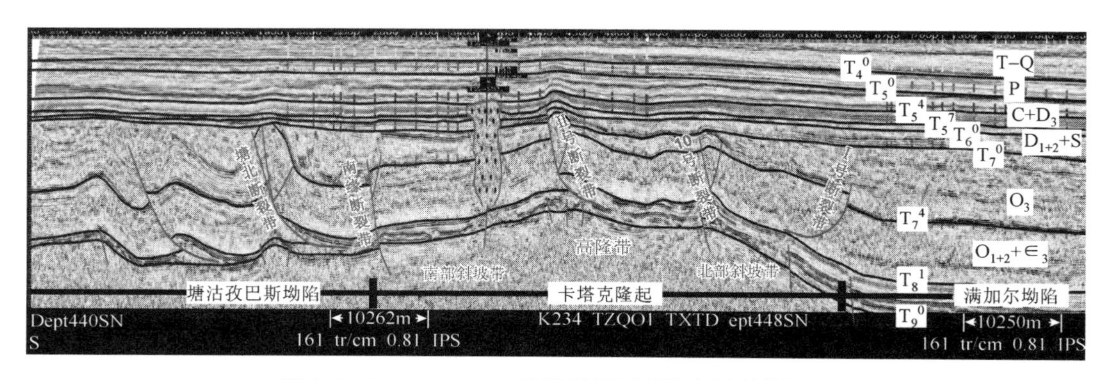

图 2-4　TZ—NE—448 地震解释剖面塔中断裂特征图

2. 塔中 II 号断裂

断裂位于塔中隆起轴部，是一条控制中央背斜带的断裂（图 2-5、图 2-6），东起 TZ8

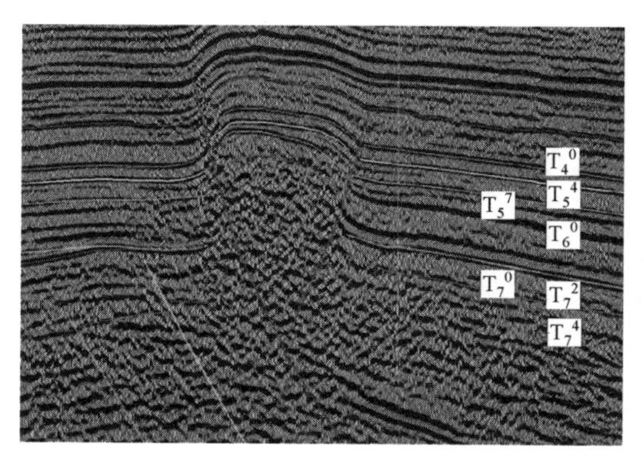

图 2-5　塔中 II 号断裂（Line-1982）

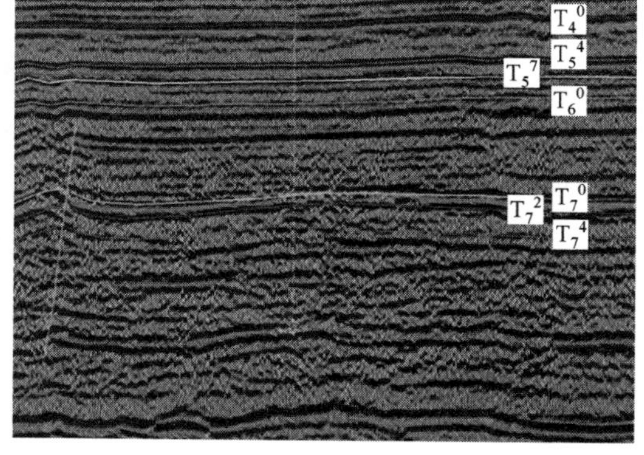

图 2-6　塔中 II 号断裂（TZ-03-318EW）

井附近，向西经TZ4井、TZ19井、TZ9井、TZ2井至TZ64井，由西向东断裂走向由NWW→近EW→NWW→近EW，平面上呈一宽缓的“W”形，延伸长度120km，其断距由西向东逐渐增大，最大900m，断开层位向下断入基底，向上断入石炭系或下二叠统（T_9^0—T_5^4），局部至T_5^0。在断裂西段NWW段向近EW段转折的拐点部位，断距陡然增大，可能反映应力机制的变化。主活动期为加里东期运动，西段在海西晚期运动再次活动。该断裂与I号断裂组呈背冲样式，其南倾的派生断裂由东向西始终相伴，组成背冲型断裂构造带，其北侧不连续的小型逆断层与之构成断垒。

3. 塔中10号断裂

塔中10号断裂位于中央断垒带的北翼，为北倾逆断层，东起塔中16井附近，西至塔中10井区，与塔中I号断裂会合，东西长约80km。断裂形成于早加里东—早海西期，主要断开层位为奥陶系—泥盆系内部，断开层位及断距不等，最大断距300m左右，与I号断裂所夹持的垒带控制着塔中10-16背斜带的形成和演化及油气的聚集（图2-7、图2-8）。

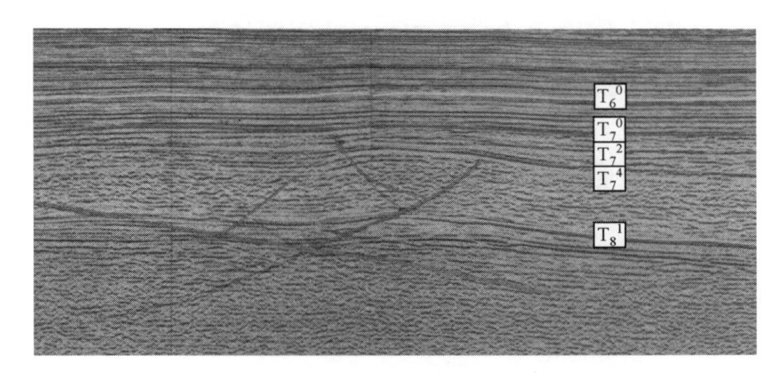

图2-7 塔中10号断裂（卡1Line-1279）

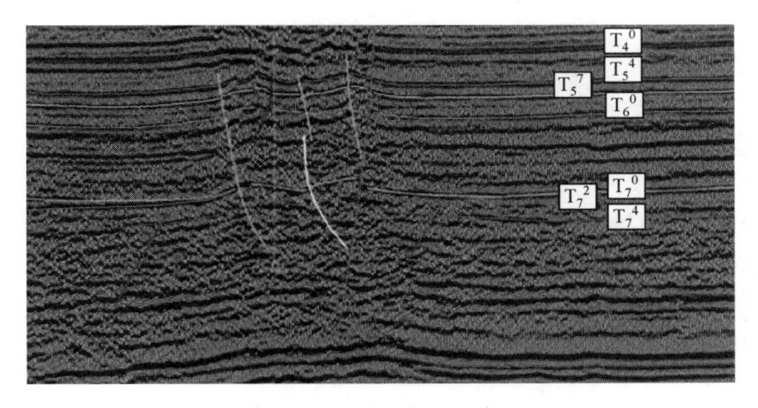

图2-8 塔中10号断裂（卡1三维race-1788）

4. 塔中5井断裂

塔中5井断裂位于塔中隆起东段，走向近东西，略呈波状，东起TZ48井以东，向西经 TZ38、中 4、TZ25 井，过 TZ3 井北侧向西延伸，长约 100km；断距东部大，约 2000m，向西渐小；下断入基底，上切入石炭系。断面北倾，较缓，在平面上与Ⅱ号断裂近平行，其延长线在东部平面上呈“入”字形与Ⅰ号断裂相汇，并向东延伸；剖面两条分支断层近于平行，表现为窄的高陡带，共同控制着塔中隆起的形成与演化。东部其与Ⅰ号断裂之间发育潜山背斜，潜山高部位 O_2—D_2 缺失，同时发育派生断裂，组成背冲断裂构造（图 2-9、图 2-10）。

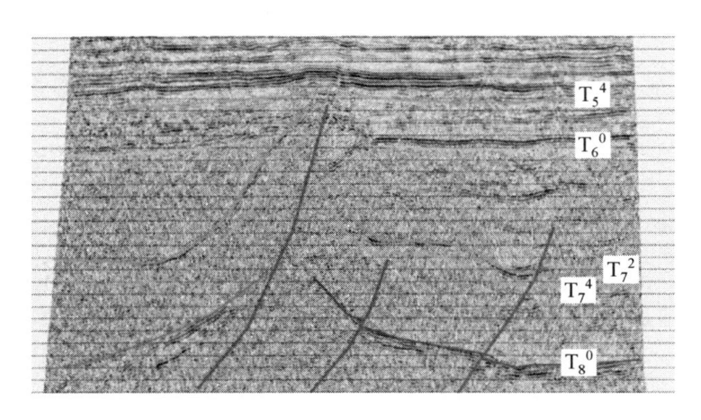

图 2-9　塔中 5 井区断裂（TZ-01-612SN）

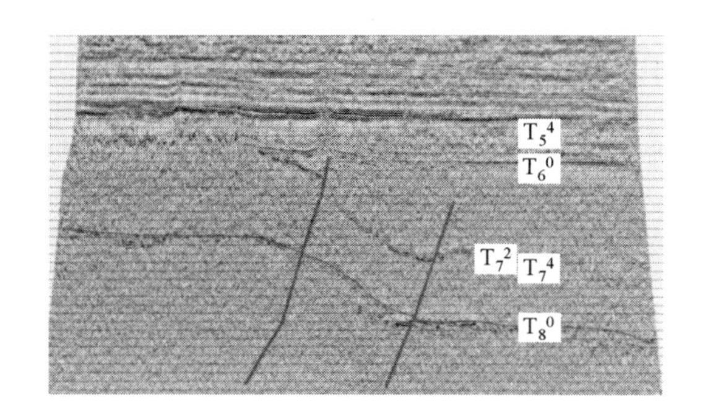

图 2-10　塔中 5 井区断裂（TZ-01-336EW）

2.1.3　塔中地区主要断裂形成演化

根据区域构造应力场、现今断裂分布特征及其断裂组合样式，塔中地区主要受加里东、海西构造运动的影响，加里东中期是断裂的主要发育期（图 2-11），现今保存的断裂多数是在这次构造运动时期形成的。北西西—近东西向断裂发育较早，部分断裂从震旦纪到早寒武世开始发育，以张性北倾断裂为主。可能受到早古生代满加尔裂陷离散扩张的制约。加里东中晚期北昆仑洋的闭合，中昆仑地块与塔里木盆地挤压碰撞，导致了塔中地区带断裂体系的走滑、挤压反转，并随着阿尔金洋的关闭和早海西的碰撞挤压，阿尔金走滑带的形成，本区叠加了北东向的压扭性断裂。结合地震剖面分析，盆地的反转是从中奥陶世末构造变革期开始，以北西西向的断裂为主体，形成以北倾“Y”字形背冲、基底卷入式反转断裂为主的断隆构造带。东段北东向断裂系为南倾的挤压、压扭基底卷入式冲断或背冲断隆、断褶带，在加里东晚期强烈挤压和压扭。两组断裂在东端叠加收敛。

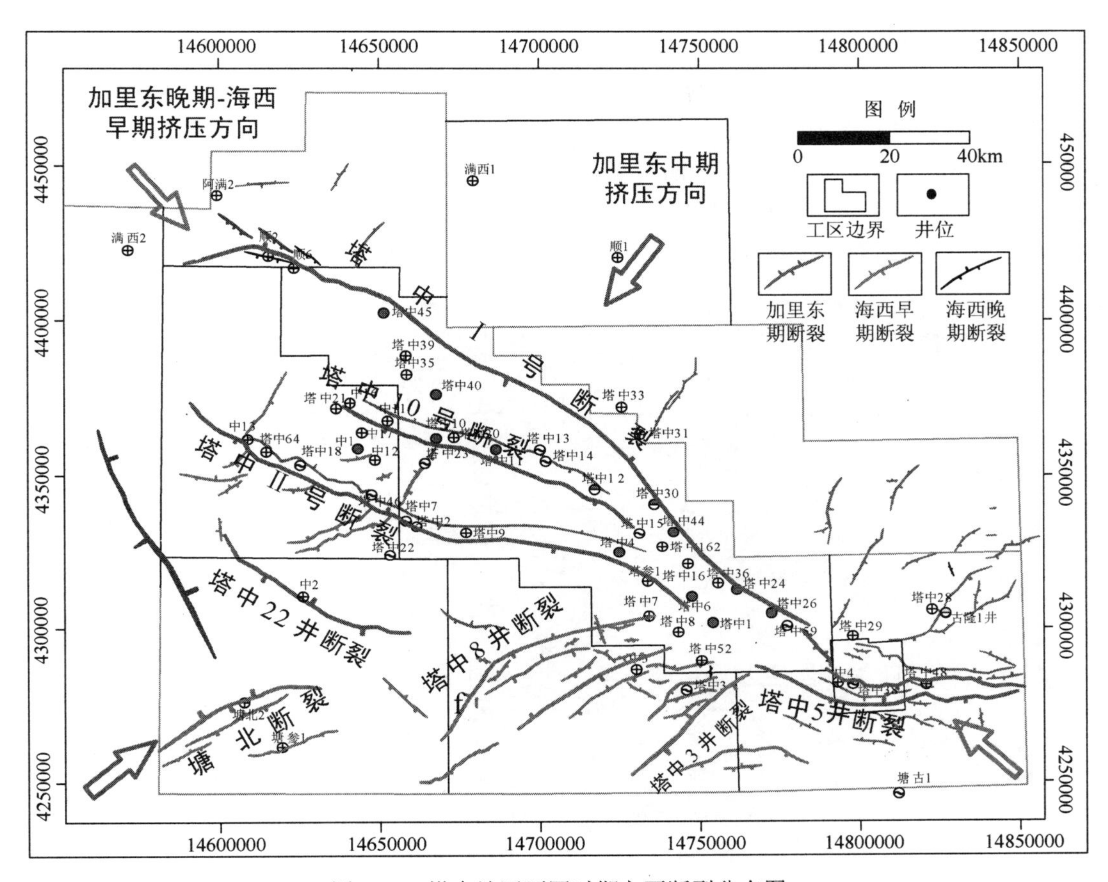

图 2-11　塔中地区不同时期主要断裂分布图

1. 早加里东期

在塔里木盆地北东南西方向伸展背景下，在隆起与凹陷过渡区发育少量深断裂，局部控制震旦系发育，震旦系、寒武系地层在断层两盘厚度明显差异。

2. 加里东中期

加里东中期—海西早期以北西方向水平挤压构造应力占主导地位，塔中地区发育北西向的逆断裂体系，形成了诸如塔中地区及其南、北缘断裂等北西南东向构造，同时这一时期，早期北西西、北东向张性断裂发生反转，同样在塔中东西分区的不同部位，反转程度不同，塔中Ⅰ号断裂在深层断裂的基础上发育成反向的逆断层；有的断层也有上正下逆的断裂样式。

3. 晚加里东—海西早期

此时，由于来自天山的北东向挤压作用和来自阿尔金山的北西向挤压作用，在本区合成北北西向挤压背景下，塔中地区主要发育北东向断裂，并使加里东中期形成的北西西向断裂发生扭动而成近东西向的逆断裂（卡 4 区塔中 5 井断裂带）。

4. 海西期晚—末期

一方面使得先期断裂局部调整，另一方面，由于火成岩的影响，在二叠系发育少量的正断裂（图 2-12）塔中地区现今构造格局是早加里东—中加里东期构造运动和晚加里东—早海西期运动的产物，早加里东期为北北东向拉伸，中加里东期塔中主要受北东向挤压，而形成北西走向的一级断裂及其断裂构造带，在晚加里东—早海西期，主要在北西向的挤压环境形成的北东向断裂体系，这些断裂依北西向主干断裂而生（图 2-10）。

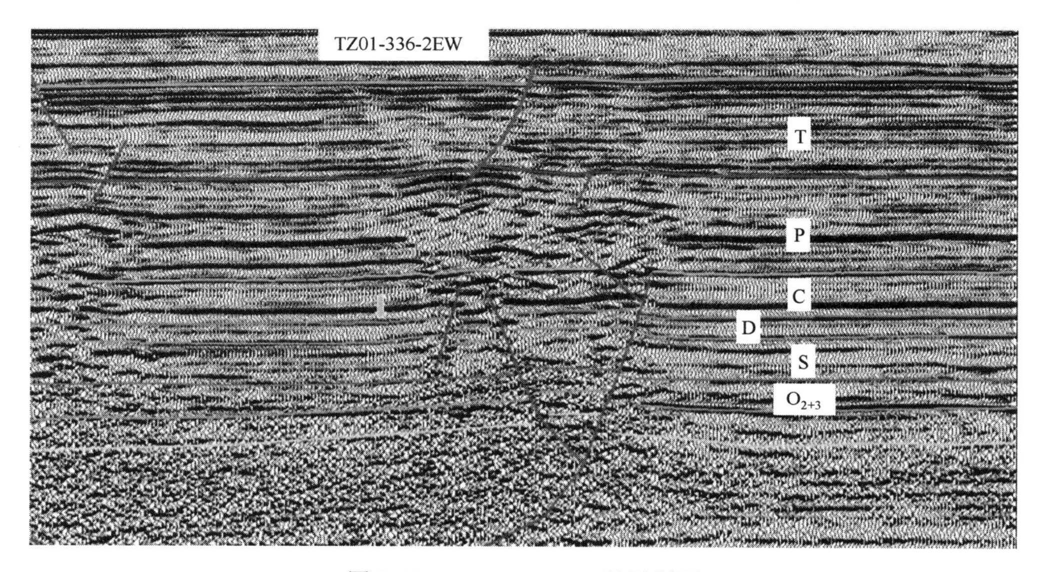

图 2-12　TZ01-336.2EW 地震剖面

2.2　巴楚地区断裂发育演化特征

2.2.1　巴楚地区断裂体系

巴楚隆起区内断裂较发育，断裂的性质主要以高角度基底卷入型压性—压扭性逆冲断裂为主，其上叠加盖层滑脱型推覆断裂，并在研究区中西部的深层发育一系列早期伸展背景形成的小型正断层（图 2-13）。巴楚地区断裂及其组合在平面上具有分带性和分段性，垂向上具有分层性：在平面上，巴楚隆起的断裂绝大多数为 NNW—NW 向的逆冲断裂，研究区的中西部构造活动强烈，断裂和褶皱构造发育，在区域性压扭构造应力场作用下，形成了一系列近于平行排列的 NNW 向、NW 向和 NWW 向展布的右旋压扭逆冲断裂带，主干断裂都有派生和伴生的次一级断裂（亚松迪断裂、同岗断裂），并且多数为两条（主控与派生断裂）呈平行或近平行排列的断层组成背冲式断隆，少数呈“人”字形排列，构成若干个间距不等（一般 8～10km 间距，大的可达 20km，向从 NW 向逐渐转变为 NWW 向直到近 EW 向展布（吐木休克、卡拉沙依和玛扎塔格

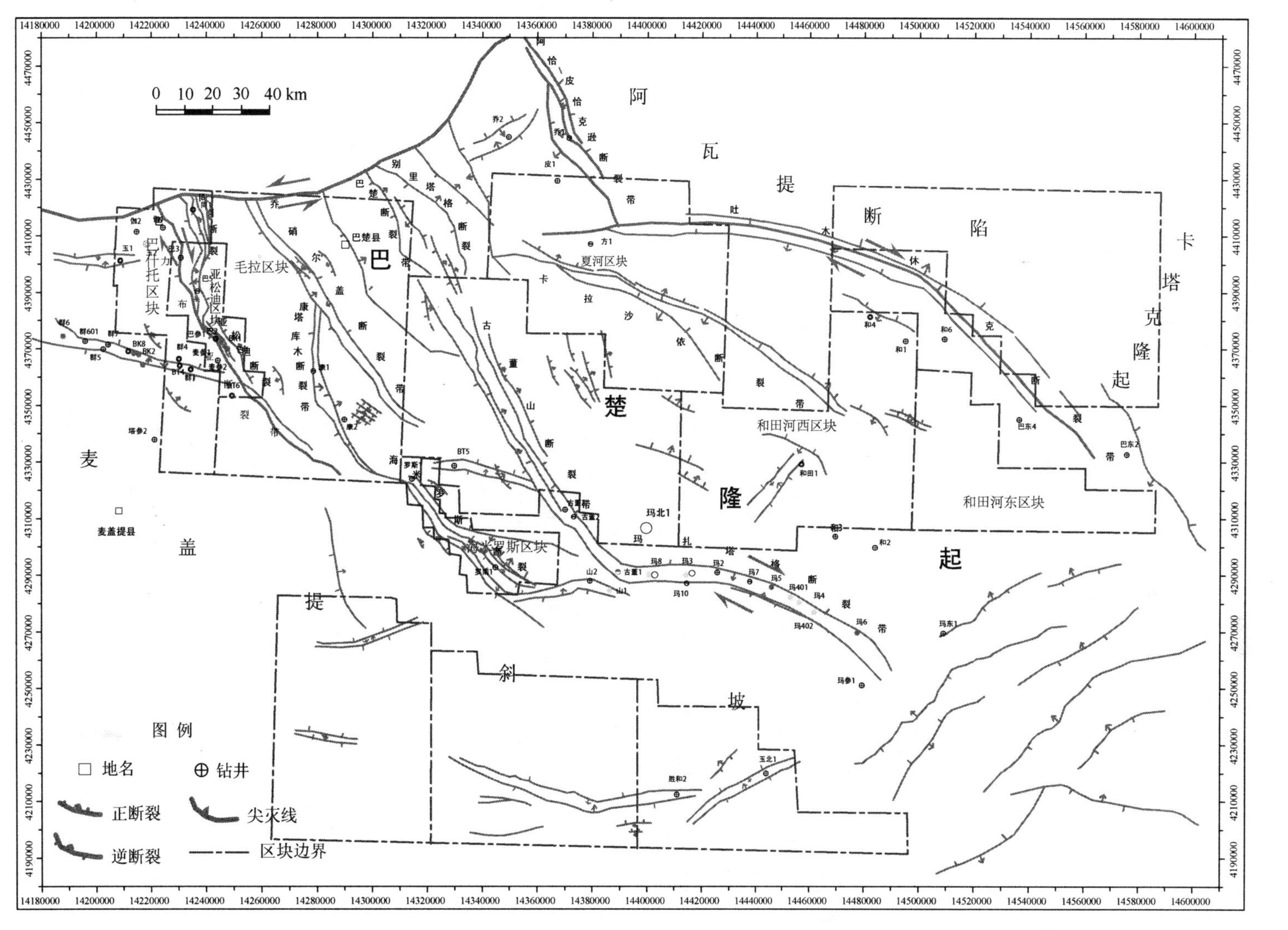

图2-13　巴楚地区断裂系统图

小的只有 2～3km）的 NW 向断裂褶皱带；西部窄陡、间距较小，东部宽缓、间距较大，断裂褶皱带北部相对发育，南（南东）部较弱；自西向东，南、北边界断裂的走断裂），总体上断裂呈向北凸出的弧形，并在边界断裂附近形成一系列呈小角度相交的派生次级断裂（北部吐木休克—巴东断裂呈一个中间宽向两端收敛的纺锤状，次级断裂和边界断裂向具有同类特点。南部玛扎塔格—鸟山断裂带呈窄条状向北凸出的弧形断垒带，主要发育平行展布的对倾背冲式次级断裂）；研究区东南部发育一系列呈斜列式组合的 NE 向断裂（玛东断裂带），平面上成排展布，其间发育 NW 向的断裂，在平面上成相互交切的关系；张性断裂主要发育在隆起的中西部，多发育于大型主干断裂两侧，平面延伸较短，总体表现为 NW 向展布特征。

2.2.2 巴楚地区主要断裂剖面特征

巴楚隆起西南边界断裂带由色力布亚、康塔库木、海米—罗斯塔格和玛扎塔格断裂及其派生断裂组成，整体由 NNW 向至近 EW 向呈雁行式排列，表现为向南西凸出的弧形（图 2-13）。这四条边界断裂均为上陡下缓的基底逆冲断层，都发育不同级别的派生断裂，具有向北变宽呈帚状散开和分叉，向南变窄且较平直的特点，并且基底卷入型压扭断裂以北端色力布亚断层活动最强，向南端玛扎塔格断层逐渐减弱；而盖层滑脱型压性断裂以东端玛扎塔格断层活动最强，向海米—罗斯塔格逐渐减弱，至色力布亚断层中段消失。巴楚隆起东北边界断裂带由阿恰、吐木休克和巴东断裂及其派生断裂组成，整体由 NNW 向至近 EW 向再转向 NWW 向，呈雁行式排列，表现为向北凸出的弧形（图 2-13）。这三条边界断裂均为基底卷入型压扭断裂，主断裂倾角较陡，倾向 SW 转 S，并发育不同级别的派生断裂，与主控断裂组成断裂带，其中西段为阿恰—皮恰克逊断裂，为基底卷入式“Y”字形构造；中段为吐木休克断裂，表现为基底卷入式压扭性正花状构造样式，为压扭逆冲反转形成的“人”字形组合样式；东段为巴东断裂，为基底卷入式的南倾的断背斜构造。

1. 色力布亚断裂带

色力布亚断裂带是麦盖提斜坡西北部与巴楚断隆的分界断裂带，位于巴楚隆起南缘西段，现今断裂性质为逆断层，断裂带走向从北至南由 NNW 向转为 NWW 向，倾向 NE 或 NNE，向北变宽撒开，向南收敛变窄，呈向西南凸出的弧形展布。北端与柯坪隆起上的普昌断裂相接，并将柯坪断裂错开 5km，南端消失于康塔库木西南，长约 150km。色力布亚主断层上断至 T_2^0，向下断开 T_9^0 后进入基底，最大断距 2600m（亚松迪附近），向两端逐渐减弱（图 2-14）。色力布亚断裂包括中深层基底卷入型压扭断裂和浅层盖层滑脱型逆冲推覆断裂组成的双重体系，中深层断裂为上陡下缓的犁式断层，上部发育一系列分支断层，构成“Y”字和反“Y”字形背冲组合样式（图 2-15），断裂上盘地层强烈褶皱变形、构造高陡，顶部被以由南向北低角度逆冲的压性断裂所切割。受压扭性应力作用及断裂多期活动的影响，色力布亚主断裂及其伴生的断裂呈多条斜列展布，影响宽度 4～20km。按照色力布亚断裂带的断开层位、走向变化、活动强度及其组合方式的差异，可将色力布亚断裂带分为北、中、南三段：

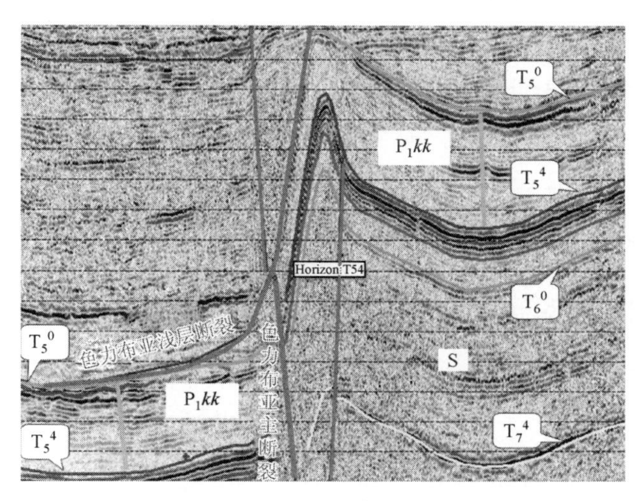

图 2-14　巴楚隆起色力布亚断裂剖面特征图（BC05-NE109.4 测线）

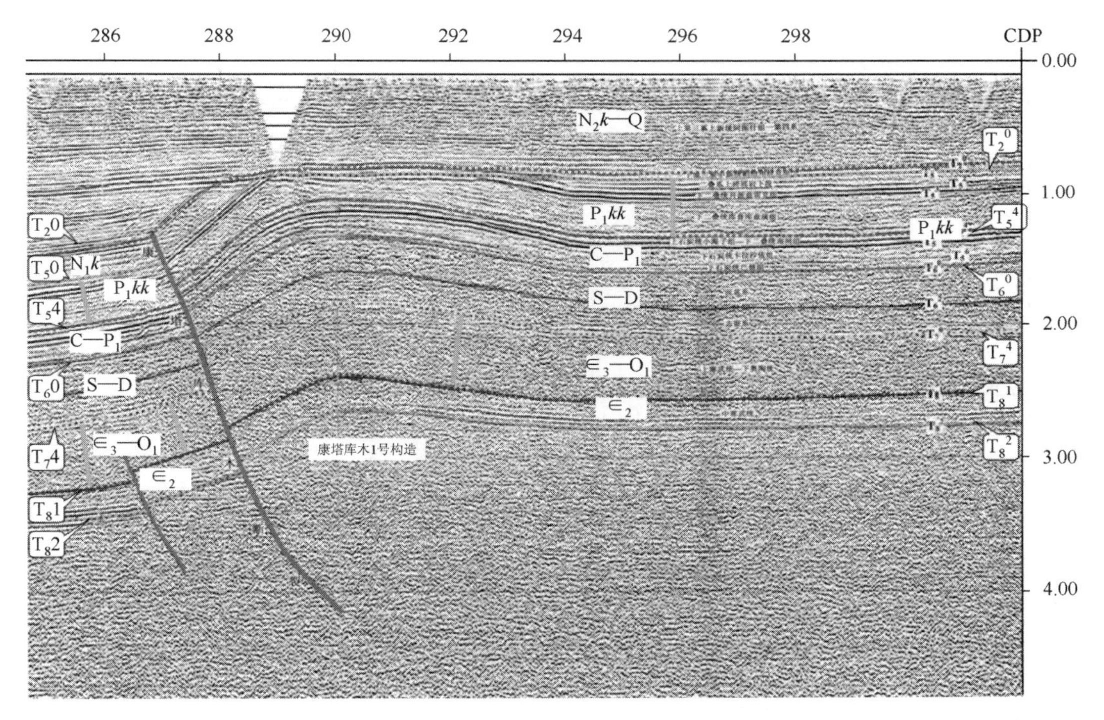

图 2-15　巴楚隆起 BC97-NE82 二维地震剖面图

1）北段

色力布亚断裂主断层走向 NNW，倾向 NE（倾向巴楚隆起），断层倾角上陡下缓，向下断达基底，向上断至上新统，主断层面上盘逆冲形成了断层传播褶皱，并遭受剥蚀，在同岗断褶带古近系和新近系几近缺失，第四系直接不整合覆盖在古生代地层之上（图 2-16）。色力布亚断裂主断层上盘（东盘）伴生沿中寒武统膏盐层滑脱的坡坪式同岗 3 号断裂，在剖面上远离主控断裂，与之呈反“Y”字形展布，北端距主控断裂约 13km，向南过同岗水库渐变窄，并于亚松迪北部交于主控断裂，断面倾向 SWW，上部陡，断至 T_2^0 界面，中下部缓斜，根部断面平行于地层，断开 T_8^1 界面沿中寒武统膏盐层滑脱 4000m 后止于主控断裂，构成反“Y”字形背冲样式（图 2-16），同岗背斜东翼陡、西翼缓，西翼断层上

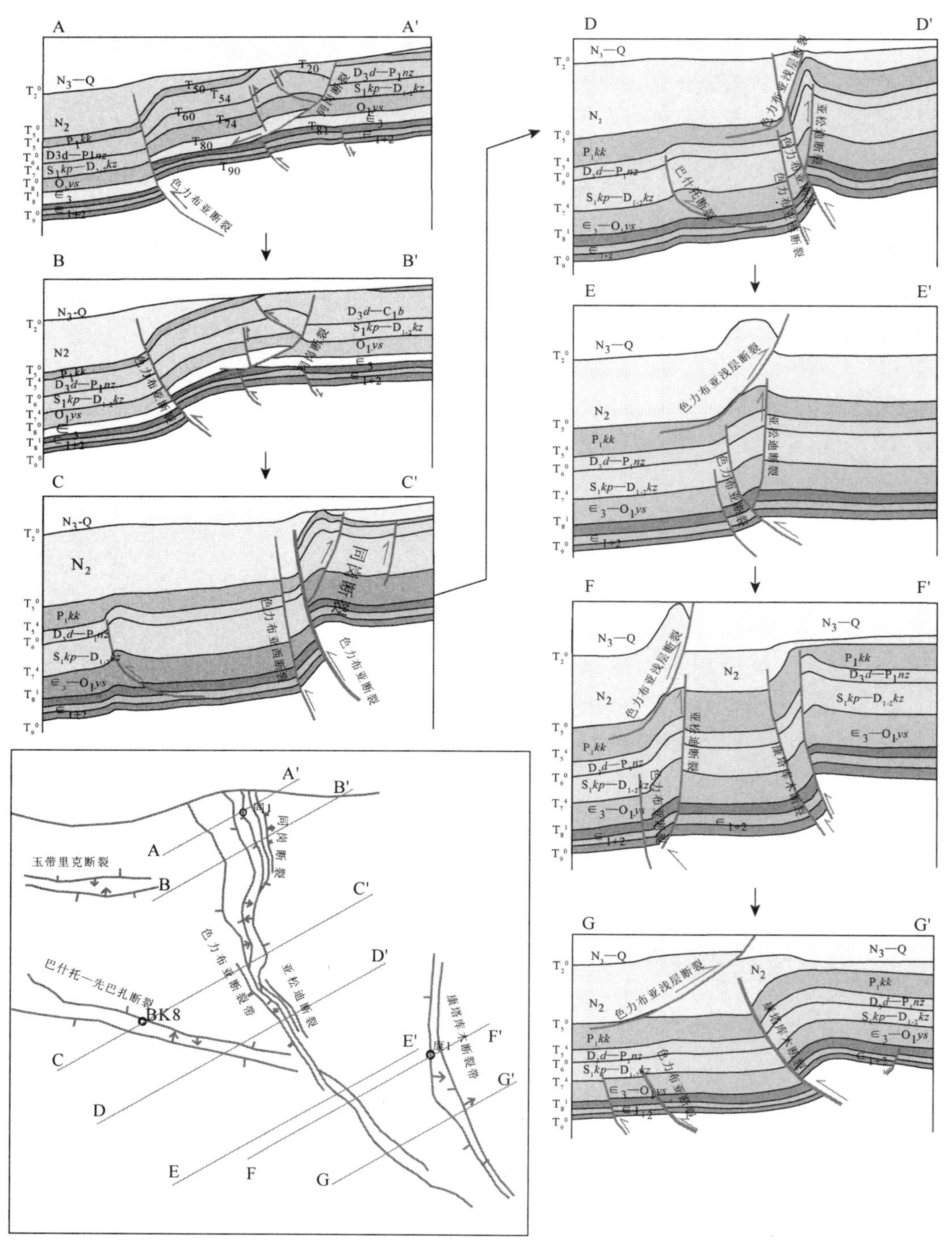

图 2-16　巴楚隆起色力布亚断裂带联合剖面图

盘的地层逐渐向东抬升，都是该滑脱冲断作用的重要的指向构造。另外此伴生断层还伴生一规模更小的逆冲断层（同岗1号、同岗2号断裂），位于同岗3号断裂内侧，断面倾向与之相对，为上陡下缓的铲式逆断层，上断至 T_2^0 界，向下断开 T_7^4 界面止于同岗3号断裂，与3号断裂和主控断裂构成同岗“Y”形构造带。另外，在同岗地区色力布亚断裂主断层上盘中下寒武统厚度大于下盘，并且在NE157剖面还发现同岗3号断裂下部存在古同岗1号断裂，通过精细解释测量，断层在 T_8^1、T_8^3、T_9^0 三个反射层断距不一致，而且上盘中寒武统明显较下盘厚，认为它和色力布亚主断裂同为早期张性背景下形成的正断裂，加里东中期反转，海西期持续活动，并被同岗3号断裂错段，上部沿中寒武统膏盐层由西向东滑脱，继承性发育成为同岗3号断裂的分支断裂。

2）中段

色力布亚断裂中段处于亚松迪次级构造带，NE115地震测线以南，断裂走向NW，断面倾向NE，上部陡，断至 T_5^0 界面，下部较缓，断开 T_9^0 界面并深入基底，上盘发育亚松迪派生断裂，与主控断裂平行展布，距离2～4km，倾向SWW—SW，上断至 T_2^0 界面，向下断开 T_8^1 界面止于主控断裂，构成反“Y”字形基底卷入式断背斜样式（图2-14），另外色西断裂活动强度逐渐减弱，NE109.4剖面上仅断开 T_7^4—T_9^0，而继续向南至NE88剖面，色西断裂仅断开 T_8^1—T_9^0。色力布亚断裂中段的典型特征是开始在中深层断褶构造之上，发育由西南向北东逆掩，倾向南西，走向北西的色力布亚浅层滑脱推覆断裂，向上断开 T_2^0 层，向下沿 T_3^1 层界面滑脱，断距600～800m。麦盖提斜坡上的新生代地层沿古近系底部的膏盐层，由麦盖提斜坡向巴楚方向滑脱冲断到色力布亚断裂带之上，并在滑脱冲断层上盘形成断层传播褶皱，反映喜山晚期运动该段以浅层断层相关断褶变形为特征，并在纵向上形成两类构造样式反向叠置组合特征。另外，与北段相配套，在色力布亚中段依然可以发现主断裂两盘寒武系厚度存在差异，并在剖面上清晰可见二叠系上盘比下盘厚（图2-14），同时在TLM-L400是震旦—寒武系以及二叠系中厚度明显大于下盘，结合区域构造背景分析，分别对应加里东早期区域张性应力场和海西晚期短暂拉张背景。该断裂发育于寒武纪，为基底张性断裂，正断裂活动一直持续到中奥陶世末，在加里东中期大规模反转，并在其后的多次改造运动中继承性逆冲，早二叠世末短暂拉张开启（局部地段可见二叠纪的玄武岩沿该断层喷发），海西晚期—喜马拉雅中晚期再次大规模反转逆冲，现今呈现大型逆冲断裂特征。

3）南段

位于托合塔格构造带，主要由色力布亚浅层断裂、色力布亚中深层断裂、亚松迪断裂以及断层传播褶皱组成，具有深、浅层构造样式叠加。断裂整体走向NW，色力布亚中深层断层倾向NNE，延长约30km，上部陡，断至 T_7^4 界面，下部斜缓，断开 T_9^0 界面并沿着基底面滑脱，断距较少，活动性相对较弱；上盘发育亚松迪派生断裂，与主控断裂平行展布，距离4～6km，倾向SSW，上断至或断开 T_2^0 界面，向下断开 T_9^0 界面止于主控断裂，构成反“Y”字形基底卷入式断背斜样式（图2-16中E-E′）。色力布亚浅层断层倾向SSW，断层面上陡下缓，沿着古近系的膏岩层滑脱由麦盖提斜坡自南西向北东方向逆冲，活动强度较中北段大，推覆断距约1100m，截切了色力布亚断裂，将第三系冲露地表。

2. 康塔库木断裂

康塔库木断层位于巴楚隆起西南边缘，由两条倾向相同的断裂组成，走向 NNW 转 NW 向，呈西凸的弧形，断裂北端至其特附近，向南穿过托合塔格山逐渐消失，延伸长度 75km；剖面上倾向 NE 或 NEE 向，呈上陡下缓犁式断裂特征，上断至 T_2^0 界面，下断入基底，垂直断距 50～2500m。该断层与色力布亚断裂南段特征相似，受挤压作用断层上盘地层强变形褶皱，形成与逆冲断层活动伴生的牵引背斜，背斜幅度自下而上逐渐增大，下盘地层相对变形较小，主要以分支小断层调节挤压应力，以发育一系列小型断块为特征。康塔库木断层南段走向转为 NW 向，倾向 NE，断面呈犁式，倾角上陡下缓，上盘发育断层传播褶皱，变形比北段明显要弱，并且在 NE82 剖面上发现断裂上盘的上寒武—中奥陶统、下二叠统明显大于下盘（图 2-15），与加里东早期区域张性应力场和海西晚期短暂拉张背景相匹配，据此推断该断裂发育于寒武纪，为基底张性断裂，加里东中期经历反转逆冲，并在二叠纪末经历短暂拉张和玄武岩喷发；同时结合 T_5^0 界面之上见有上超点及 T_5^0—T_5^4 层在构造高部位二叠系残留厚度减薄分析，认为该断裂在海西晚期曾经强烈活动；另外褶皱核部遭受剥蚀，上新统角度不整合于其上，推断其在喜山早期再次复活，由此可见，海西晚期—喜马拉雅中期康塔库木断裂再次继承性大规模逆冲。

3. 海米—罗斯塔格断裂

海米—罗斯塔格断裂带，位于巴楚隆起的西南缘，由海米—罗斯主断裂及其派生断裂构成的背冲断裂系组成，北起托合塔格断裂南端的东侧，走向 NNW（图 2-13），延伸近 80km，呈向 NW 收敛向 SE 撒开的帚状特征，为压扭构造样式。罗斯塔格主控断裂长近 80km，倾向 NE，断面上陡下缓，为典型基底卷入型断裂，上断至 T_2^0 界面，向下断达基底，断距中间大，向上下逐渐减少，具有继承性活动特征；罗斯 2 号断裂是派生断裂，与主控断裂平行，相距 3～4km，倾向 SW，上断至 T_2^0 界面，下断开 T_8^1 界面，止于主控断裂，剖面上呈“Y”字形背冲样式（图 2-17）。同时在海米—罗斯塔格断裂带之上均发育多组盖层滑脱冲断系，也形成纵向上两类构造样式反向叠置组合特征，其走向大致与上述两断裂带平行，断面倾向 SW，沿古近系阿尔塔什组底部膏盐层由麦盖提斜坡向断裂带上方逆冲，形成了双 T_3^1 构造样式（图 2-17 中 F-F′）。该滑脱冲断位移量大，地层缩短明显，局部截切了相应的主控断裂，将新生界冲露地表，形成托合塔格和罗斯塔格山链，突兀于茫茫沙海之上。

1）西段

罗斯塔格 1 号主断裂走向 NNW，倾向 NE，为基底卷入型产状上陡下缓的逆断层，向上断至 T_5^0，向下深入基底，断距以 T_7^4 界面最大，向上下均有减少的趋势，初步推测其早期为张性断裂，后期反转逆冲，继承性活动（图 2-17 中 A-A′）；断层上盘发育一条倾向相反的伴生断层（罗斯塔格 2 号），向上断开 T_2^0，向下断开 T_9^0，止于主断裂，呈反“Y”字形背冲组合特征；罗斯塔格 3 号断裂为 2 号断裂的分支断裂，与其构成“Y”字形背冲组合样式。浅层发育一条沿着古近系底的膏岩层由麦盖提斜坡向巴楚断隆冲断的盖层滑脱断裂，断面上陡下缓，向上冲出地表形成海米罗斯山（图 2-17 中 B-B′）。

2）东段

海米罗斯断裂开始由走向 NW 转变近 EW 向，断裂带明显加宽，呈帚状向东南散开。基底卷入型主断裂向上断至古近系底部的膏岩层，向下断入基底，倾向 NE，倾角陡直，并在 SN196 线附近断距最大（图 2-17 中 E-E′）。两条边界断裂之间次生断裂的数目明显增加，上盘伴生断裂与主断裂构成“Y”字形或反“Y”字形背冲样式，伴生的小断裂向上断开 T_2^0，断层顶部被浅层滑脱断层所截断，断面陡直，与主断裂形成似正花状构造样式，具有压扭性质。沿着古近系底部膏岩的浅层滑脱逆冲断裂的宽度也在增加，滑脱断层变为前后

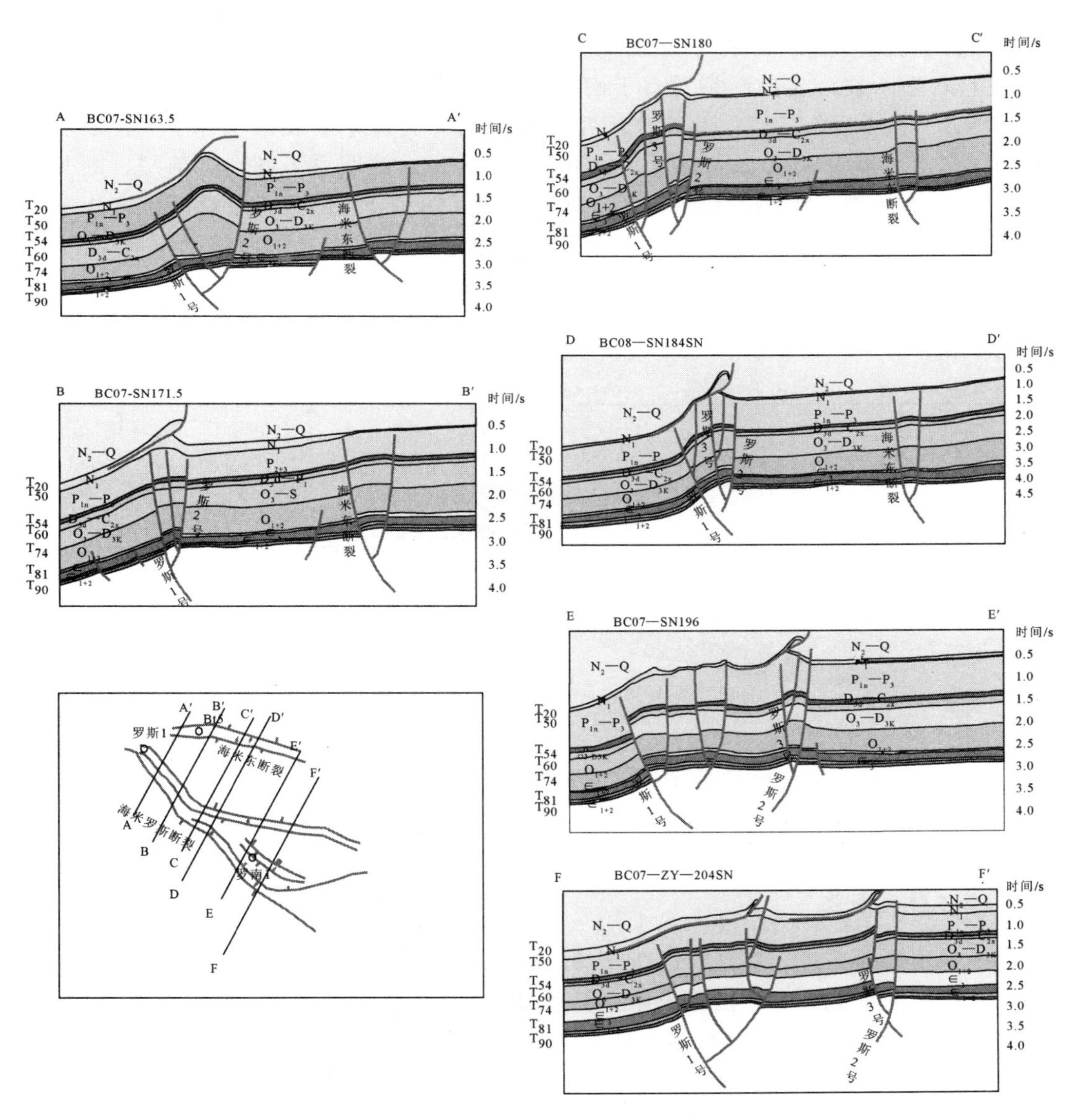

图 2-17　海米—罗斯断裂带联合剖面图

两条，具前展式冲断特征，同时呈波状起伏说明断层开始受到底部断层影响(图 2-17 中 F-F′)。同时海米东背冲断裂活动强度继续减弱，并在平面上与古董山断裂呈锐角相交，被古董山断裂阻挡，完全消失。

4. 玛扎塔格断裂

玛扎塔格断裂是巴楚隆起南缘边界的东段，西起海米—罗斯塔格断裂带南段东侧，大致以古董 1 井为界与古董山构造带分割，东止于玛东构造带，平面上呈两条断裂平行延伸，由西向东走向由 EW 转向 NWW，长约 145km，表现为略向北凸出的舒缓弧状；剖面上该断裂从 $T_D{}^0$ 断通 $T_2{}^0$ 至地表，倾角 60°～80°，断距 120～600m，上小下大。玛扎塔格断裂纵向上由深部及浅部断裂叠合而成的双重构造体系。深部为基底卷入型断裂，主控断裂发育于南侧（玛扎塔格 1 号），构成隆起南界的东段，倾向 NNE，下部断入基底；北侧（玛扎塔格 2 号）为派生断裂，平行于主控断裂，相距 4～5km，倾向 SSW，上部陡，断开 $T_2{}^0$ 界面进入第四系下部，下部缓，断开古生界止于主控断裂，组成反“Y”字形背冲样式（图 2-18）。玛扎塔格断裂之上发育一条早更新世形成的低角度前缘逆冲断裂，沿主断裂带延伸方向展布，倾向 SSW，沿 $T_3{}^0$—$T_5{}^0$ 界面间古近系底部膏岩塑性层由麦盖提斜坡向断裂带上方逆冲，将古近系冲出地表，构成玛扎塔格山。

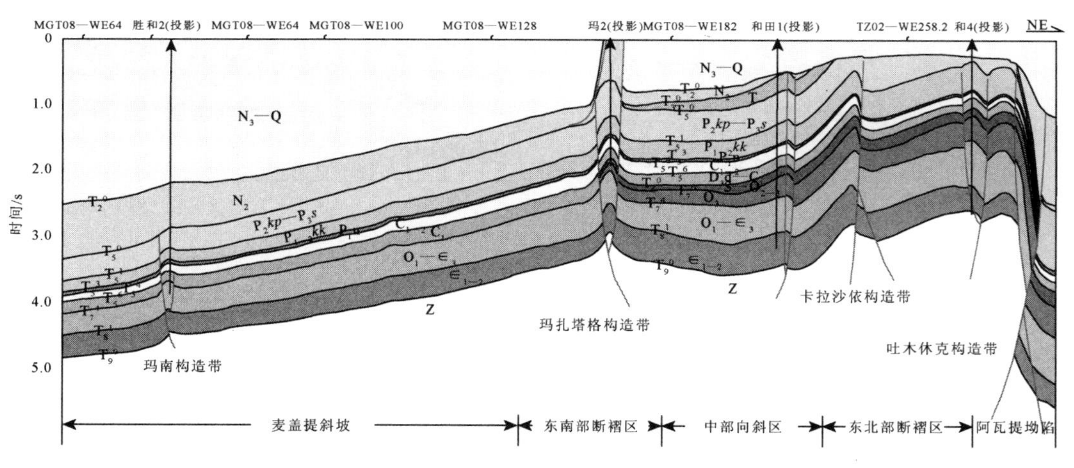

图 2-18　巴楚隆起 TZ-02-276.6SN 测线地质剖面图

5. 吐木休克断裂

吐木休克断裂带位于巴楚隆起东北部，是巴楚凸起规模最大的一条断裂，为巴楚隆起与阿瓦提坳陷的北边界，由吐木休克 1 号和吐木休克 2 号两条呈斜列式的断层组成，为基底卷入式变形断裂带，整体呈向北东凸出的弧形展布，西端表现为“入”字形（图 2-13）。吐木休克 1 号断裂长约 166km，西段为一条孤立的 NEE 向基地卷入型逆冲断裂，倾向 SSE，断面陡直，断距上小下大，继承性逆冲特征明显，同时派生断裂不甚发育；中段近 EW 向，倾向 S；东段 NWW 向，倾向 S-SW，断裂向上断至 $T_2{}^0$，向下断

开 $T_9{}^0$ 深入基底，断面上陡下缓，倾角 60°～80°，断距 120～2600m，上小下大，具有继承性活动的特征（图 2-18）；吐木休克 2 号断裂长约 100km，位于 1 号断裂东南，走向 NW，二者呈斜列左行雁列式排列，倾向 SW；断裂样式均呈上陡、中缓、下陡的拐形；上断至 $T_2{}^0$ 界面，下断入基底，均为基底隐伏断裂，但断裂中北段吐木休克 1 号断层活动强度最大，东部相比西部断距明显减小，最大约 200m（图 2-19）。同时在断层上盘发育断层传播褶皱，两翼不对称，走向近 EW，与断层的走向一致，靠近断层的一翼倾角较陡，而且西段变形较强，且主要与吐木休克 2 号断裂相关，而东段变形较弱，主要与吐木休克 1 号断裂相关。另外，在吐木休克断裂中段的南边还发育一条过和 4 井的逆断层，断层倾角较陡，走向北西。在断层上盘发育断层传播褶皱，背斜走向 NW，两翼具有“北陡南缓”的特征，长约 32km。

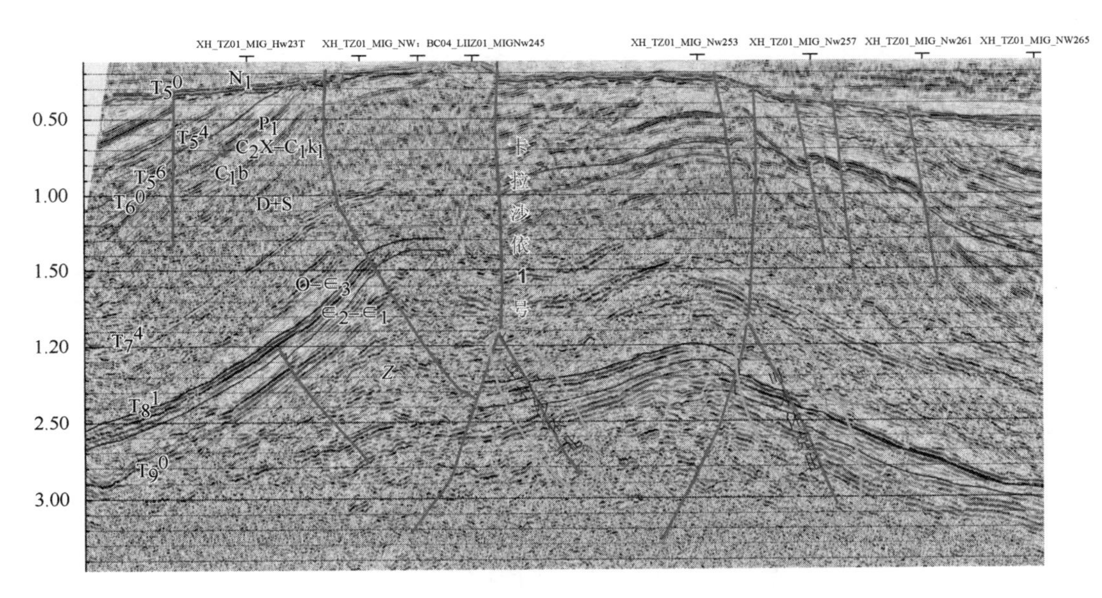

图 2-19　巴楚隆起 TZ-01-XH-NE168 二维地震解释剖面图

6. 卡拉沙依断裂

卡拉沙依断裂带位于吐木休克断裂带西南部，由主断裂与派生断裂组成，沿 NW 向延伸约 109km，在平面上呈“入”字形相交，其间以低鞍带相隔，南北宽约 12km。卡拉沙依主断裂为典型的基底卷入型逆冲断裂，走向由 EW 转向 NW 向（图 2-20），倾向由 S 转向 SW，断面上陡下缓，上断 $T_5{}^0$，向下断开 $T_9{}^0$ 深入基底，断距上小下大，具有典型的继承性逆冲的特征（图 2-19）。断裂带西段的南侧发育“Y”字形派生断裂，走向 NEE，与主断裂呈锐角相交，剖面上断面陡直，倾角较大，倾向 NNE，向上断至 $T_5{}^0$，向下断开 $T_9{}^0$，与主断裂构成背冲式构造样式，断层上盘的三叠系、二叠系部分被剥蚀，部分剖面断层发育为通天断层，可推测断层后期活动较强断裂带中东段，派生断裂消失，发育两条走向 NW 向，倾向 SW 的基底卷入型，平面上呈向南东开口的“入”字组合，平面延伸为 140km 和 85km，（图 2-20），主断裂北侧

深层依然发育的加里东早期张性断裂，而且断裂倾角更加陡直；而主断裂南侧的深

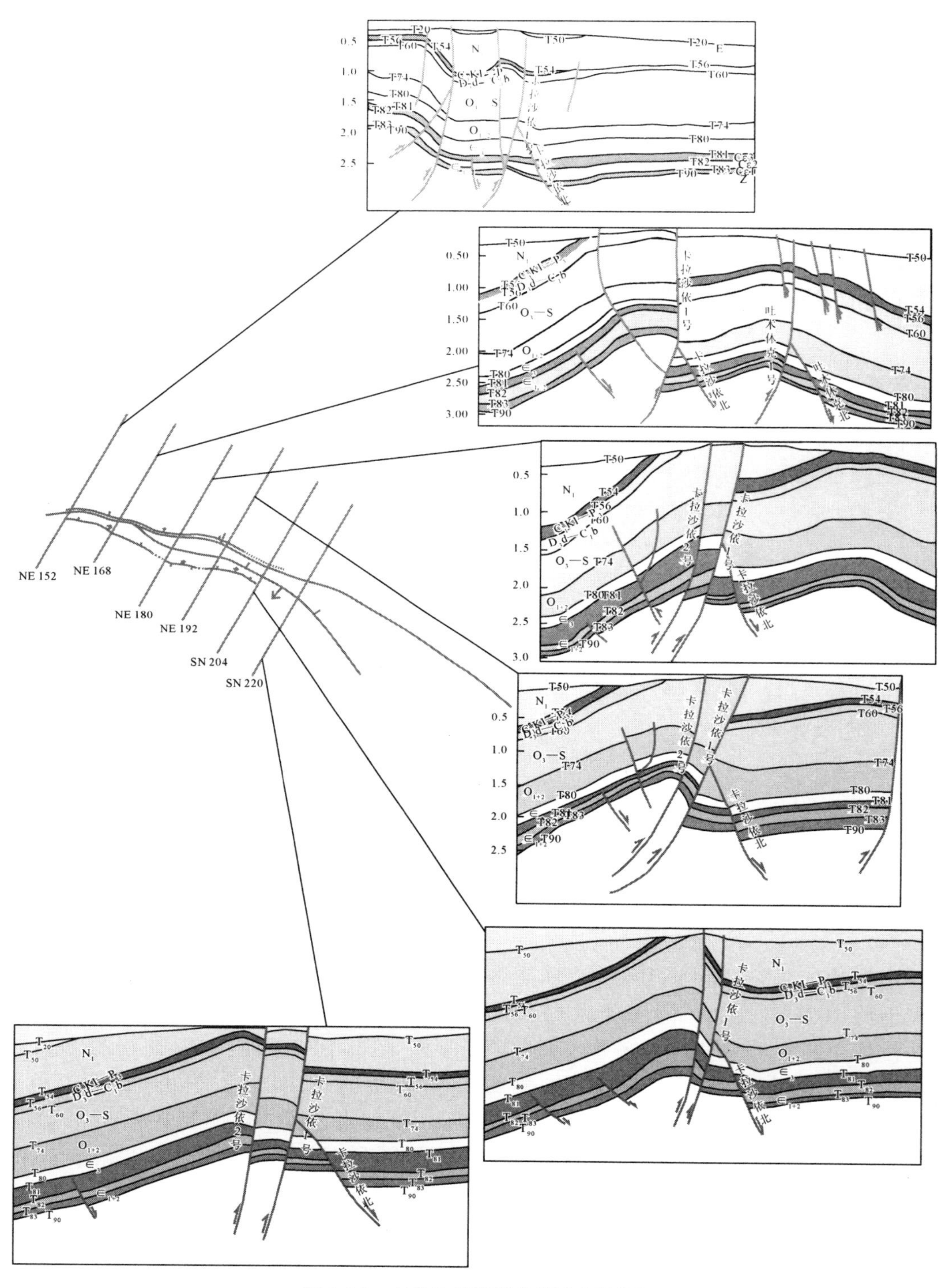

图 2-20　卡拉沙依断裂带联合剖面图

层张性断裂在中段（NE180）变为“Y”字形背冲组合样式（图2-20），向上断开T_7^4，推测为加里东中期反转逆冲，但活动范围较少，东部（NE204）又恢复为简单的基底正断裂。

2.2.3 巴楚地区主要断裂形成演化

巴楚隆地区“东西分区、南北分带”构造格局的形成，主要与盆地周边多方向不均衡区域性挤压产生的多期伸展—压性—压扭构造作用力有关。结合主要构造变革期盆地构造古应力演化背景，识别出研究区加里东早期和海西晚期早幕两次北东方向伸展过程，以及加里东中期北东方向、加里东晚期—海西早期北西向、海西晚期晚幕南北向、印支期北西向、燕山期北东向五期继承性挤压过程，并在喜山期北东向压扭作用下最终定型。在此基础上，通过主干断裂剖面演化，将主要断裂活动期次归纳为六期，分别为加里东早期、加里东中期、加里东晚期—海西早期、海西晚期早幕、海西晚期晚幕和喜马拉雅中晚期。

1）基底卷入式伸展断裂发育阶段

晚震旦世，区域南北伸展背景下发育吐木休克北、卡拉沙依北、玛扎塔格南断裂等倾向NE的基底强伸展断裂；早—中寒武世，在NE—SW弱伸展背景下，发育色力布亚、海米罗斯1号、古董山1号断裂等一系列NNW向的基底卷入式正断裂（图2-21），西部张性断裂发育密集，倾向以NE为主，平面呈斜列展布，局部为倾向SW的小型正断裂；中部下寒武统也发育一系列NW向展布的小型正断层，但倾向以NE为主；而东部多为走向NWW向的基底断裂的持续张裂。这些早期正断层为后期构造格局的演化奠定了基础。

2）正反转—逆冲断裂发育阶段

晚奥陶世末，巴楚地区由伸展变为挤压背景，主要发育NW向正反转逆冲断裂，西南部为色力布亚、康塔库木等倾向NE的早期正断裂反转逆冲，中北部为新产生的吐木休克1号、卡拉沙依1号断裂等一系列倾向SW的逆冲主断裂。

3）继承性挤压基底卷入逆冲断裂—深层盖层滑脱式叠瓦逆冲断裂发育阶段

中泥盆世末，在北向南弱挤压作用下，巴楚地区仅以西南部古董山、古西断裂等NW向断裂逆冲活动为主，但断裂发育规模较小，东南部发育玛东断裂等沿中寒武统深层叠瓦逆冲断裂系。

4）“裂而未陷”局部伸展断裂发育阶段

早二叠世末，塔里木盆地处于区域性伸展的裂谷环境，巴楚地区火山活动广泛，但未形成强烈断陷，仅在巴4井东发育小型正断层，同时瓦吉里塔格、古董山1号等断层开启；成为二叠纪玄武岩的喷发通道。

5）基底卷入式强烈逆冲断裂发育阶段

二叠纪末，巴楚地区形成以NW和近EW向为主的基底卷入式的逆冲断层，既有加里东中期NW、NNW向逆冲断裂的继承性活动，又有近EW向的早期基底正断裂的反转逆冲，还有NWW向新形成的“Y”字形背冲断裂，巴楚隆起的继承性断隆性质进一步得到确定。

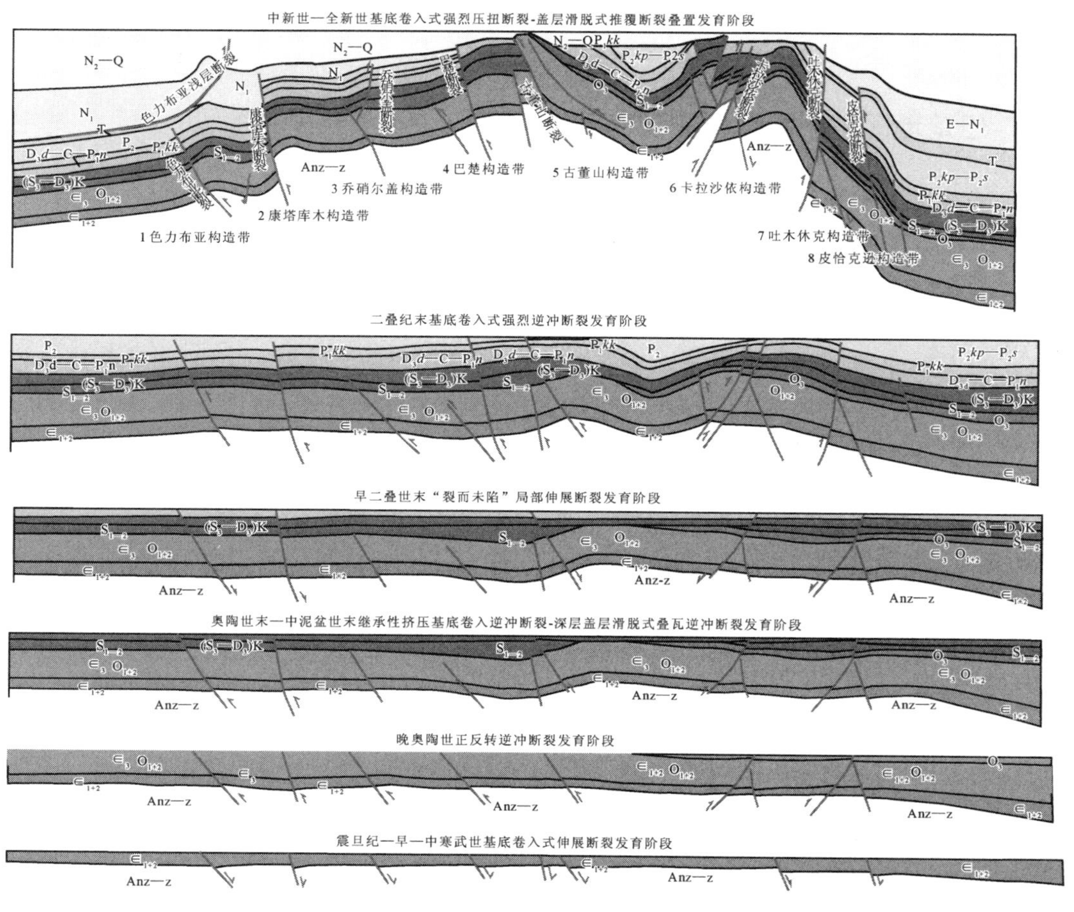

图 2-21　巴楚地区断裂演化模式图

6）基底卷入式强烈压扭断裂—盖层滑脱式推覆断裂叠置发育阶段

喜山中期，巴楚隆起边界断裂再次活动，以基底卷入型压扭为主；内部断裂发育以 T_8^1 为主滑脱面的盖层滑脱冲断构造。喜山晚期，早期断裂继续活动，西段压扭，中段逆冲，巴楚南缘发育以 T_3^1 为主滑脱面的盖层滑脱冲断构造，形成深浅双重构造体系，造就巴楚断隆现今构造格局。

2.3　张性断裂发育演化特征

本次通过对全盆 23 条区域骨架剖面和重点地区 100 余条二维剖面综合解释，对塔中、巴楚以及满加尔坳陷等构造单元的张性断裂进行了精细解释，梳理盆地早期发育的一系列北西向、北北西向及近南北向张性断裂（表 2-1）。按照古生代张性断裂的现今剖面形态，结合成因机制和发展演化特征，将其分为三类：现今基底正断裂、现今上逆下正断、早期伸展—后期挤压反转断裂。

表 2-1　塔里木盆地中央隆起带古生代张性断裂要素表

序号	断裂名称	构造位置	切割层位	现今性质	视产状	活动时期
1	满参 1 井北断裂	满参 1 井北部	AnZ，Z，$\in_1$	正	SE∠80°	AnZ，Z，$\in_1$，早加里东期正断层，现今仍为正断层
2	和田河西深部断裂	和田河西深部	AnZ，Z，$\in_1$，$\in_2$	逆	S∠70°～85°	AnZ，Z，早加里东期正断裂，O_{2+3}时反转，断入$\in_1$，$\in_2$
3	卡塔克西北深部断裂	卡塔克西北部	AnZ，Z，$\in_1$，$\in_2$，$\in_3$	逆	NE∠65°	AnZ，Z，$\in_1$早加里东期正断裂，O_{2+3}时反转，断入$\in_3$
4	顺托果勒西部断裂	顺托果勒西部	AnZ，Z，$\in_1$，$\in_2$，$\in_3$，O_1，O_{2+3}，S	逆	SW∠70°～80°	AnZ，Z，早加里东期正断裂，O_{2+3}时反转，持续至志留纪
5	塘北断裂	塘北断裂带	AnZ，Z，$\in_1$，$\in_2$，$\in_3$，O_1	逆	NE∠45°～80°	AnZ，$\in_{1+2}$，$\in_3$，O_1早加里东期正断层；O_{2+3}时反转
6	卡塔克北深部断裂	卡塔克北部	AnZ，Z，$\in_{1+2}$，$\in_3$	逆	NE∠55°	AnZ，Z，$\in_{1+2}$为早加里东期正断层；早$\in_3$时反转
7	顺托果勒东部深部断裂	顺托果勒东部	AnZ，Z，$\in_1$，$\in_2$，$\in_3$	正	NE∠80°～90°	AnZ，Z 为早加里东期正断层；$\in_3$时反转
8	塔中 10 号深部断裂 1	塔中 10 号构造	AnZ，$\in_1$，$\in_2$，$\in_3$	正	NNE∠70°	AnZ，$\in_1$，$\in_2$，$\in_3$早加里东期正断层，现今仍为正
9	塔中 10 号深部断裂 2	塔中 10 号构造	AnZ，$\in_1$，$\in_2$	逆	NNE∠70°	AnZ，$\in_1$，早加里东期正断层；O_{2+3}时反转向上断入$\in_3$
10	塔中Ⅰ号深部断裂	塔中Ⅰ号构造带	AnZ，$\in_1$，$\in_2$，$\in_3$	正	NNE∠80°	AnZ，$\in_1$，$\in_2$，$\in_3$早加里东期正断层，现今仍为正
11	满加尔坳陷西南深部断裂	满加尔坳陷西南部	AnZ，$\in_1$，$\in_2$	正	NE∠60°～80°	AnZ，$\in_1$，$\in_2$早加里东期正断层，现今仍为正
12	满加尔坳陷南深部断裂	满加尔坳陷南部	AnZ，Z，$\in_{1+2}$，$\in_3$—O_1	正	NNE∠45°～70°	AnZ，Z，$\in_{1+2}$，$\in_3$—O_1早加里东期正断层，现今仍为正
13	满加尔坳陷东断裂	满加尔坳陷东部	AnZ，Z，∈，O，S，D，C，P，J，K	逆	NW∠45°～60°	AnZ，Z 早加里东期正断层，加里东晚期至海西早期逆冲
14	塔中Ⅱ号断裂	塔中中央断垒带	AnZ，$\in_{1+2}$，$\in_3$+O_1，S+D，C，P	逆	NE∠60°～80°	AnZ，∈，O_1早加里东期正断层，O_3反转，海西早期逆冲，海西晚期断裂西端张性开启
15	塔中 22 井断裂	塔中中央断垒带南侧	AnZ，$\in_{1+2}$，$\in_3$+O_1，S+D，C，P	逆	NE∠70°～80°	加里东中晚期、海西早期正断层，P_{1+2}时断裂在张应力背景下开启，但仍保持逆断裂形态
16	麦盖提斜坡 2 断裂	麦盖提斜坡构造带	AnZ，Z，$\in_1$，$\in_2$，$\in_3$，O，C，P	上逆下正	NE∠30°～50°	AnZ，Z，$\in_1$，$\in_2$早加里东期为正，$\in_3$早期下部为正，上部为逆，O 时开始反转
17	玛扎塔格断裂	巴楚隆起南部边界	AnZ，Z，∈，O，C，P，E，N	逆	NE∠75°～85°	AnZ，Z，$\in_1$，$\in_2$，$\in_3$，O_1早加里东期正断层，状态持续至 P 时期，并断入 P，P 末反转

续表

序号	断裂名称	构造位置	切割层位	现今性质	视产状	活动时期
18	色力布亚断裂	巴楚隆起西南边界	Z，∈，O，S，D，C，P，E	逆	NE∠70°～80°	Z，∈，O 为早加里东期正断层，一直到 P 为正断层状态，直到 P 末期反转
19	古董山深部断裂	古董山断裂带	AnZ，Z，$\in_{1+2}$，$\in_3$	正	NE∠70°	AnZ，Z，$\in_{1+2}$，$\in_3$ 早加里东期正断层，现今仍为正断层
20	康塔库木断裂	康塔库木西构造	AnZ，Z，∈—O_1，S—D_1，D_3—P_1，P_{2+3}，N_1	逆	NE∠60°～70°	AnZ，Z，$\in_{1+2}$，$\in_3$—O_1 早加里东期正断裂，D_1 沉积后反转，喜山早中期反转为逆断层
21	和田河东南断裂	和田河东南部	AnZ，Z，$\in_1$，$\in_2$，$\in_3$，O_1，O_{2+3}	逆	NW∠30°～45°	AnZ，Z，$\in_1$，$\in_2$，$\in_3$，O_1 早加里东期正断层；O_{2+3} 时反转
22	古董山 1 号断裂	古董山构造带	AnZ，Z，$\in_{1+2}$，$\in_3$+O_1	上逆下正	NE∠40°～50°	AnZ，Z，$\in_{1+2}$，$\in_3$+O_1 为早加里东期正断层，加里东中反转，但 Z 仍为正
23	古董山 2 号断裂	古董山构造带	AnZ，Z，$\in_{1+2}$，$\in_3$+O_1，S+D，P	上逆下正	NE∠40°～45°	AnZ，Z$\in_{1+2}$，$\in_3$+O_1 为早加里东期正断层，加里东中晚期—海西早期反转，喜山期继续逆冲
24	古董山东北深部断裂	古董山构造带	AnZ，Z，$\in_{1+2}$，$\in_3$+O_1，S+D_2	逆	SW∠45°	AnZ，Z 为早加里东期正断层，O_{2+3} 时反转，向上断入$\in_1$
25	罗斯塔格北断裂	罗斯塔格北部	AnZ，Z，$\in_{1+2}$，$\in_3$+O，S—C，P，T	逆	NE∠70°～80°	AnZ，Z，$\in_{1+2}$，$\in_3$+O，S+D_2 为早加里东期正断层，海西早期后期反转
26	阿恰断裂	阿瓦提断陷的西南界	AnZ—N_1	逆	SWW∠60°～90°	∈，O 早期张性断层，加里东中晚期正反转，喜山期再次逆冲
27	卡拉沙依附断裂	卡拉沙依断裂带	AnZ，Z，∈，O，S_1，C，P	上逆下正	SW∠45°～65°	AnZ，Z，$\in_1$ 早加里东期正断层，P_{1+2} 张性开启，P 末（海西晚期）反转
28	吐木休克深部北东向断裂	吐木休克断裂	AnZ，Z，$\in_{1+2}$，$\in_3$，O_1	逆	NW∠70°～80°	AnZ，Z，$\in_{1+2}$ 早加里东期正断层，加里东中晚期向上反转逆冲

2.3.1　现今基底正断裂

此类断裂主要特征为规模不大，断距较小，走向北西，主要断开震旦—寒武系（T_{10}^{0}—T_{8}^{1}），一般保存在距离盆地边缘较远的凹陷内部或深大断裂附近。现今仍保存的加里东早期形成的早古生代张性断裂经过统计分析，可分为两种情况：①这些断裂发育在盆地内部的凹陷构造单元内，如塔中隆起中段（图 2-22）、巴楚隆起内部基底正断裂（图 2-23）等，这类断层本身断开的层位比较少，比较老，一般断开层位为 T_{10}^{0}—T_{8}^{1}，少数断开 T_{7}^{4}，断距下大上小，断面下凹呈铲式，地层为弥补伸展产生的潜在空间而向下弯曲，并导致上盘地层回倾，表现为“南断北超”的箕状断陷，具有典型的同沉积断裂特征。由于层位相比其他地区更深，所以更不易受后期构造运动的影响，这类断层的这些先天条件，使得盆地周缘天山构造域、昆仑山构造域、阿尔金山构造域在加里东早期以后的挤压应力传播到断层所处的位置，已经大大削弱了，从而使得这些正断层受到的后期改造作用不明显，得以保存正断层形态至今；②加里东早期以后基底正断裂附近发育了新的大型断裂（图 2-24），这些新的大型断裂在后期的构造运动中，使得挤压应力大规模释放，从而使得附近的早加里东期的张性断裂没有受后期构造运动的明显影响，得以保存正断裂形态至今。例如，卡拉沙依主断裂北侧深层发育张性断裂（图 2-24），是震旦系—寒武系的张性同沉积正断层，保持张性特征至今。但是由于断层倾角较大，并且紧邻大型主干断裂，后期构造运动中受到很好的保护，没有被改造而幸存下来。

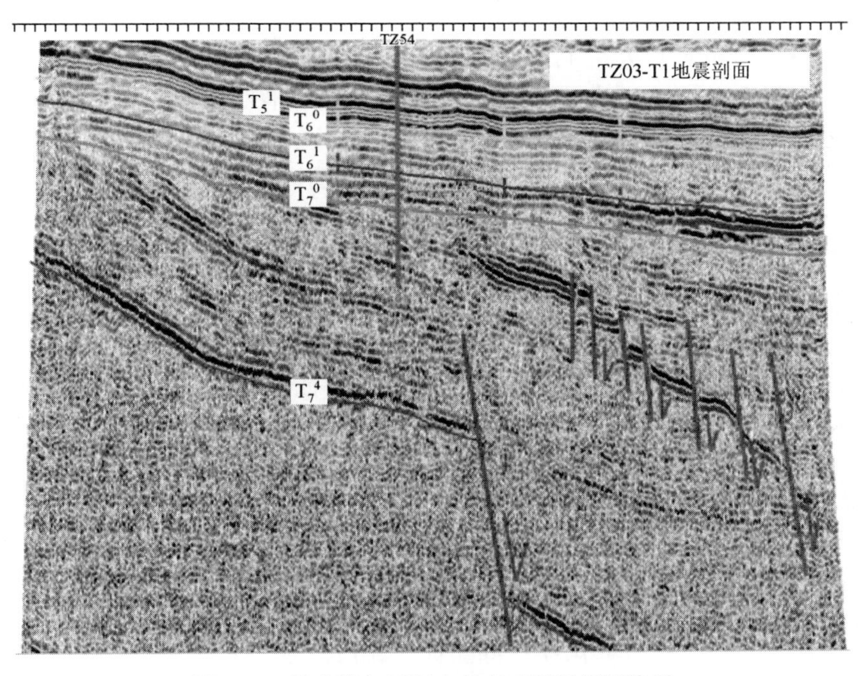

图 2-22　塔中隆起区现今基底正断裂剖面特征

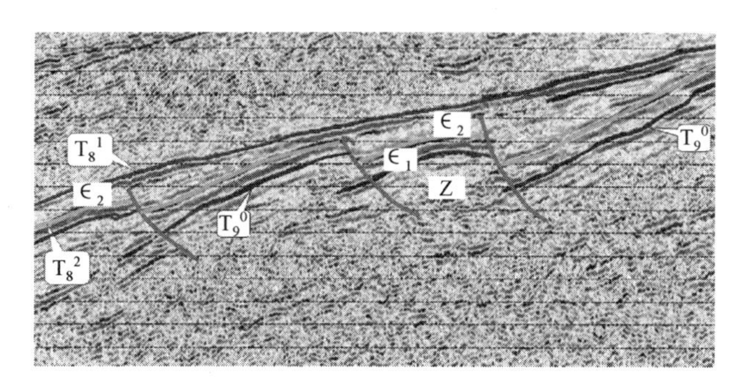

图 2-23　巴楚隆起 BC-07-204SN 基底正断裂剖面特征图

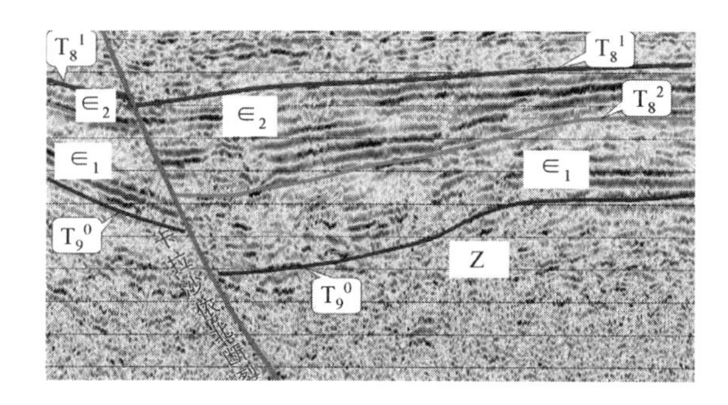

图 2-24　巴楚隆起卡拉沙依断裂北侧基底正断裂剖面特征图

2.3.2　现今上逆下正断裂

此类断裂规模相对较大，上下两端地层断距大，中间相对较小，倾角较缓，主要断开震旦—志留系（T_6^0—T_{10}^0）。其形成原因是加里东早期形成早古生代张性断裂，经后期构造运动的改造，断层开始正反转，但因为所受的挤压力强度不够，加上断层倾角较缓，导致断层没有完全正反转，从而呈现上逆下正的断裂形态。如古董山 1 号断裂断距上下不均一，断层上盘 T_7^4—T_8^2 地层厚度比下盘大，构造带的西南翼与北东翼二叠系残留厚度差异较大，北东翼一系列削截反射终止点比西南翼更为清晰，由此推测加里东早期为张性断层，后期经历反转，海西晚期再次继承性活动。同时断裂下盘在 NE60、NE52 等剖面上可以在膏盐层之下发现早期正断层的迹象，断面上陡下缓，可见明显同沉积特征，地层界面具有逆牵引回倾特征，连续性较好，振幅较弱，局部可见上超特征（图 2-25）。

2.3.3　早期伸展-后期挤压反转断裂

此类断裂规模巨大，且经历多期构造活动，主逆冲断裂多为北倾的同沉积张性断裂经反转而形成的深大逆断裂，断陷期主要为早古生代早期，倾向较陡，地层断距大，倾角较陡，断距大。经历多期构造运动改造，断层两盘，尤其是上盘，地层变形强烈，往往剥蚀严重。可见震旦沉积期为基底正断裂，地层向北依次断陷增厚，后期受构造

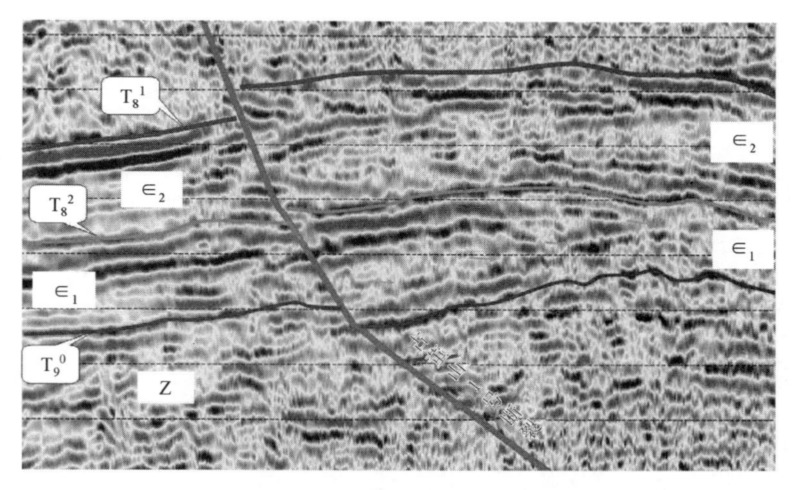

图 2-25　巴楚隆起古董山 1 号断裂剖面特征图（BC-04-NE60 测线）

运动影响，反转逆冲抬升，且抬升幅度向南依次减弱，可见早期均为基底正断裂，后期剧烈反转逆冲，断裂性质改变。例如玛扎塔格现今两条断裂均为逆断裂（图 2-26），但是玛扎塔格南断裂两盘上寒武统厚度存在差异，而且地震相差异明显：上盘表现以中振幅、中高频率、连续性较差、纵向以杂乱反射组合为主的地震反射特征，下盘表现为以中强振幅、中频率、连续性较好、纵向以平行—亚平行反射组合为主的地震反射特征，同时在钻井岩屑中识别出的加里东早期以中、基性侵入岩为主的火成岩（安山岩—辉绿岩），认为早加里东期研究区经历了拉张过程，玛扎塔格主断裂当时为倾向 NE 的小型张性断层，平面不连续，并在加里东中期反转逆冲，海西早期持续挤压冲断，在加里东中期—海西早期南高北低的构造格局中，玛扎塔格地区经历加里东中期—海西早期三期岩溶，志留—上奥陶普遍缺失，逆冲反转的玛扎塔格断裂的发育直接或者间接地控制上奥陶统—志留系地层的展布，致使石炭系巴楚组直接盖在下奥陶鹰山组之上。另外从二叠系厚度差异看（图 2-26），海西晚期早幕断裂再次经历短暂拉张，同时成为二叠纪玄武岩的喷发通道；海西晚期在挤压背景下反转为压扭性断层，强烈逆冲。后期玛扎塔格断裂较色力布亚断裂在活动时期上有一定的差异性，在早喜山期也开始活动，但活动强度较弱，真正的强烈活动期要晚于色力布亚断裂，喜山中晚期（中新世末）才进入强烈活动期，并持续到第四纪。此类断裂有些为基底正断裂，有些为加里东早期张性断裂，但都经历了加里东中晚期的构造反转，并在海西期复活，后期持续活动，大规模逆冲，将早期正断裂面貌改造的“面目全非”，因此造成现今早期正断裂难识别。

2.3.4　张性断裂演化特征

塔里木盆地的形成演化经历了 5 大构造旋回，10 次重要的区域拉伸、挤压、剪切构造变革期。震旦纪—早奥陶世的加里东早期，盆地周缘天山构造域、昆仑山构造域、阿尔金山构造域为拉张构造背景，盆地内部以张性盆地为基本格局，盆地内受北东—南西方向张应力作用，主要发育走向北西的张性断裂；中—晚奥陶世，塔里木克拉通周缘由大

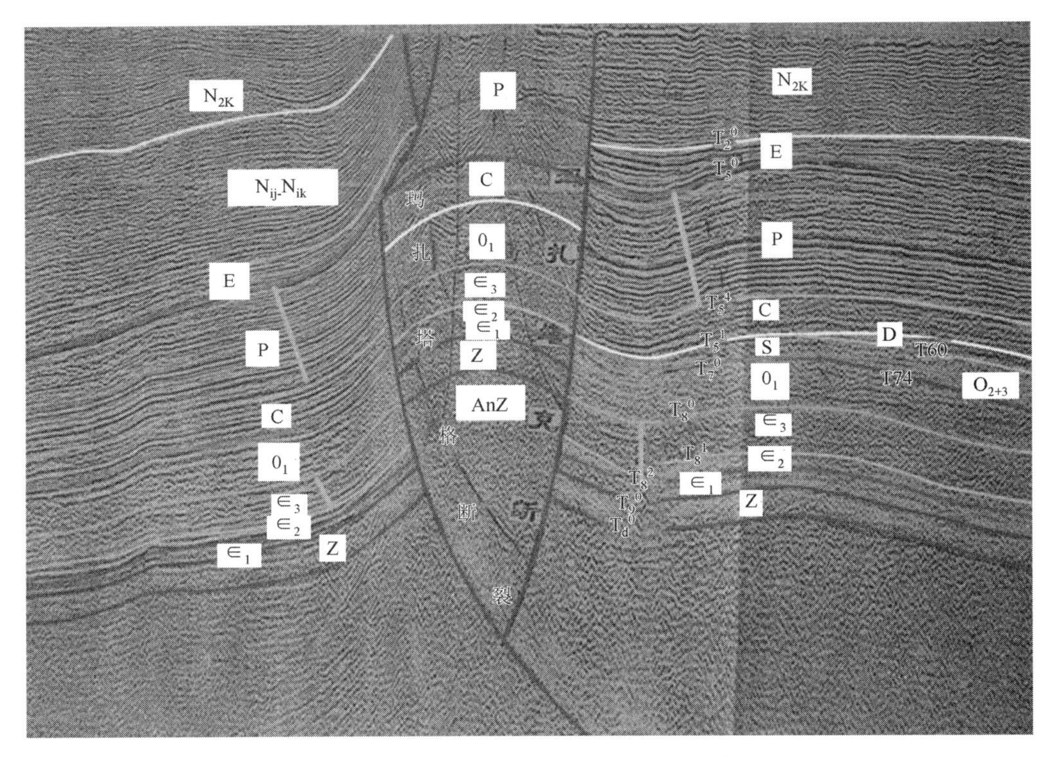

图 2-26　巴楚隆起 TLM-Z15 二维地震解释剖面图

陆伸展环境向聚敛构造环境转变，盆地性质由被动大陆边缘背景下的拉张型盆地向挤压型盆地转变，属过渡时期。直到晚奥陶世末，盆地性质才由拉张型盆地转变为挤压型盆地。之后盆地又受多次拉张—挤压—剪切构造作用，但以挤压作用为主，效果最明显，盆地现今多为逆断裂，加里东早期形成的早古生代张性断裂在后期的构造运动中也多发生正反转。

1. 加里东早期运动

震旦纪，Rodinia 大陆开始裂解，塔里木地块的构造环境表现为边缘带北有南天山裂陷（谷），西南有北昆仑裂谷，东北发育库鲁克塔格—满加尔边缘裂陷。晚震旦世，古昆仑洋，古亚洲洋主要为拉张背景，塔里木板块裂解，张性断层在周缘活跃；进入早—中寒武世各个地块漂移，古亚洲洋主要为拉张背景，塔里木盆地在北东—南西方向的拉张应力作用下，在盆地内部塔北、满加尔坳陷以及巴楚—卡塔克隆起发育一系列的 NW—SE 向和近 EW 向早期正断裂（图 2-27、图 2-28）。其中部分断裂仅断开寒武系，后期改造作用不明显，仍保持正断裂形态，如卡塔克地区深层张性断层主要沿 I 号断裂带呈近 EW 向发育（图 2-27），在地震剖面上，塔中 I 号断裂带北侧寒武系和震旦系地层的反射轴被重复错断，地层向北逐渐增厚，发育倾向 NE 的深层正断裂（图 2-29），造成了奥陶系沉积基底的局部陡变、挠曲，台地边缘呈现明显地貌凸起，并且寒武纪—早奥陶世一直处于台地—陆棚相沉积环境，张性断裂为台缘建隆、礁滩等有利于为储集相带发育提供构造背景。晚奥陶世应力环境从引张变为挤压，才受区域 SN 向挤压，形成倾向 SW 的塔中 I 号边界主断裂才开始大规模逆冲隆升。

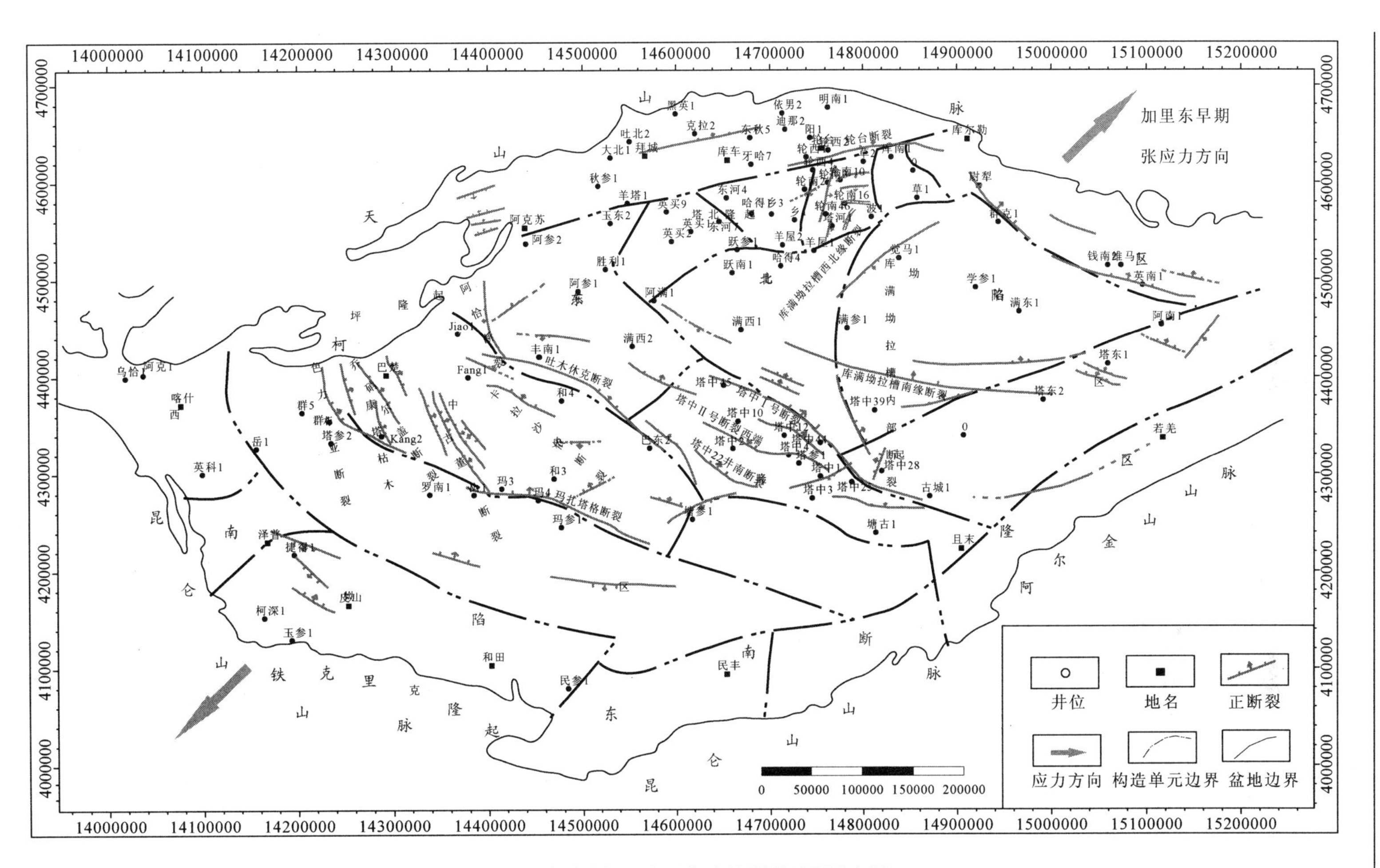

图 2-27　塔里木盆地加里东早期张性断裂平面展布图

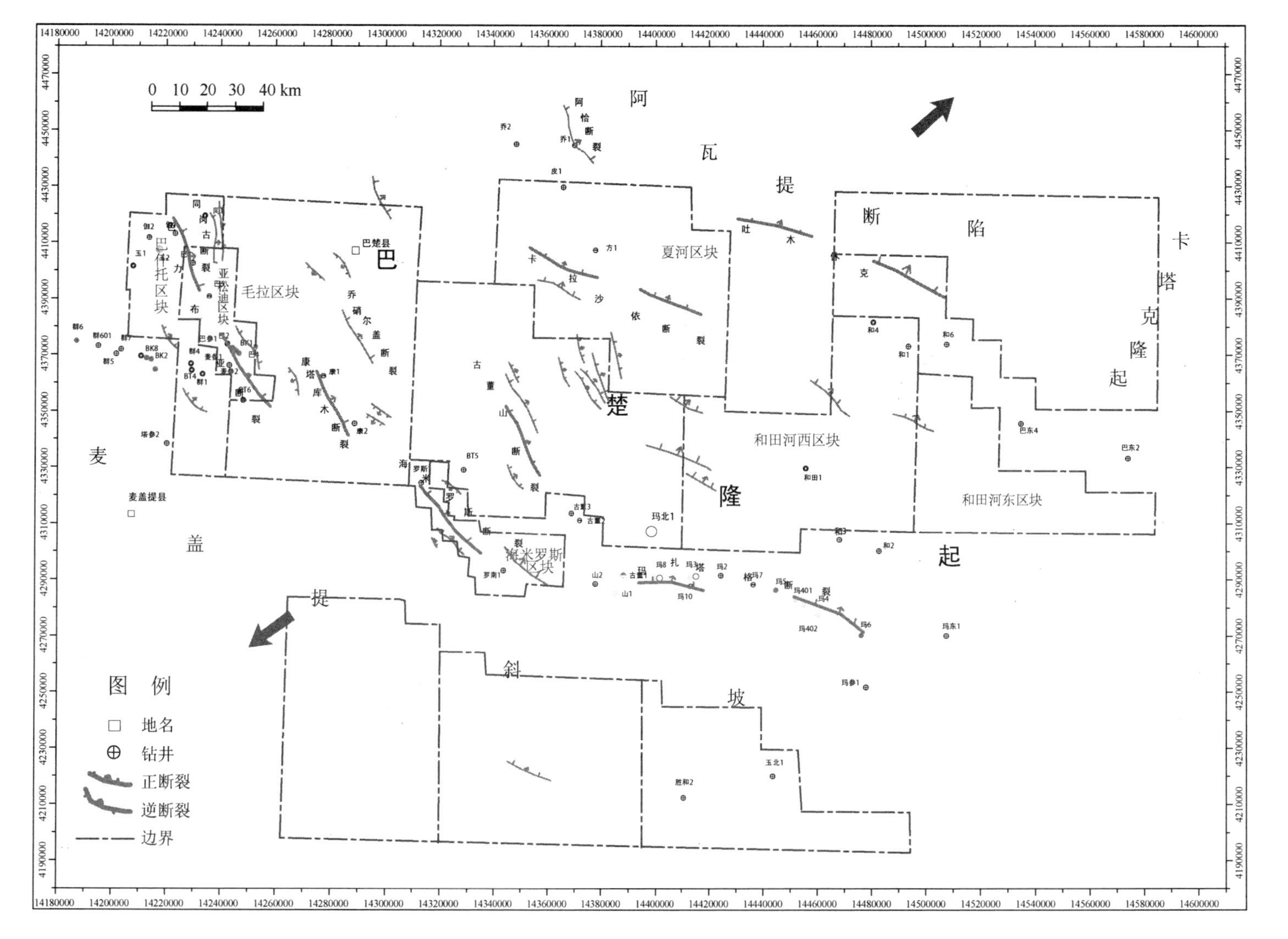

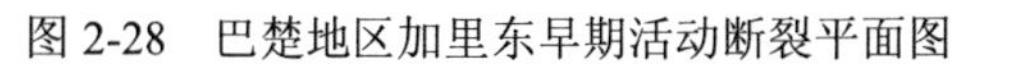
图 2-28　巴楚地区加里东早期活动断裂平面图

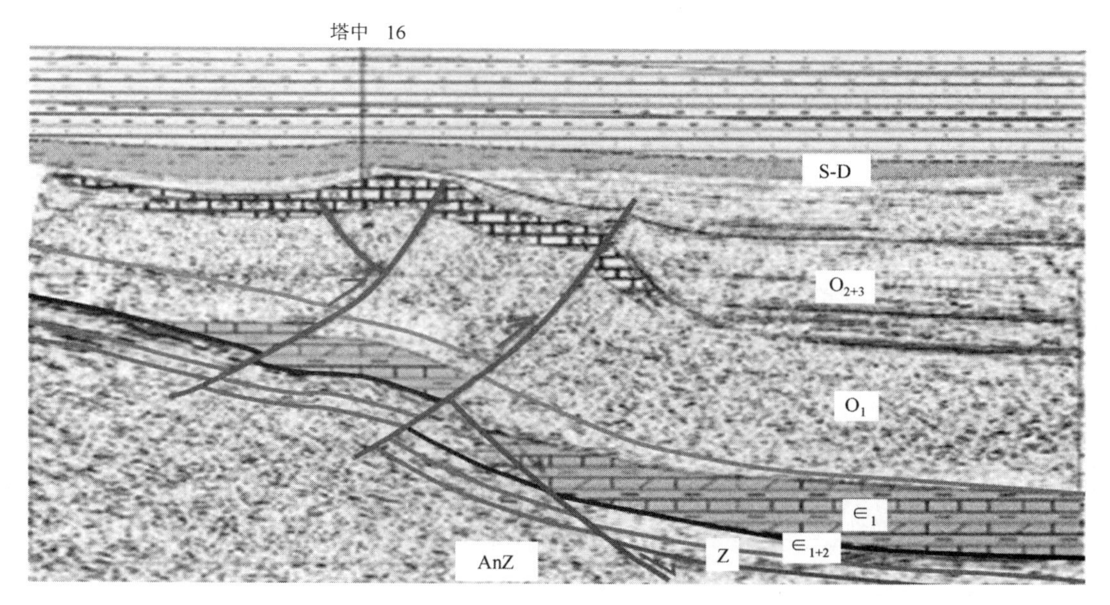

图 2-29　过塔中 16 井塔中 I 号断裂地震剖面

晚震旦世末至早奥陶世，麦盖提斜坡—巴楚隆起地区处于基底伸展状态，在整体呈现北倾的构造斜坡上断断续续地发育一系列 NW 向小型正断裂，总体 NE 倾向的早期断裂规模较大，延伸较长（图 2-27），其中大多为边界断裂或主干断裂，例如巴楚南缘的色力布亚亚松迪段、古同岗断裂、康塔库木断裂带南段、海米罗斯 1 号断裂、古董山 1 号断裂、玛扎塔格断裂中段等处可见震旦纪—早中寒武世的伸展构造，往往呈现南断北超的楔状半地堑特征（图 2-25）；另外在中北部的卡拉沙依北部和吐木休克北部各发育一条倾向 NE 的正断裂（图 2-24），平面延伸相对较长。同时在巴楚隆起东部的小海子和和田河区块中下寒武统地层中发育一系列 NW 走向的小型张性断裂，剖面上未切穿 T_8^1，表现为断阶式由西南向东北方向依次断陷。局部呈现同沉积箕状断陷结构样式，其内部上超特征明显（图 2-23）。巴楚隆起的南北边界在加里东早期均已发育雏形（色力布亚—玛扎塔格断裂带、阿恰断裂等），为后期构造格局的演化奠定了基础，西段以 NNW 向展布为主，数量较多，以早—中寒武世正断层为主，局部具有晚震旦、早—中寒武世继承性拉张的特征（色力布亚主断裂、海米罗斯 1 号断裂）；东段呈 NW 向展布，平面延伸较长，但数量较少（玛扎塔格、吐木休克断裂），以吐木休克北断裂和玛扎塔格南断裂等倾向 NE 的晚震旦世正断层为主。

2. 海西晚期早幕运动

早二叠世的岩浆岩在整个塔里木板块普遍发育指示一种当时板块处于区域性伸展的裂谷环境，但这一构造伸展作用并未在塔里木板块形成强烈断陷，而是引起地壳隆起，表现为“裂而未陷”的特征。由塔里木盆地晚古生代张性断裂的展布图上可以看出，此时张性断裂在塔里木盆地只有零星分布，且主要集中于中央隆起带，在 NE 向伸展作用下，张性断裂多呈 NW—SE 向展布（图 2-30）。

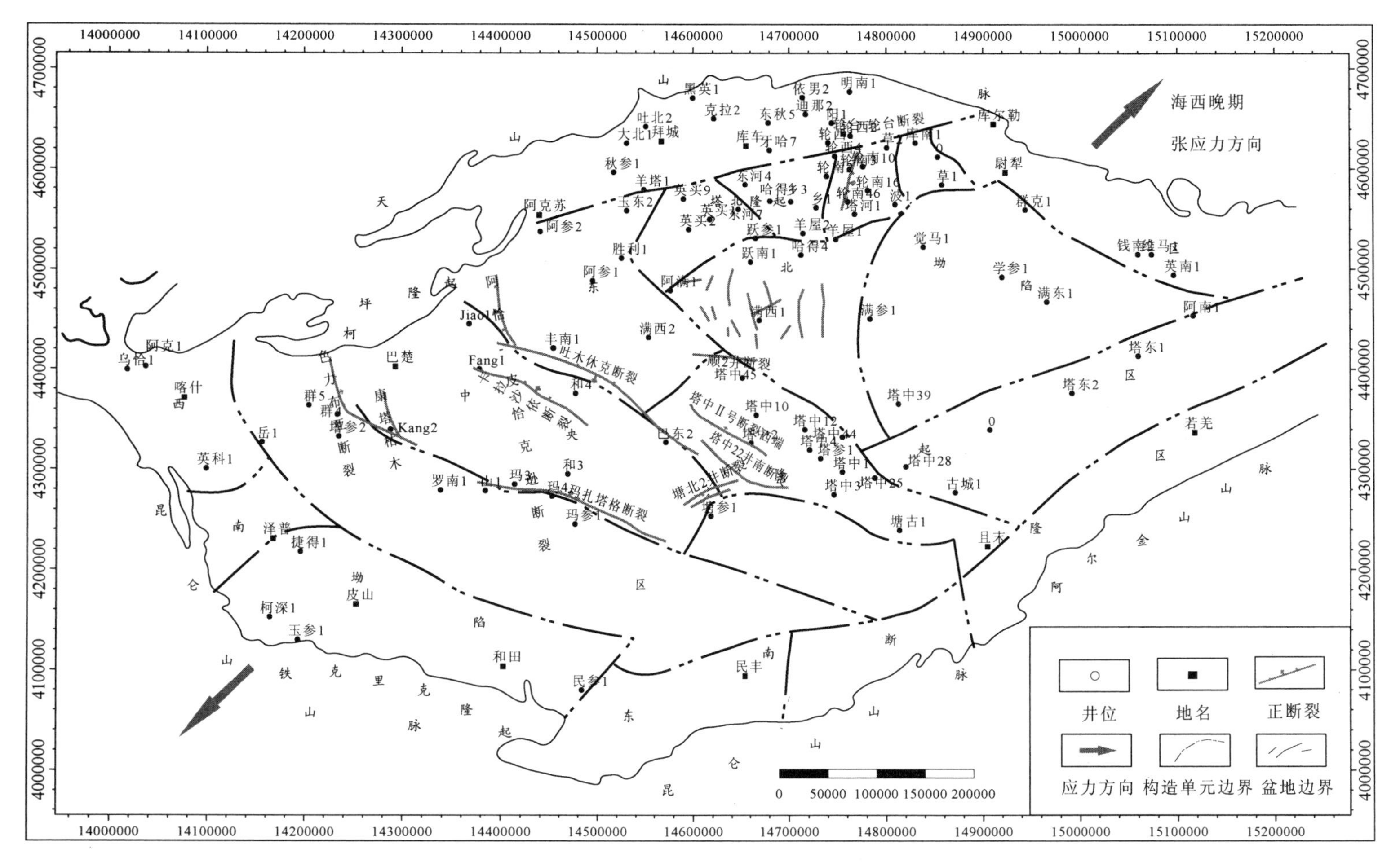

图 2-30　塔里木盆地晚古生代张性断裂平面展布图

研究区小海子和瓦吉里塔格一带发育岩株和岩墙群，走向 NNW—SSE，倾角普遍在60°以上，可见海西晚期早幕以 NE—SW 向伸展为主，西部小海子区块和毛拉区块小海子断裂和瓦吉里塔格断裂开启，并成为二叠纪玄武岩的喷发通道，但是没有见到明显的断陷沉积结构，因此属于“裂而未陷”典型表现。同时在中部古董山 1 号断裂北侧的二叠系明显要厚于南侧（图 2-25），而且在该断裂带的地表露头可见早二叠世末的辉绿岩墙广泛发育，表明早二叠世古董山 1 号曾拉张开启，成为二叠纪玄武岩的喷发通道，另外在巴西断裂、色力布亚断裂、康塔库木断裂、玛扎塔格断裂、吐木休克断裂等地均钻遇二叠系火山岩，并通过地震剖面分析，认为这一系列 NW 向断层在海西晚期早幕都曾经历过短暂拉张，控制火山喷发和深成岩侵入。

第3章　中央隆起带火成岩发育及展布特征

根据研究区地表露头、钻井岩心等方面的资料，地表露头集中于塔里木盆地的西北缘，主要为阿克苏沙井子四石场及肖尔布拉克、巴楚小海子南闸及小海子北闸（麻扎塔格）、瓦基里塔格等地区。除此以外，研究区的绝大部分区域被沙漠及戈壁所覆盖（以下统称为“隐伏区”），因此只能通过钻井揭露的火成岩资料进行研究和总结。

3.1　露头区火成岩特征

3.1.1　阿克苏肖尔布拉克地区火山岩特征

肖尔布拉克位于柯坪县西北约41km，苏盖特布拉克以西15km。阿克苏肖尔布拉克火山岩主要为一套基性玄武岩，属于上震旦苏盖特布拉克组（Z_2s）（新疆地质矿产局地质矿产研究所，1991），位于苏盖特布拉克组（Z_2s）中上部。苏盖特布拉克组（Z_2s）中上部这套火山岩从卫星影像特征上看，在本区的火山岩分布较广（图3-1），在野外具有明显层状构造特征，与地层产状一致。该套火山岩普遍发育杏仁状构造，局部夹有粗粒石英砂岩及沉火山角砾岩的透镜体，厚度变化较大，从几米到近百米，出露的层数不一，一般为两层，局部地段有三至四层。在肖尔布拉克，火山岩发育有四层，第一层为暗绿色玄武岩，

图3-1　阿克苏肖尔布拉克地区苏盖特布拉克组卫星遥感影像

厚度 8m；第二层为暗绿色杏仁状粗玄岩和玄武岩，厚度为 20m；第三层为暗绿色斑状玄武岩，块状细粒玄武岩，暗绿色杏仁状玄武岩，厚度为 42m；第四层为暗绿色斑状橄榄玄武岩，局部为杏仁状玄武岩，厚度 37m。

3.1.2　阿克苏沙井子地区火山岩特征

在柯坪至阿克苏一带，库（库尔勒）—喀（喀什）铁路以北地区二叠系玄武岩—碎屑岩建造露头好，地层连续，产状稳定，是研究塔里木盆地二叠系火山岩组合、特征、火山活动序次及规律的具代表性的理想地区（图 3-2）。

图 3-2　柯坪地区火山岩出露遥感影像

本次研究对沙井子（今银川火车站）北西侧四石场的二叠系火山岩地层进行了详细剖面实测，并系统采集了样品，为深入综合研究奠定了可靠的基础。

剖面位于塔里木盆地西北缘柯坪—乌什—阿克苏地区沙井子附近，大地构造位置属于塔里木盆地柯坪断隆构造带。断隆构造处于西南天山与塔里木盆地之间，是西南天山前陆构造的一部分（曲国胜，2003）。

据详细剖面实测，共划分出 5 套火山岩流层组合，火山岩与围岩产状一致，为整合的或假整合状熔岩被。每个火山岩流层组合可划分为一个火山岩段，分属 5 个火山活动旋回的产物。各火山岩段之间均被陆源碎屑岩层组合分隔开来。

据《新疆维吾尔自治区区域地质志》（1981）资料，该剖面分为两套火山岩。自下而上分别属于库普库兹满组（$P_{1-2}kk$）和开派兹雷克组（P_2kp），本次剖面实测分两段完成。两组火山岩之间夹二叠系砂泥岩，其内见孢粉和植物化石组合。

1. 库普库兹满组（$P_{1-2}kk$）火山岩剖面

该组地层中火山岩组合厚度 84.28m，包括 2 套火山岩流层组合（图 3-3），每个火山岩流层组合由黑色柱状节理玄武岩、灰黑色气孔状玄武岩、黄绿色杏仁状玄武岩组成（图 3-4）。底层玄武岩厚度相对稳定，柱状节理和裂缝发育，节理柱面。

图 3-3 阿克苏沙井子北西库普库兹满组（$P_{1-2}kk$）火山岩剖面（镜向 NE）

(a)

(b)

图 3-4 阿克苏沙井子北西库普库兹满组（$P_{1-2}kk$）火山岩

（a）第①层微晶玄武岩的柱状节理；（b）第②层气孔状玄武岩，发育巨大的不规则杏仁体，玛瑙为主，少量方解石、绿泥石

图 3-4 可见构造裂缝与溶蚀孔，夹层厚度分布不稳定。岩流层组内部具有明显颜

色差异，自下而上依次为黑色柱状节理玄武岩、灰褐色杏仁状含玛瑙玄武岩、灰绿色玄武岩（凝灰岩）、黑色柱状节理玄武岩、灰绿色玄武岩（凝灰岩）、灰褐色含玛瑙玄武岩。顶部褐色玄武岩多不均匀，风化而呈起伏不平的残存状，并有风化残积物，可作为喷发间歇期的明显标志。标志火山活动的脉动式喷发特征，而每次喷发的特征与岩性均有差异。在不同火山岩流层组之间均存在剥蚀与风化痕迹，特别在柱状节理发育的玄武岩顶面裂缝十分发育，且小而密，仅在剥蚀风化区域裂缝才有加宽、加深，致使岩石较为破碎。

库普库兹满组（$P_{1-2}kk$）火山岩实测剖面如图 3-5 所示。

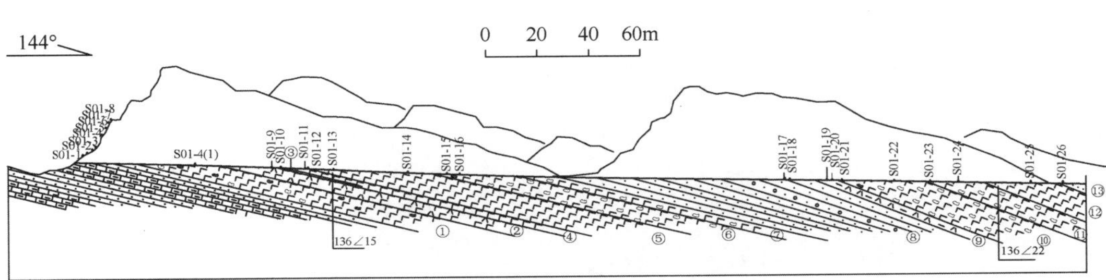

图 3-5　阿克苏沙井子北西库普库兹满组（$P_{1-2}kk$）火山岩实测剖面图

剖面列述如下：

（1）灰黄色泥质粉砂岩，产状 135°∠22°　4.71m

（2）灰绿色中—中厚层状玄武岩，夹灰色中层状凝灰质砂岩　12.01m

（3）黑色含杏仁微晶玄武岩，杏仁体大小为 5～30mm，约占 4%～5%，柱状节理发育　12.09m

（4）黄绿色含杏仁玄武岩，中部为黄绿色角砾状玄武岩　14.40m

（5）绿灰色泥质凝灰岩　2.99m

（6）黄白色砂质泥岩夹褐、红黄色中厚—厚层块状粗砂岩透镜体；上部发育浅紫红色中厚层粗砂岩、灰红色粗砂质细砾岩；顶部浅灰白色中厚层粗砂岩夹粗砂质细砾岩　31.95m

（7）黄绿色含碧玉质杏仁状玄武岩，杏仁体呈芝麻状，绿泥石为主　3.72m

（8）黄绿色杏仁状玄武岩，含紫红色碧玉质不规则团块　7.12m

（9）灰色微晶玄武岩，含石英质杏仁体，直径 3～18mm，约 3%～4%，顶部为块状玄武岩，产状 125∠14　13.96m

（10）黄绿色玄武岩，含小杏仁体　1.99m

（11）黄绿色杏仁状玄武岩，顶部见黄灰色岩屑石英粗砂岩透镜状夹层　0.47m

（12）黄绿色凝灰质玄武岩，发育不规则状杏仁体，杏仁体成分为石英、玉髓、方解石、绿泥石等，5～220mm 不等，>30mm 者多为椭球状或不规则透镜状　5.22m

（13）灰黑色含杏仁微晶玄武岩，发育柱状节理 10.27m

下伏地层为灰白色中厚层泥质灰岩、晶粒灰岩。由剖面可见，库普库兹满组（$P_{1-2}kk$）火山岩包括 2 个火山岩流层组，厚度分别为 42.77m 和 41.51m，分属 2 个火山喷发旋回，火山岩流层组间间隔碎屑岩段厚度为 31.95m。

2. 开派兹雷克组（P_2kp）火山岩剖面

该组地层中火山岩组合厚度 236.5m，包括 3 套火山岩流层组合（图 3-6），该组内火山岩流层组合岩性相对单调，由黑色柱状节理厚层玄武岩与黄灰绿色杏仁状含玛瑙（杏仁）玄武岩组成（图 3-7），分布于剖面山脊处及缓坡侧，形成单面山，火山岩岩流层组之间碎屑岩段遭受强烈剥蚀，构成冲蚀沟槽。其与上覆三叠系砂泥岩呈沉积接触。

图 3-6 阿克苏沙井子北西四石场开派兹雷克组（P_2kp）火山岩剖面

(a)

(b)

图 3-7 阿克苏沙井子北西四石场开派兹雷克组（P_2kp）火山岩特征

（a）微晶玄武岩平行不整合于中薄—中层状泥质砂岩之上；（b）杏仁状微晶玄武岩，石英及玛瑙质杏仁体呈不规则透镜状顺层发育

开派兹雷克组（P_2kp）火山岩实测剖面如图 3-8 所示。

剖面列述如下：

Ⅰ灰黄色岩屑杂砂岩 2.19m

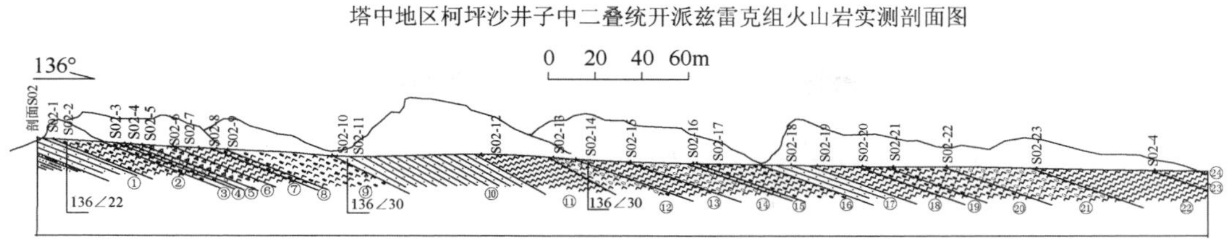

图 3-8　阿克苏沙井子北西四石场开派兹雷克组（P_2kp）火山岩实测剖面图

Ⅱ灰黑色致密细晶玄武岩，具少量斑晶，偶见气孔，风化表面褐黄且呈斑点状　13.61m

Ⅲ灰黑色致密块状玄武岩，含 1%～2%的杏仁体，成分以绿泥石及石英为主　25.38m

Ⅳ褐灰色杏仁体状玄武岩，杏仁体 1～4mm 居多，约占 10%，绿泥石为主；底部为厚 30cm 的紫灰色杏仁状玄武岩　19.59m

Ⅴ黄绿色杂色气孔杏仁状玄武岩　11.61m

Ⅵ暗绿灰色杏仁状玄武岩　6.15m

Ⅶ黑色致密块状微晶玄武岩，具柱状节理，含少量气孔及杏仁体　11.27m

Ⅷ浅黄红石英岩屑杂砂岩与浅绿黄色泥质砂岩互层，具平行层理　10.96m

Ⅸ紫灰绿色杏仁状玄武岩，含玛瑙杏仁体，主要为绿泥石+石英（内核）的小杏仁体，有巨晶方解石，杏仁体大小一般 0.5～2.5cm，含量 15%～20%　14.40m

Ⅹ黑色致密状玄武岩　1.79m

（1）黄绿色多孔杏仁状玄武岩，气孔及杏仁体占 40%～50%，其中杏仁体占 20%～30%，多为圆状，有的呈浮岩状，杏仁以石英占绝大多数，有部分绿泥石　13.39m

（2）暗绿灰色细晶状玄武岩，具少量气孔，表面锈黑色　12.32m

（3）黄绿色杏仁状玄武岩，发育顺层状玛瑙及石英杏仁体，呈扁透镜状大小为[1cm×1cm]～[（3～5）cm×（10～40）cm]，岩层产状 150°∠20°，垂层节理发育 295°∠70°、320°∠52°，平面上构成垂层 X 形节理　6.76m

（4）黑色致密状细—微晶状玄武岩　20.92m

（5）浅灰黄色含泥岩屑石英杂砂岩，发育平行层理及大型交错斜层理　48.85m

（6）黄绿色多孔状玄武岩，气孔及杏仁发育，占 30%～45%，多为圆状及椭圆球状，成分为绿泥石、方解石及石英，偶见大型石英质杏仁体，石英形态为马牙状。上部杏仁体外皮为绿泥石，内核为石英及方解石，与上覆地层灰黄色砂岩呈整合接触　34.72m

（7）灰黑色气孔状细晶玄武岩，气孔一般 4～15mm，占 15%～20%　1.59m

（8）黑色细晶玄武岩，气孔少量，为绿泥石充填，大小一般为 1～2mm，占 1%～2%　11.87m

（9）灰紫色、黄绿色、杂色多孔状杏仁玄武质火山角砾岩，角砾状玄武岩，有气孔状充填的孔雀石及方解石、石英，有的方解石形成巨晶状，杏仁呈芝麻状，占 3%～40%　8.75m

（10）灰黑色杏仁状玄武岩，杏仁一般 5～30mm，气孔较小多为 1～10mm，节理

发育　3.51m

（11）黑色气孔状致密块状玄武岩，气孔 1～15mm，占 5%～8%　2.63m

（12）黑色杏仁气孔状微晶玄武岩　4.38m

（13）黑色杏仁体状微晶玄武岩，杏仁体约 5mm～2.5cm，占 5%，石英质为主，多为椭圆状，少量圆球状，发育柱状节理。该玄武岩层为一玄武岩矿采石厂（四石场），采坑掌子面高达 35～40m。采石厂顶层见一勺状（不对称透镜状）铜矿化体，呈不规则状团块层，蓝绿色，有角砾化；顶层发育垂直层面的节理，其中大型倾向节理 225°∠85°，节理通天，长达 50m，张开 2～3cm，有泥质充填　11.86m

3.1.3　巴楚小海子南闸地区火成岩特征

巴楚县小海子南闸位于巴楚县城南东方向，距巴楚县城约 25km。南闸地区的火成岩表现为数量众多的浅成相侵入体，以辉绿岩岩墙群为主，岩性较单一。岩石类型组合包括辉绿岩、闪长玢岩和角闪橄辉岩。按其交切关系可划分为三期岩浆活动的产物，其中第一期为橄榄辉石玢岩（图 3-9）；第二期为闪长玢岩（图 3-10）；第三期为辉绿岩；岩墙切穿的地层有志留系、泥盆系、石炭系和下二叠统。其中小海子南闸一带为下二叠统南闸组灰色中薄层泥晶灰岩夹薄层粉砂岩、细砂岩及云质灰岩（图 3-11），时代为石炭—早二叠世早、中期。按新疆地质志划归阿恰群底部（厚 101m）。

图 3-9　橄榄辉石岩为晚期辉绿岩脉同向穿侵（辉绿岩脉壁发育冷凝边）

图 3-10　辉绿岩墙同产状侵切闪长玢岩（辉绿岩脉壁发育冷凝边）

图 3-11　侵位于下二叠统南闸组中的辉绿岩墙（辉绿岩脉壁发育冷凝边）

小海子南闸火成岩脉一般为辉绿岩，在南闸闸口东侧发现有一条黑色粗粒橄榄辉石岩玢脉（图 3-9），脉宽约为 2.5m，产状 275°∠72°。在橄榄辉石玢岩脉中发育一厚 25cm 的辉绿岩墙，岩墙壁附近具明显冷凝边，显示辉绿岩墙要明显晚于辉石岩脉，并沿辉石岩脉中部顺脉冷缩节理侵位形成。区内辉绿岩墙成群产出，总体产状近于平行（图 3-12），显示出受区域构造节理控制的特征。岩墙群产状稳定，走向 NNW—SSE，倾角较陡，一般都在 60°以上。

图 3-12　小海子南闸地区的辉绿岩墙群

3.1.4　巴楚小海子北闸地区火成岩特征

小海子北闸地区火成岩较南闸地区复杂，主要为小海子水库碱性（二长）岩体（前人称“麻扎塔格岩体”），出露于小海子水库东侧麻扎塔格，出露面积 12.56km²，产状为一呈近等轴圆形的小岩株（图 3-13），地貌上形成高峻的山峰（图 3-14）。该岩体主体岩性为浅色的角闪正长岩（$\psi o\xi_4^3$）和辉石正长岩（$\psi\xi_4^3$）（图 3-13、图 3-15），围岩为志留系和泥盆系的一套碎屑岩组合，围岩角岩化带宽＞100m。此外，其中含有深灰色超基性岩捕虏体（图 3-16），后期岩脉见有闪斜煌斑岩（图 3-17）、浅肉红色细粒花岗岩（$\gamma\iota_4^3$）（图 3-18）和三期辉绿岩（脉）（图 3-19），产状（40°～69°）∠（70°～74°）及 330°∠72°。

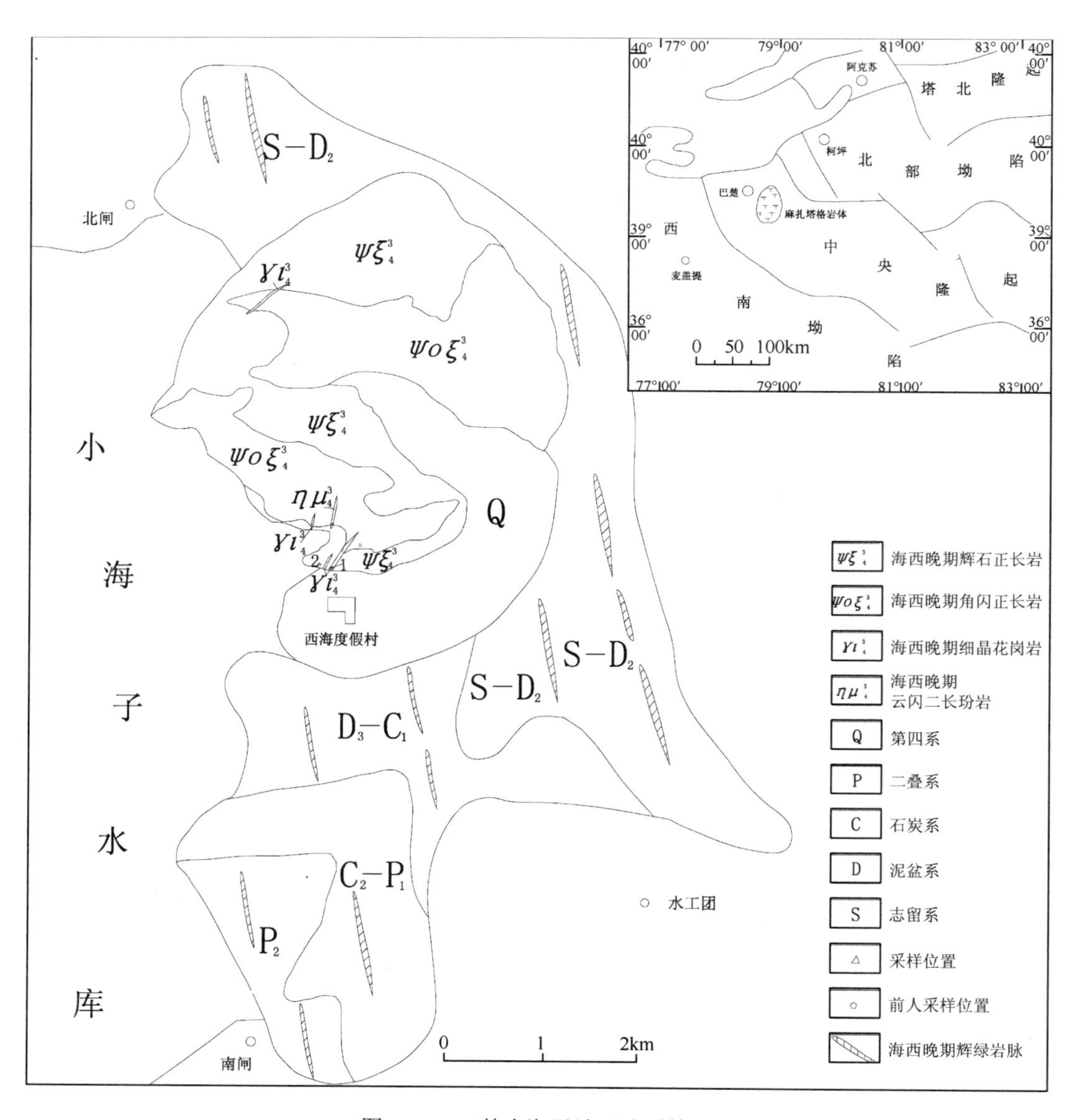

图 3-13　巴楚小海子地区地质简图

图 3-14　小海子北闸碱性（正长）杂岩岩株地貌特征（镜向 SE）

图 3-15　碱性岩体中岩相接触关系

图 3-16　碱性岩体中的超基性岩捕虏体

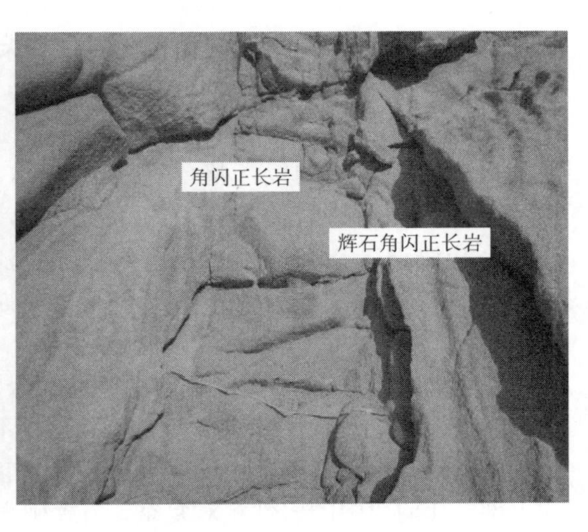

图 3-17　碱性岩体中的闪斜煌斑岩脉

图 3-18　浅肉红色细粒花岗岩呈脉状侵入辉石正长岩

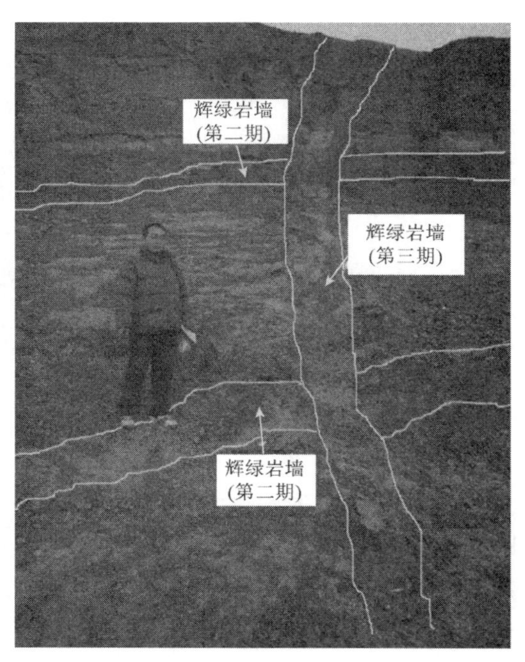

图 3-19　小海子北闸辉绿岩脉相交切

3.1.5　巴楚瓦基里塔格地区火成岩特征

瓦基里塔格火成杂岩体位于巴楚县 49 团场正南 25km 处，北距叶尔羌河约 5km。在大地构造上位于塔里木板块西北缘，据遥感 TM 图像可知，该杂岩体为一南北轴略长东西轴稍短在两端收敛的鸭梨状岩体，长约 5km，宽 1.5～3km，总面积为 7～15km^2（图 3-20）。该杂岩体南端部分被沙漠覆盖，可能是引起强磁负异常的主要磁性体，侵位于泥盆系红色砂岩构成的穹窿状背斜之中，与泥盆纪红色砂岩为不协调侵入接触关系，局部存在两者的侵入整合状接触关系，在该杂岩体的中央还残存有砂岩的零星露头，由此推测，杂岩体被剥蚀的深度不大，杂岩体与围岩接触面产状外倾，这与砂岩穹窿产状协调。杂岩体由 3 部分组成：①深成层状岩体，为杂岩体的主体组成；②隐爆角砾岩岩筒，占杂岩体比例最少；③晚期岩脉，分布广泛，在杂岩体中所占的比例仍少于层状岩体。

层状岩体内部各单元岩石的韵律性组合从下至上总体为辉橄岩—辉石岩—辉长岩—正长岩，该韵律多次重复出现而且可发育在不同的尺度。在层状岩体的下部（见于岩体内部的沟谷地形区）其韵律中的岩石类型变化较小，多为辉石岩—辉长岩组合；在层状岩体的上部，其韵律中的岩性相对复杂，为辉橄岩—辉石岩—辉长岩—正长岩组合。据野外观察，隐爆角砾岩岩筒被晚期岩脉穿切（图 3-21）。

图 3-20　巴楚瓦基里塔格杂岩体地质略图

1. 第四系风成砂；2. 泥盆系红色砂岩；3. 辉长岩；4. 辉石岩；5. 橄辉岩；6. 正长闪长岩；7. 正长岩；8. 橄辉玢岩；9. 金伯利岩筒、岩脉；10. 岩脉

图 3-21　金伯利岩及晚期辉绿岩脉（两期）

3.2　隐伏区火成岩特征

随着塔里木盆地石油勘探的不断深入，中石油、中石化、国土资源部（原地质矿产部）等在研究区已经完成或正在施工大量钻井，这些钻井中有相当一部分钻遇了火成岩，尤其是普遍钻遇二叠世火成岩（表 3-1）。在研究区内，这些钻遇二叠世火成岩的钻井分别分布位于塔中构造带、巴楚隆起构造带（图 3-22）。据掌握的钻孔资料，各钻井火成岩发育特点如表 3-1 所示。

表 3-1　中央隆起带钻遇火成岩井统计表

井号	层位	起始深度/m	终止深度/m	厚度/m	岩性
塔中 2 井	P	3198.0	3299.0	101（58）	灰黑色、深灰色巨厚层状凝灰岩、玄武岩夹中层状凝灰质泥岩
塔中 4 井	P	3037.5	3070.0	32.5	为一套巨厚层状灰黑色玄武岩
塔中 5 井	P	2796.0	2638.0	42	为一套巨厚层状深灰色玄武岩
塔中 9 井	P	3088.0	3278.0	190（50）	厚层状浅灰色、灰褐色、棕褐色泥岩，黑色凝灰岩和玄武岩夹厚层状灰色泥质粉砂岩，棕色、灰色粉砂岩
塔中 10 井	P	3364.0	3460.0	96（71）	上部为褐灰—深灰色巨厚层凝灰质泥岩，中部为巨厚层凝灰质砂岩，下部为深灰色巨厚层状玄武岩（3419～3460）
塔中 18 井	P	3214.0	3514.5	300.5（176）	上部为巨厚层状褐色泥岩、深灰色凝灰岩，下部为巨厚—中厚层状深灰色玄武岩、凝灰岩、安山岩不等厚互层
	S	4525.0	4615.0	90	细砂岩下部含火山灰
	O_1	4615.0	4709.0	94	巨厚层状灰黑色玄武岩
		4709.0	4754.0	45	中厚—巨厚层状粉砂岩夹中厚层状泥岩，顶部夹中厚层状玄武岩，底部为一厚层状粉砂岩
		4754.0	4850.0	96	中厚巨厚层状灰岩与白云岩略等厚互层，见一薄层玄武岩
塔中 21 井	P	3485	3650	165	凝灰岩
		3650	3710	60	玄武岩
		3710	3765	55	安山岩
		3810	3867	57	玄武岩
		3867	3892	25	凝灰岩
		3892	3952	60	玄武岩
塔中 22 井	P	3387.0	3933.0	545.5	巨厚层灰黑色—深灰色玄武岩与灰—深灰色凝灰岩不等厚互层，顶部为巨厚层凝灰质泥岩，中下部为一薄层粉砂质泥岩
	C	4057.0	4181.0	124	中厚—巨厚层状泥岩夹中厚层状泥质粉砂岩、粉砂质泥岩，下部夹中厚—厚层状玄武岩
	D—S	4322.0	4650.0	328	为一套巨厚层灰黑色辉绿岩（未穿）
	P	3500.0	3754.0	254	中、上部夹两层火成岩
塔中 33 井	P	3393.5	3459.5	66	仅在该层段钻遇到中层状凝灰质粉砂岩
	O_{2+3}	5548.5	5615.5	31	巨厚层状辉石玄武岩

续表

井号	层位	起始深度/m	终止深度/m	厚度/m	岩性
塔中 37 井	P	3353	3377	24	玄武岩
		3426	3463	37	玄武岩
塔中 39 井	P	3544.0	3889.0	84	以深灰色凝灰岩及深灰色、灰黑色玄武岩为主，夹中薄层浅灰色凝灰质粉砂岩和杂色小砾岩
塔中 40 井	P	3498.0	3562.0	64	为一套深灰色玄武岩及深灰黑色、墨绿色蚀变玄武岩
塔中 45 井	P	3701	3704	3	凝灰岩
		3704	3714	10	玄武岩
		3720	3734	14	玄武岩
		3743	3746	3	凝灰岩
		3746	3754	8	玄武岩
		3761	3770	9	玄武岩
塔中 46 井	P	3288.0	3330.0	42	未录井，依据电性资料划分
	C	3885.0	3921.5	1.07	下泥岩段底部见 1.07m 玄武岩
		3921.5	3947.5	0.4	砂砾岩段下部砂岩层中有 0.4m 玄武岩
塔中 47 井	P	3336	3834.5	498.5	上、中部为一套巨厚层灰色凝灰质粉砂岩、巨厚块状深灰、灰色玄武岩；下部为中厚—巨厚块状玄武岩，间夹中—巨厚层状褐色、深灰色安山岩，底部夹中厚层状粉砂岩，泥岩
	C	4084.5	4195.0	110.5	中厚—巨厚块状灰黑色玄武岩，顶部为巨厚层状灰黑色凝灰岩，下部为中—巨厚层状深灰色辉绿岩
	S	4809.5	4820.0	10.5	灰黑色巨厚层状辉绿岩
塔中 64 井	P	3304	3375	71	凝灰岩
		3405	3425	20	凝灰岩
		3433	3457	24	凝灰岩
		3488	3506	18	玄武岩
		3506	3521	15	凝灰岩
		3521	3541	20	玄武岩
塔中 401 井	P	2900.5	3031.5	131	底部小砾岩中含有火成岩块，其他层位未见火成岩
塘参 1 井	P	3077.0	3082.5	5.5	为一套巨厚层状灰黑色玄武岩
	P	3838.5	3901.5	63（59）	厚—巨厚层状深灰、绿灰色凝灰岩、灰黑色玄武岩，夹中—厚层状褐、褐灰色泥岩
	∈	7162.0	7200.0	（33）	浅褐红色花岗闪长岩、闪长斑岩（未穿）
塘北 2 井	P	3643.0	3778.5	135.5（65）	灰、深灰色凝灰岩及灰褐、灰、深灰色泥岩为主，夹粉、细砂岩，底为巨厚层状灰黑色玄武岩
巴东 2 井	P	2489.0	2685.0	196（192）	上部深灰色、黑灰色杏仁状安山岩，夹暗棕色泥岩；中部黑灰色、灰黑色辉绿岩夹棕色泥岩；下部深灰色糜棱岩化玻晶斑状玄武岩，黑灰色糜棱岩化玄武安山岩，深灰色、灰黑色玄武岩
和 2 井	P	2025	2390	338	巨厚层黑色、灰黑色、深灰色、灰绿色等辉绿岩、玄武岩、碎裂玄武岩，夹厚层—中厚层褐色泥岩，浅褐色砂质泥岩、灰白色细砂岩和灰绿色凝灰岩

续表

井号	层位	起始深度/m	终止深度/m	厚度/m	岩性
和 2 井	C	3220	3245	25	褐色含灰质（化）云质（化）凝灰岩
和 3 井	P	1912.0	2280.0	368	巨厚层状灰黑色玄武岩与深灰色、褐色泥岩，凝灰质泥岩略等厚互层
	O_{1+2}	4098.0	4128.0	30	灰黑色玄武岩
和 4 井	P	360	852	492（415.5）	厚—巨厚层状深灰、灰黑色玄武岩、辉绿岩、凝灰岩夹薄—厚层状泥岩、砂岩
	S	2576	2775.5	199.5	厚—巨厚层状砂岩、角砾岩与泥岩、凝灰质泥岩、凝灰岩互层
	O_1	3261.5	3285.0	23.5（17）	厚层状深灰色辉长闪长岩与辉长苏长岩夹褐灰色灰岩
	$\in_3$	4510.0	4731.0	221	厚—巨厚层状灰、深灰、褐灰色白云岩、燧石结核云岩夹中厚层状辉长苏长岩（3 层共厚 26.5m）
	$\in_{2+1}$	5515.0	5572.0	57	侵入岩与变质岩互层；侵入岩有橄榄辉长岩、蚀变橄榄辉长岩、辉长岩，变质岩有透辉石大理岩、透辉石石英岩、透辉石泥岩透闪石片岩及透灰石，顶部为中层状深灰色凝灰岩
	Z	5903.0	5973.0	70	为巨厚层状浅紫红色酸性火山岩（未穿）
中 1 井	P	3337.5	3763.5	426.0	厚层状深灰、灰黑色玄武岩、安山玄武岩、安山岩、火山角砾岩、凝灰岩、沉凝灰岩夹深褐、深灰色泥岩、粉砂质泥岩
中 2 井	P	3764.0	3865.0	101.0	火成岩
		3770.0	3792.0	22.0	玄武岩
		3802.0	3811.0	9.0	凝灰岩
		3811.0	3818.0	7.0	玄武岩
		3818.0	3829.0	11.0	凝灰岩
		3831.0	3838.0	7.0	凝灰岩
		3838.0	3865.0	27.0	玄武岩
	O_3	5295.0	5431.0	136.0	玄武岩
中 4 井	P	2876.5	2908.0	31.5	岩性：为灰褐色凝灰质砂泥岩、褐灰色玄武岩。 凝灰质砂泥岩：色杂，以褐灰色为主，褐灰色、绿灰色、深灰色分布不均。成分以泥岩为主，凝灰质、砂质次之，凝灰质、砂质以结核、团块状呈虫孔状镶嵌在泥岩中，性脆，岩屑呈团块状、片状。 玄武岩：色杂，以褐灰色为主，局部绿灰色、深灰色，隐晶—粉晶结构，块状构造，性脆，致密，岩屑呈团块状。 电性特征：电阻率曲线形态玄武岩段高阻呈块状，其值为 10.4Ω·m，凝灰质砂泥岩段为低阻波状；自然伽马曲线呈箱状；自然电位曲线形态较平直，井径曲线扩径。该段电性特征为高电阻率、低自然伽马
中 11 井	P	3506.5	3566.0	59.5	以巨厚层—中厚层状灰黑色、深灰色凝灰岩为主
中 12 井	P	3512.0	3565.0	53.0	厚—巨厚层状深灰色凝灰岩与灰黑色安山岩呈不等厚互层。深、浅侧向及邻近侧向电阻率曲线呈箱状夹指峰状，二条电阻率曲线几乎重合，一般值 0.8～4.0Ω·m，局部井段呈特高值，达 2000Ω·m；自然伽

续表

井号	层位	起始深度/m	终止深度/m	厚度/m	岩性
中 12 井	P	3512.0	3565.0	53.0	马曲线呈细齿状夹箱状，值 25～30AP1；自然电位曲线呈微波状，值 35～45mV；声波时差曲线呈不规则细齿状、尖峰状，值 225～475μs/m
中 13 井	P	3645.5	3787.0	141.5	厚—巨厚层状深灰色凝灰岩与凝灰质粉砂岩、细砂岩，灰黑色玄武岩，褐色泥岩不等厚互层。深、浅侧向电阻率曲线顶部为平直微波状低阻，0.60～1.00Ω·m，平均 0.90Ω·m；中、下部呈宽缓微齿状中—高阻，1.00～3.50Ω·m，平均 2.00Ω·m，下部、底部为指状高—极高阻，3.00～2000Ω·m，平均 10.00Ω·m；自然伽马曲线呈箱状低值，局部为尖峰状高值，22.00～165.00AP1
中 17 井	P	3422.5	3594.0	171.5	本段根据岩性特征又可分为三段:凝灰岩段（井段 3422.5～3489.0m）、碎屑岩段（井段 3489.0～3544.0m）、玄武岩与凝灰岩互层段（井段 3544.0～3594.0.0m）。上部岩性主要为厚层状深灰色、褐灰色凝灰岩；中部岩性主要为厚层灰色、褐灰色泥岩与薄层浅灰色细砂岩、粉砂岩呈不等厚互层；下部岩性主要为灰黑色凝灰岩与黑色玄武岩呈不等厚互层
中 18 井	P	3315	3649	336	上部凝灰质粉砂岩、凝灰岩，下部玄武岩
顺 1 井	P	3447	3718	271.0	本组地层岩性主要为大套灰色、深灰色、绿灰色英安质凝灰熔岩夹薄层凝灰质砂岩
顺 2 井	P	4110	4280	170.0	主要为厚—巨厚层状深灰、灰黑色凝灰岩、黑色玄武岩夹深灰、褐灰色泥岩及黄灰色凝灰质粉砂岩
山 1 井	P	2323	3054.5	448.5	巨厚层状灰黑色辉绿岩、玄武岩夹深灰色凝灰质泥岩、棕褐、棕红色泥岩灰质泥岩
山 2 井	P	2821.0	3260.5	439.5	厚层—巨厚层状玄武岩、凝灰岩夹厚—巨厚层状凝灰质泥岩、泥岩及一厚层状粉砂岩
玛参 1	P	3066.5	3341	274.5	巨厚层及厚层状黑色、灰黑色玄武岩、辉绿岩夹灰色、深灰色、肉红色凝灰质砂岩
方 1 井	∈—O	2162	2176	14	辉绿岩
		2350	2375	25	辉绿岩
	∈	3853	3874	21	辉绿岩
		4306	4340	40	辉绿岩
		4586	4591	6	深凝灰岩
	Z	4630.5	4748.4	117.9	深灰色玄武岩，蚀变玄武岩，顶部有薄层泥岩、含膏云岩
		4748.41	井底		辉绿岩
玛 4 井	P	666.5	945.5	279	巨厚层状黑色、灰黑色玄武岩、凝灰岩夹薄层灰褐色凝灰质泥岩及褐色泥岩
玛 5 井	P	734	938	204	厚—巨厚层状绿黑色、灰黑色玄武岩及深灰色、褐红色凝灰岩夹厚层状褐红色凝灰质泥岩
古董 3 井	O_1	1542	1579. 5	37.5	辉绿岩

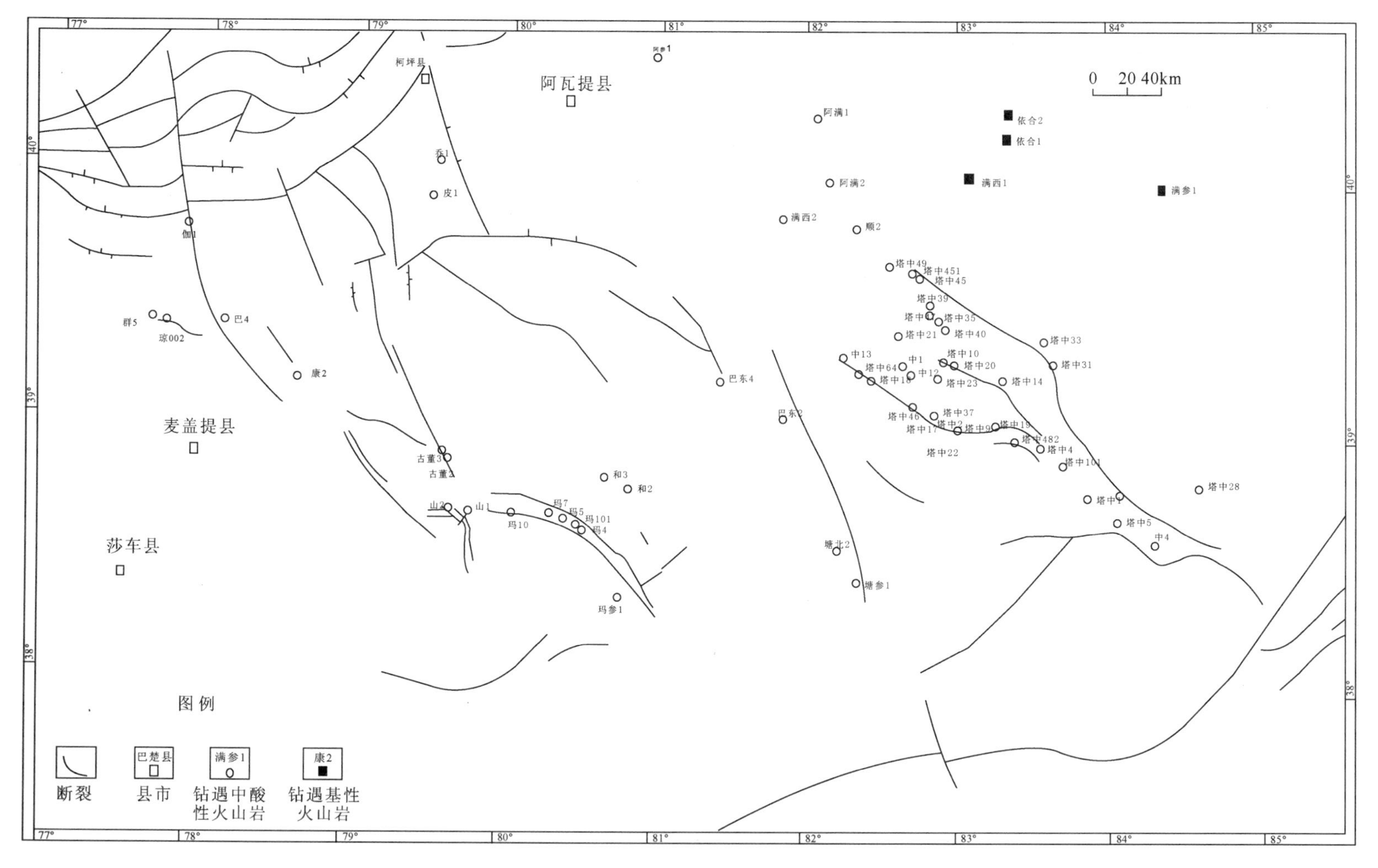

图 3-22　中央隆起带钻遇火成岩钻井分布图

1. 塔中隆起构造带

塔中1井：为塔中1号构造上所打的第一口预探井。位于井深2812～2962m处的下二叠世碎屑岩地层中，局部见夹有凝灰岩。

塔中2井：位于塔中2号构造上所打的一口探井。在位于井深3198～3300m处的二叠世地层中发育一套深灰色凝灰岩和黑色玄武岩。

塔中4井：为塔中4号构造上施工的一口预探井。位于井深3033～3070m处的二叠世地层中，发育一套深灰—黑色玄武岩。

塔中9井：位于塔中1号构造中部和塔中2井区次级构造的2-2高点上，为一口探井，距塔中4井西约40km。位于井深2721～3438m处的二叠世地层的中部（井深3230～3310m），发育有一套岩浆岩体，上部为凝灰岩，下部为黑色玄武岩。

塔中10井：位于塔中构造上所打的一口探井。位于井深3420～3460m处的二叠世地层中，发育一套深灰—黑色玄武岩，其厚度为41m。

塔中18井：位于塔中构造上所打的一口探井。在二叠世地层中发育了多层岩浆岩体，分别位于井深3334～3367m处的黑色玄武岩；位于井深3367～3607m处的凝灰岩与泥岩、砂岩互层；在井深3964～3991m处的一套灰岩夹薄层杏仁状玄武岩以及在井深4061～4205m处的黑色玄武岩。总厚度达297m。

塔中402井：为塔中4号构造上施工的一口探井。井深3058～3215m处的二叠世地层中，发育一套火山碎屑岩组合，下部为褐色—深灰色泥岩夹浅灰色—褐灰色粉砂岩、细砂岩，上部发育一巨厚层状黑色玄武岩。

塔中421井：为塔中4号构造上施工的一口探井。在井深3042～3096m处的二叠世地层中，发育一套深灰—黑色玄武岩。

塔参1：塔参1井是塔里木盆地腹地的一口详探井，位于塔克拉玛干沙漠腹地，中央隆起（带）的塔中低凸起上。井深为7200m，是目前我国陆上最深的钻井。其揭露的地层包括（自上而下）：第四系、第三系（未分）、白垩系、三叠系、二叠系（3076～3090m）地层内的黑色玄武岩、石炭系、泥盆系、志留系、奥陶系、寒武系和前寒武纪花岗闪长岩及其中的闪长岩捕虏体（井深7169～7200m，钻厚31m）—浅紫灰色中粒花岗闪长岩及灰黑色细晶闪长岩（捕虏体）。

中1井：是塔中隆起西段卡塔克1区块5号断背斜构造高点一口预探井。位于井深3337.50～3763.50m的二叠系中发育了一套厚层状深灰—灰黑色玄武岩、安山质玄武岩、安山岩、火山角砾岩、凝灰岩、沉凝灰岩。中1井区的火山岩活动十分强烈，与塔中18、21、47、40井区和塔中17井区西一起，构成了西北部二叠纪早期最主要的火山喷发活动中心，火山岩及其火山碎屑岩厚度均在300～400m，具有往西部加厚的趋势。

中11井：位于卡塔克隆起塔中10构造带西段卡塔克1区块32号背斜构造的高点。在位于井深3446.0～3587.0m处的二叠世库普库兹满组地层中，发育一套巨厚层的深灰色凝灰岩以及厚层状灰色凝灰质粉砂岩夹褐—红色泥岩，厚141m。

中12井：位于中1井东6.2km处，构造位置为卡塔克1区块33号背斜构造高点。在位于井深 3420.0～3763.0m 处的二叠世库普库兹满组地层中，发育巨厚层的浅灰色凝灰岩夹厚层状灰黑色玄武岩，厚 343m。

中 13 井：位于塔里木盆地卡塔克隆起塔中 2 号构造带西部倾没端北翼 34 号断鼻构造的高部位，塔中 64 井西 11.0km。在位于井深 3602.0～33790.0m 处的二叠世库普库兹满组地层中，发育一套深灰—绿灰色凝灰岩与深灰—灰黑色玄武岩略等厚互层，厚 188.0m。

中 16 井：在井深 3389.5～4518m 井段发育巨厚的二叠系灰色—深灰色凝灰岩、玄武岩，间夹凝灰质砂岩；4760～4814.5m 见志留系玄武岩状岩石，疑为辉绿岩；5215.5～5353.5m 井段为奥陶系玄武岩及玄武质火山角砾岩、凝灰岩。

顺 2 井：位于二叠系库普库兹满组地层（井段 4110.0～4510.0m）中，发育一套褐灰色、杂色砂泥岩夹巨厚层状的岩浆岩。其中火成岩段位于井深为 4110.0～4298.0m，厚 188.0m，上部为灰色厚层凝灰质粉砂岩、灰褐色泥岩、深灰色凝灰岩不等厚互层，下部为厚层深灰色凝灰岩夹灰黑色玄武岩。此外，在中上奥陶统良里塔格组（井深为 6387.0～6477.0m 未穿）地层中，发育两套岩浆岩体，井段 6387.0～6413.0m 的碳酸盐化凝灰岩和井段 6413.0～6477.0m 的橄榄辉绿岩（未穿），其厚度约 90.0m。

2. 巴楚隆起构造带

和 1 井：是巴楚隆起 351 构造的一口探井。位于井深 596～1008m 处的下二叠世地层中钻遇一套以玄武岩、火山角砾岩为主的基性岩浆岩，夹有褐色泥岩与灰褐色细砂岩的岩层；井深 2338.5～2555.18m 处的地层中发育玄武岩与泥岩互层。

和 2 井：巴楚隆起 352 构造的一口探井。位于井深 2052～2390m 处的下二叠世开派兹雷克组地层中钻遇一套以玄武岩、火山角砾岩为主的基性岩浆岩。

皮 1 井：位于巴楚县东面，为巴楚隆起带上的一口探井。位于井深 2427～2461m 处的二叠世阿恰群地层中钻遇一套深灰色—黑色的玄武岩。

巴东 4 井：位于巴楚县西面，是巴楚隆起带北部的一口探井。于井深 1379～1972m 处的见二叠世地层中钻遇灰绿色的凝灰岩。

巴东 2 井：巴楚隆起带东部的一口探井。位于井深 2200～2979m 处的二叠世地层中钻遇一套以玄武岩、凝灰岩为主的岩浆岩，其中夹有薄层砂岩和泥岩的岩层。

方 1 井：位于巴楚县境内，是巴楚隆起北部断阶卡北构造高点附近上的一口预探井。位于井段 3833～4374m 中寒武统的下部见巨厚层状中基性侵入体。岩体以辉绿岩、橄榄辉长岩为主，局部夹凝灰岩、玄武岩。

和 4 井：位于巴楚县城以东 196km、和 1 井西北 13km 处。是吐木休克断裂构造带上的一口预探井。分别在早二叠世地层（井深为 803～807m）以及中寒武统地层中钻遇灰黑色安山岩和橄榄辉长岩及深灰色凝灰岩。

康 2 井：位于巴楚县南部，康 1 井南偏东 17.4km 处。是巴楚凸起康塔库木构造带康 2 号构造寒武系盐底背斜高点上的一口预探井。位于井段 1004～1641m 处的二叠系地层中钻遇厚层状黑灰色玄武岩、深灰色凝灰岩、火山角砾岩、褐色玄武质泥岩及褐色泥岩互层。

玛4井：位于玛扎塔格断裂潜山构造中部玛扎4号构造高点上的一口预探井。岩浆岩较发育，主要分布于二叠系上部地层，为黑灰色玄武岩。

3.3　隐伏区火成岩展布特征

塔中火山岩以二叠纪火山岩为主，其他时代的火山岩从目前研究程度及已有资料来看，均为小规模或零星分布。利用表3-2单井二叠系火山岩厚度数据，可以获得中央隆起区二叠系火山岩厚度平面图，由于早古生界的火成岩隐伏区钻井有限，仅有零星钻遇火成岩的记录，并且确定的主要是侵入岩体，只能利用地震资料计算火成岩厚度。陈业权等（2004）利用地震解释法对塔中低隆区早二叠世火山岩进行了解译，发现塔中低隆地区二叠纪火山岩具有东薄西厚，南北厚中间薄（图3-23）的分布趋势。但该图精度相对较差，只能大致反映出早二叠世火山岩的空间分布趋势。

表3-2　中央隆起区二叠系火山岩厚度统计表

井名	厚度/m	井名	厚度/m	井名	厚度/m	井名	厚度/m
阿满2	187	玛3井	117.5	塔中23	581	塔中2	45
巴1	625	玛401	115	塔中25	22	塔中20	70.5
巴2	517.5	玛402	122.5	塔中201	238	塔中10	71
巴4	593	玛4	279	塔中21	430	塔中11	76
巴参1	496	玛8	126	塔中26	40	塔中49	140
巴东2	173	玛参1	274.5	塔中31	160	塔中5	44
巴东2	195	玛5	113	塔中33	105.5	塔中50	21.5
巴探2	446	玛7	114	塔中37	63	塔中59	38
巴探3	454	玛参1	274.5	塔中39	84	塔中60	40
古董2	109	满西1	261	塔中4	34	塔中64	168
和1井	412	满西2	239	塔中40	64	塔中9	<190
和2井	338	皮1井	357	塔中41	74	塘北2	136
和3井	353	山1	283	塔中402	28	塘参1	63
和4井	492	山2	428	塔中45	47	中1	382.5
和田1	426	顺1	252.3	塔中47	498.5	中11	120
康1井	326	顺2	168	塔中14	26.5	中12	307.5
康2井	202	顺6	185	塔中17	106.5	中13	187
玛10井	132	顺8	596.5	塔中18	143	中16	937
玛2井	177	塔中22	545.5	塔中19	37	中4	31.5

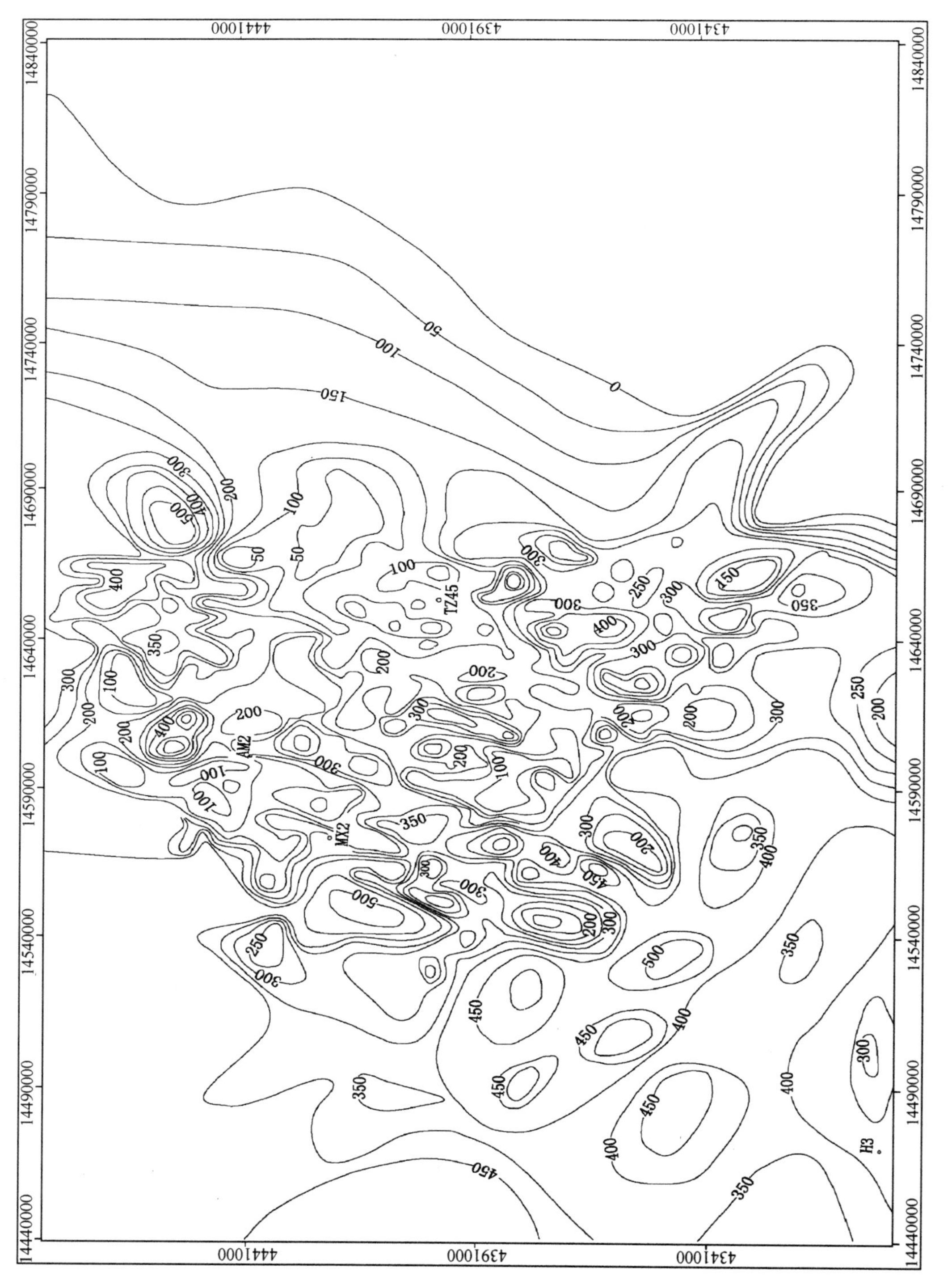

图 3-23　塔中低隆地区早二叠世火山岩等厚图（据陈业全等，2004）

3.3.1　隐伏区火山岩剖面特征

1. 隐伏区火山岩地震剖面特征

区内火成岩分布广泛，从寒武、奥陶、志留、泥盆、石炭、二叠系地层中都有火成岩的分布，岩性有玄武岩、安山岩、凝灰岩等。根据研究区内二维地震资料的品质，本次研究主要针对下二叠统火成岩地震特征进行了系统的解释。为了弄清火成岩在地震记录上的反射特征，通过合成记录标定和精细的层位追踪，对火成岩的地震反射特征有着清楚地掌握。在此基础上，对火成岩地震剖面特征进行了总结（表 3-3）。

表 3-3　火成岩的地震反射特征

位置	反射波特征
层面	强振幅丘形反射
	强振幅水平反射，横向振幅递变，相位局部错动
	呈波状中强振幅连续反射
	空白、杂乱反射，断续强振幅反射
内部	强振幅低频亚平行、准透镜状反射
	强振幅低频连续平行反射，发育层理结构
	强振幅波状反射
	中振幅斜交反射

根据表 3-3 所描述的火成岩的地震反射特征进行归类分析，把下二叠统火成岩地震特征分为以下几类，并对其特征进行描述。

1）板状地震特征

所谓板状地震特征，指由层状火成岩形成的强振幅反射层，一般与其周围的反射产状一致，其延伸可长可短，平面无固定形态。板状地震特征可由数量不等的反射同相轴构成，既可反映厚度较大的单层火成岩，也可是多个薄层火成岩的叠加。板状地震特征往往向两侧突然中断，这反映火成岩突变为砂泥岩或其他岩性；但有时振幅逐渐变弱，说明火成岩岩层减薄尖灭较慢。岩浆物质通过火山作用中的喷溢方式或侵入方式，线式或中心式比较宁静地流出地表而形成的火成岩，通常不发生爆裂喷发现象，而是沿地表泛流。他们往往是结晶很细，有时甚至是玻璃质的但孔隙发育的玄武岩，构成所谓的玄武岩熔岩被，有时是辉绿岩。这种地震特征在研究区北部广泛分布。

2）楔形地震特征

楔形地震特征表现为顶、底反射具有强振幅、低—中频、较连续，而反射体内为强振幅、低频、不连续或无反射，多表现为一头大而另一头小的形态，外形呈楔状（图 3-24）。多反映近火山口的裂隙式熔岩侧向溢流，能反映熔岩的流动方向及当时的古地貌状态。多发育在断层附近，靠断层处厚度大而远离断层处厚度快速减小。具有这种地震特征的火山沉积岩多以中基性为主，并有较多的凝灰质组分。

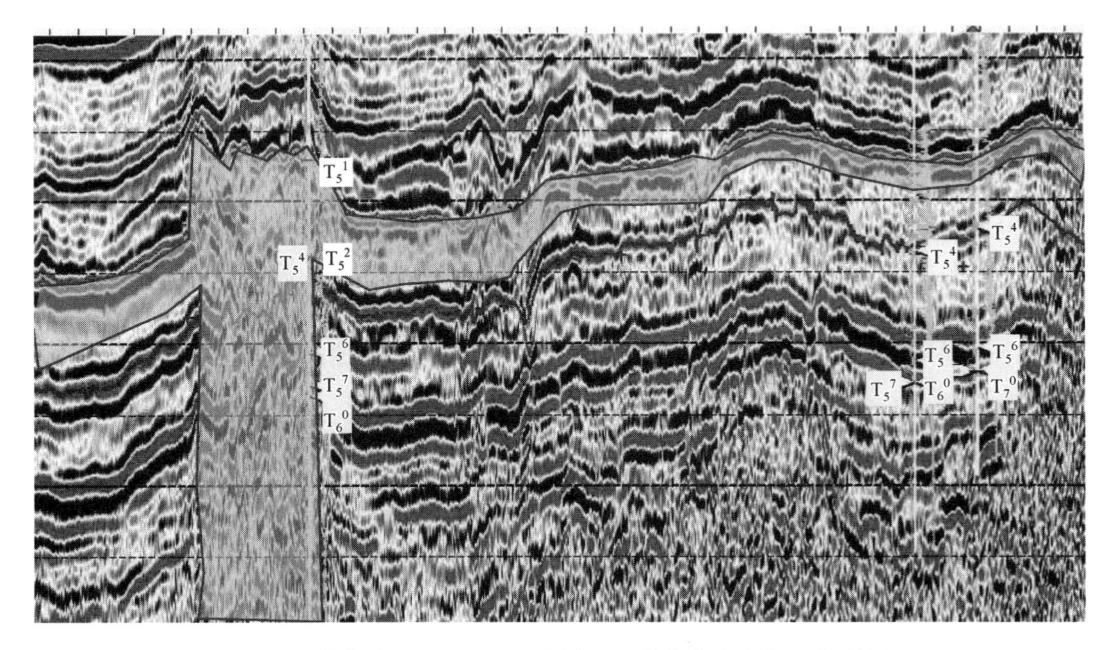

图 3-24　塔中地区 TZ01-350W 测线下二叠统火成岩楔形地震特征

3）舌状地震特征

舌状地震特征产状与围岩不一致，反射体顶底界面多不平整，也不清楚，但据其内部的杂乱状反射、短而不连续的反射同相轴的分布可看出其形态，从而与围岩相区分；内部的反射同相轴往往表示着岩性或/和结构的变化。多反映中心—裂隙喷溢的中酸性火山熔岩的熔岩台地、溢出岩，规模不等、厚度及岩相变化较大，也可以是位于火山机构附近的次火成岩体沿地层层间薄弱带侵入而成；舌根部分厚度较大，代表着近火山机构位置，岩石结构较粗，而舌尖部分厚度较小，代表熔岩流动方向，岩石结构较细（图 3-24）。

4）蘑菇状地震特征

火成岩在地震剖面上表现为蘑菇状，它代表着火山碎屑岩锥。其地震特征主要表现为：蘑菇状地震特征顶界形态呈陡缓不等的丘状，振幅一般较强，连续性较好。但在这个总特征下，丘状高部位振幅最强，连续性最好；低部位相对较弱，而且随着坡度越缓直至变平，振幅更弱直至消失；连续性也同步变化。蘑菇状地震特征的最顶部振幅反而变弱，同相轴往往断续扭曲。顶界反射的这种三分性，反映了火山碎屑锥不同部位的岩石构成。蘑菇状地震特征的内部反射结构，一般呈杂乱状，而且越近火山口越杂乱，这种杂乱反射是火山碎屑大小混杂堆积的结果。他们主要是火山集块、火山角砾。火山集块也称火成岩块，大小不等，其粒径一般都大于 10cm 以上，是火山强烈喷发的产物。当火山强烈喷发时，这种集块被抛向空中后落下，在火山口周围堆积成岩。有的又复坠入火山通道，并再次、甚至再三地被抛起、下落，以致棱角圆滑。火山角砾指小于火山集块的火山碎屑，粒径多为 0.2～10cm。火山集块和火山角砾与火山弹的区别在于前两者形态不规则，而后者呈中间大两端小的纺锤状等。底界有时较为平直，但凸凹不平的实例也屡见不鲜，这主要取决于当时的古地形。蘑菇状地震特征丘状顶界的断续扭曲反射，可勾画出火山口的大致轮廓，它是火山顶部，有喷出的火山物在火山口周围堆积形成的喇叭状、漏斗状或其他各种不规则状的洼地，只是由于规模较小，在时间剖面上显示为断续的扭曲反射。从丘状顶界的高部位向低部位直至变平，反射振幅由强变弱直至消失于一般正常平行反射之中，象征着火山碎屑喷发降落的水平分选型，即粗碎屑靠近火山口，细碎屑依次远离，直至完全变为火山灰并混合于陆源碎屑沉积中。蘑菇状地震特征顶界两侧，由低向高可见到明显的超覆反射，代表着沉积岩对火山锥的超覆关系。这种超覆现象证明了火山锥的速成性。现代火山喷发实例证明，火山一次喷发的物质是很巨大的。一次喷发的物质可达几个、几十个立方千米之多。当然一个蘑菇状地震特征所反映的火山锥，也可能是在一个短暂的地质时期内多次间断喷发的结果。这些巨大的锥体，随着地表的下沉深埋，势必形成今日时间剖面上的超覆现象。

5）乱丘状地震特征

乱丘状地震特征实际上是个数不等、规模较小的丘状反射平面集合，其单体之间或分割清楚或侧向叠联；尤其许多个丘状体组成时，单体之间往往界限不清。但是所谓乱丘状地震特征一般至少由三个以上单体构成。乱丘状地震特征既可以是蘑菇状地震特征的组合，也可以是宝塔状地震特征的群体；凡是多个丘型火成岩集合体，无论属何种岩性均可形成乱丘状地震特征（图 3-25）。塔里木石油勘探开发指挥部钻探了塔中 33 井，对应强反射，实际是由一套厚 31m 的玄武岩的反射所致（图 3-25），证实了“下切状”异常体是火成岩的反映。

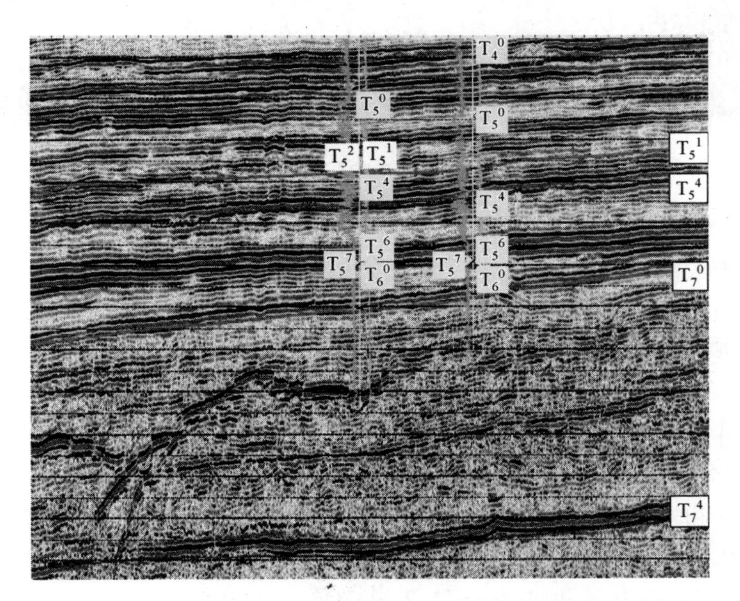

图 3-25　顺南地区 TZ02-386NW 测线上奥陶系乱丘状地震特征

6）宝塔状地震特征

宝塔状地震特征是由几个蘑菇状地震特征纵向叠置而成（图 3-26）。其主要特点是宝塔轴心的中下部无反射或反射零乱，而四周存在比较大倾角伸向围岩的斜反射；宝塔状上端被几个弧形上供强反射分为几节，最顶部弧形反射中点可见轻微下弯现象。宝塔状地震特征可能反映有一个由火山通道分期喷发而又被连续掩埋的火山体；顶界的轻微下弯是最后一次喷发的火山口。中下部杂乱或零乱反射是多次喷发的见证。

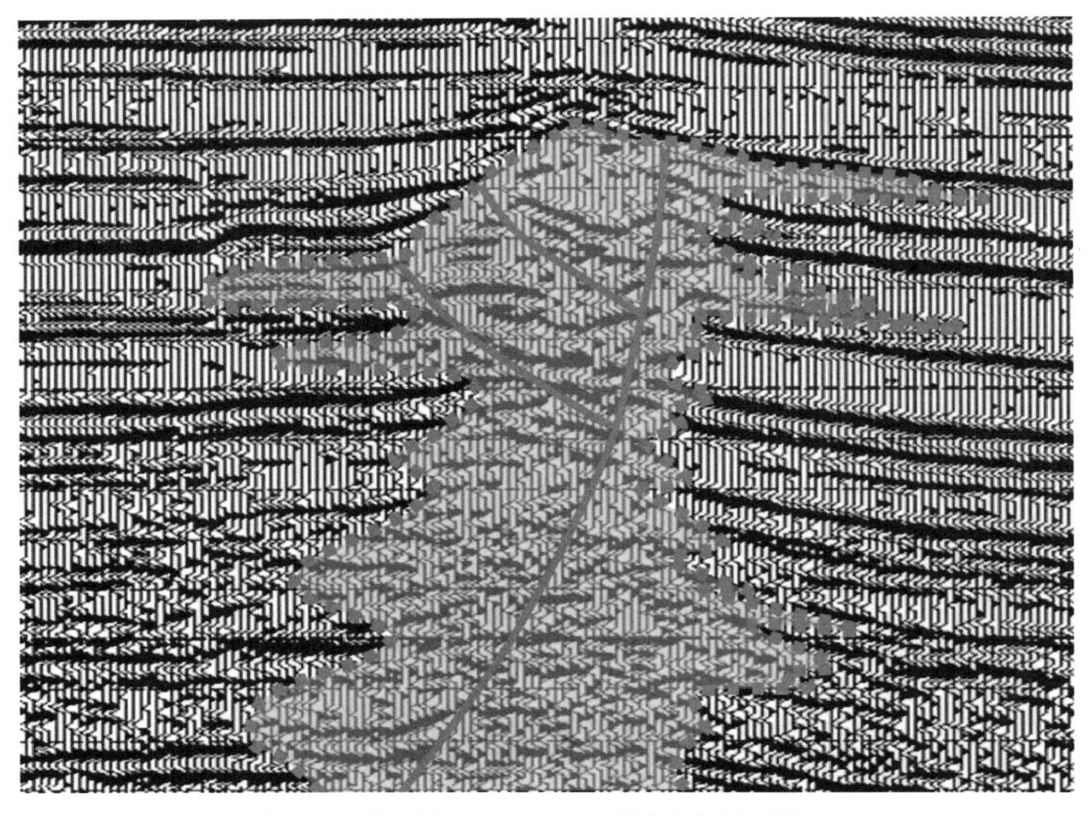

图 3-26 塔中地区 TZ01-434.9SN 测线宝塔状地震特征

2. 隐伏区火山岩联井剖面特征

在上述地震成图的基础上，为进一步研究塔中地区火山岩的空间分布特点，本次研究选取了 4 个不同方向（图 3-27）作了 5 条连井剖面，试图从钻孔揭露的事实进一步揭示火山岩的区域展布特征。

1）近东西向

①塘北 2 井—中 1 井—中 17 井—中 11 井—顺 1 井（图 3-28），其火山岩厚度变化为 65m→30m→175m→120m→270m；

②方 1 井—和 4 井—中 13 井—中 1 井—中 12 井—塔中 4 井—塔中 28 井（图 3-29），火山岩厚度变化为 0m→490m→185.5m→435m→300m→0m；

③康 2 井—方 1 井—和 4 井—顺 2 井—顺 1 井（图 3-30），其火山岩厚度变化为 100m→0m→490m→160m→270m。

2）北西—南东向

顺 2 井—塔中 45 井—中 11 井—塔中 23 井—塔参 1 井—中 4 井（图 3-31），火山岩厚度变化情况是 270m→65m→120m→10m→15m→0m；

3）北东—南西向

用顺 1 井—塔中 45 井—中 16 井—中 13 井—巴东 2 井—玛 4 井作图（图 3-32），火山岩厚度变化为 270m→65m→120m→1117m→190m→220m→275m。

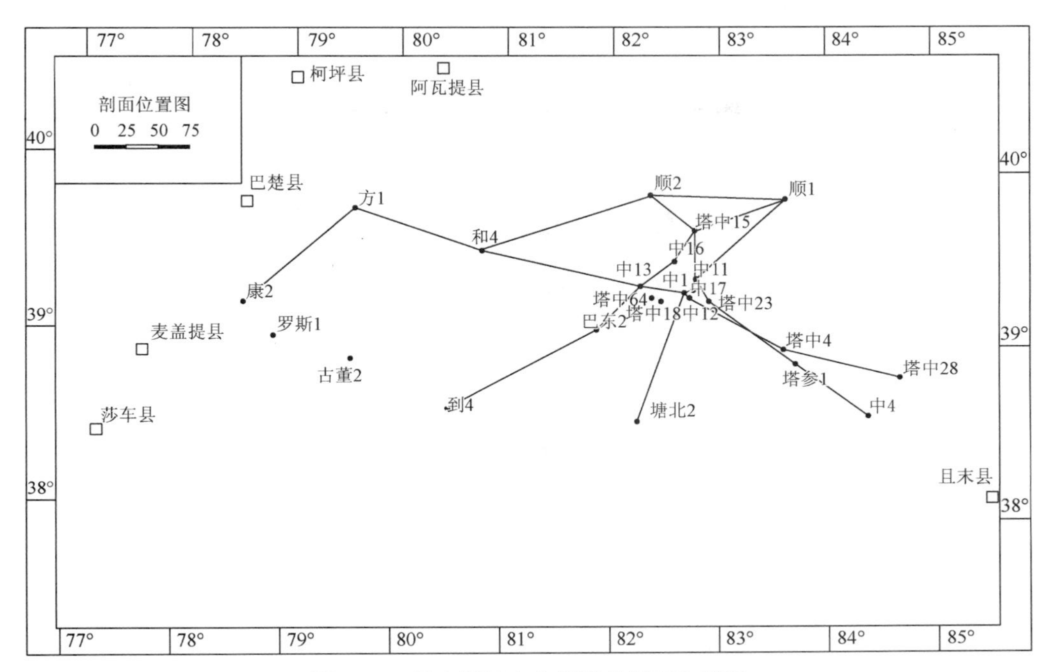

图 3-27　塔中地区火山岩连井剖面位置图

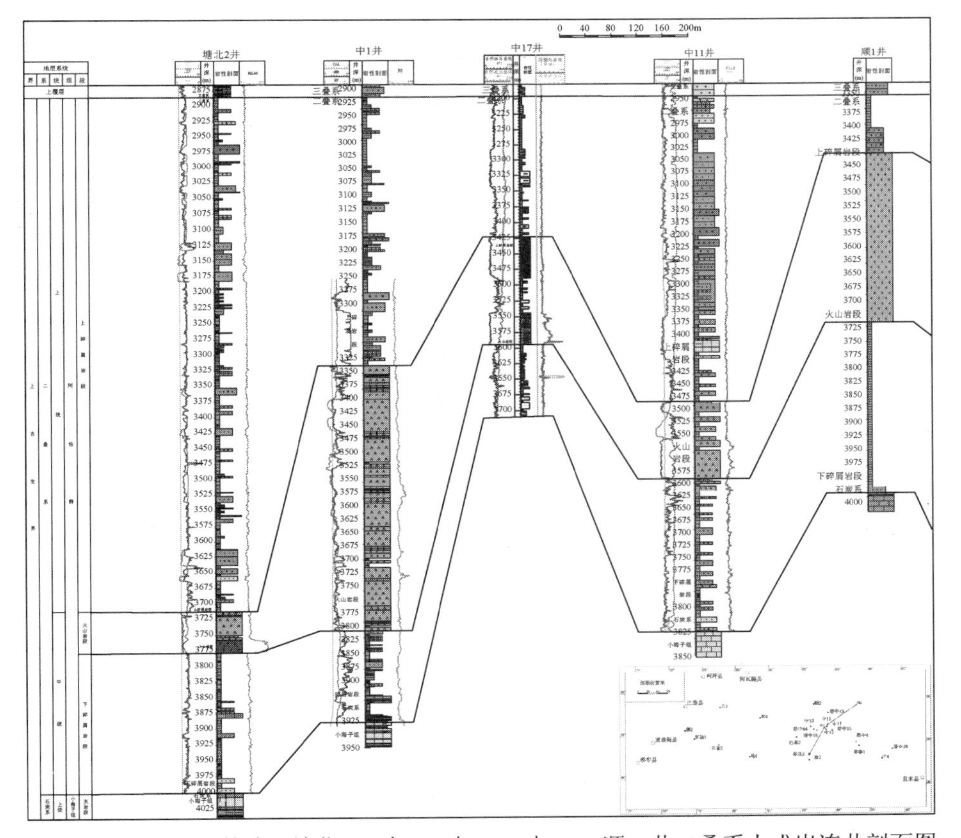

图 3-28　塔中—巴楚地区塘北 2—中 1—中 17—中 11—顺 1 井二叠系火成岩连井剖面图

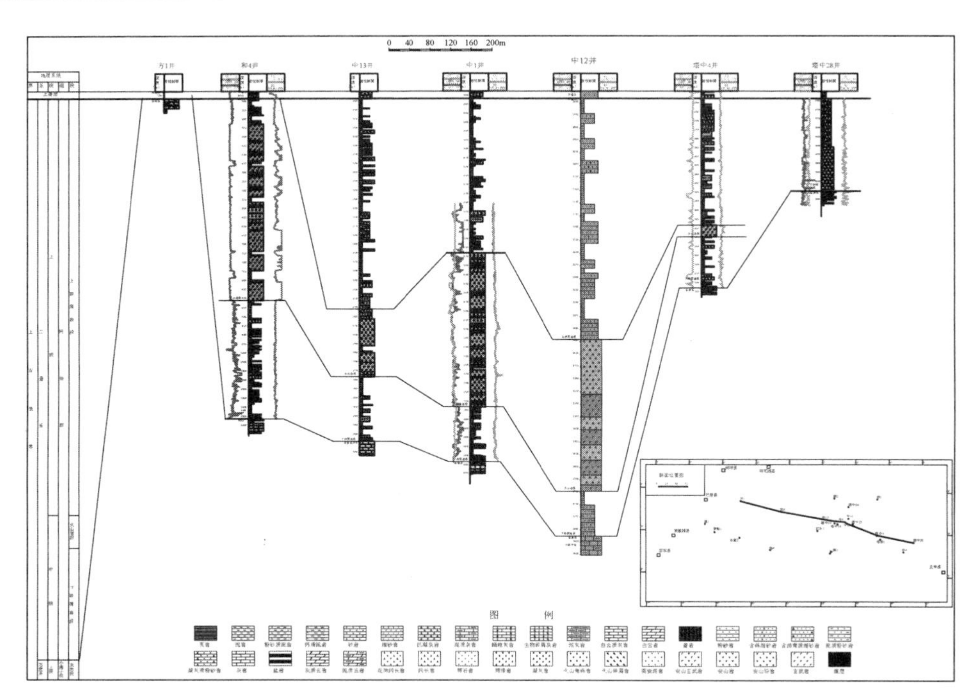

图 3-29　塔中地区方 1—和 4—中 13—中 1—中 12—塔中 4—塔中 28 井火成岩连井剖面图

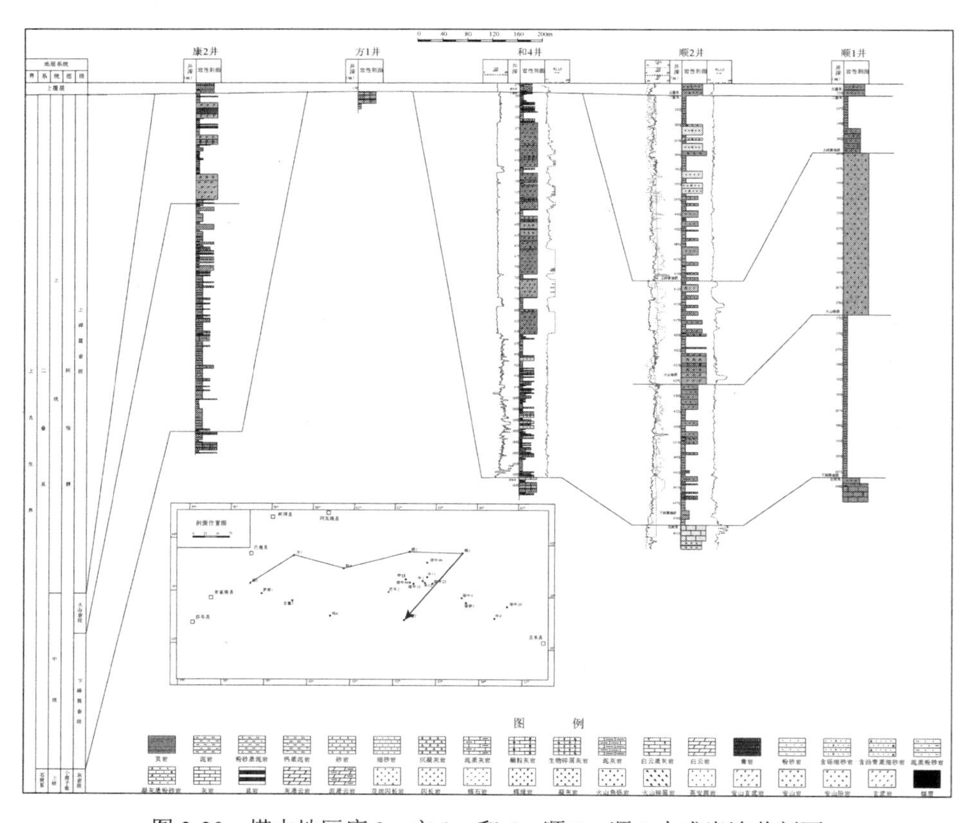

图 3-30　塔中地区康 2—方 1—和 4—顺 2—顺 1 火成岩连井剖面

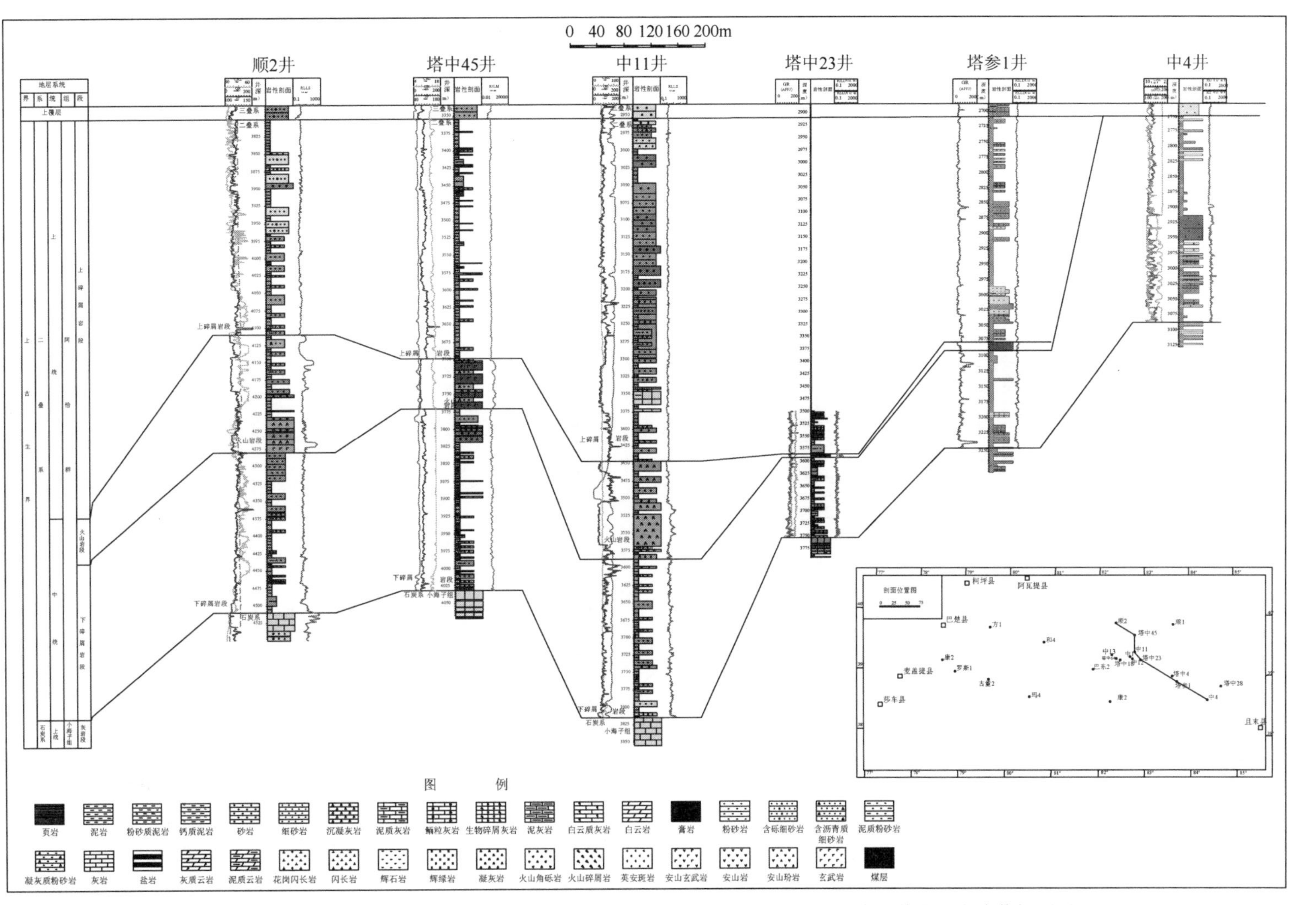

图 3-31　塔中地区顺 2—塔中 45—中 11—塔中 23—塔参 1—中 4 井火成岩连井剖面图

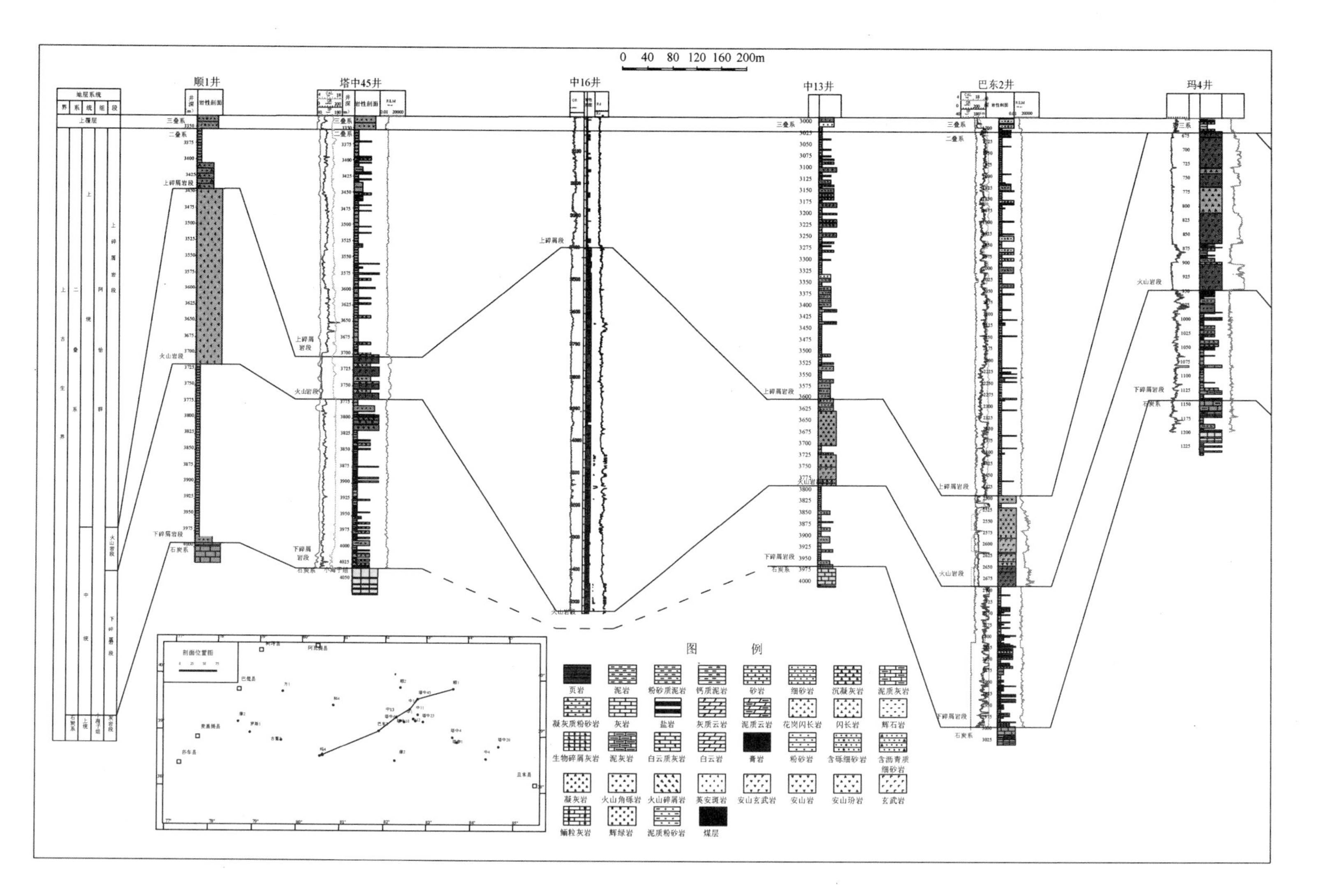

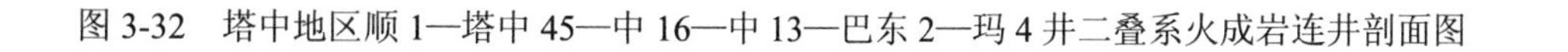
图 3-32　塔中地区顺 1—塔中 45—中 16—中 13—巴东 2—玛 4 井二叠系火成岩连井剖面图

3.3.2　隐伏区下二叠统火山岩平面展布特征

火成岩的地震解释是利用地震资料进行火成岩识别的最基础的工作，只有在准确火成岩地震解释的基础上，才有可能去识别火成岩在地震上的特征，进而全面地研究火成岩空间分布特征。

1. 下二叠统火成岩地震精细解释

火成岩地震层位标定

层位标定是火成岩追踪和地震特征识别的基础，本次以 19 口井二叠系火成岩合成地震记录（图 3-33）为基础，进行精细层位标定。

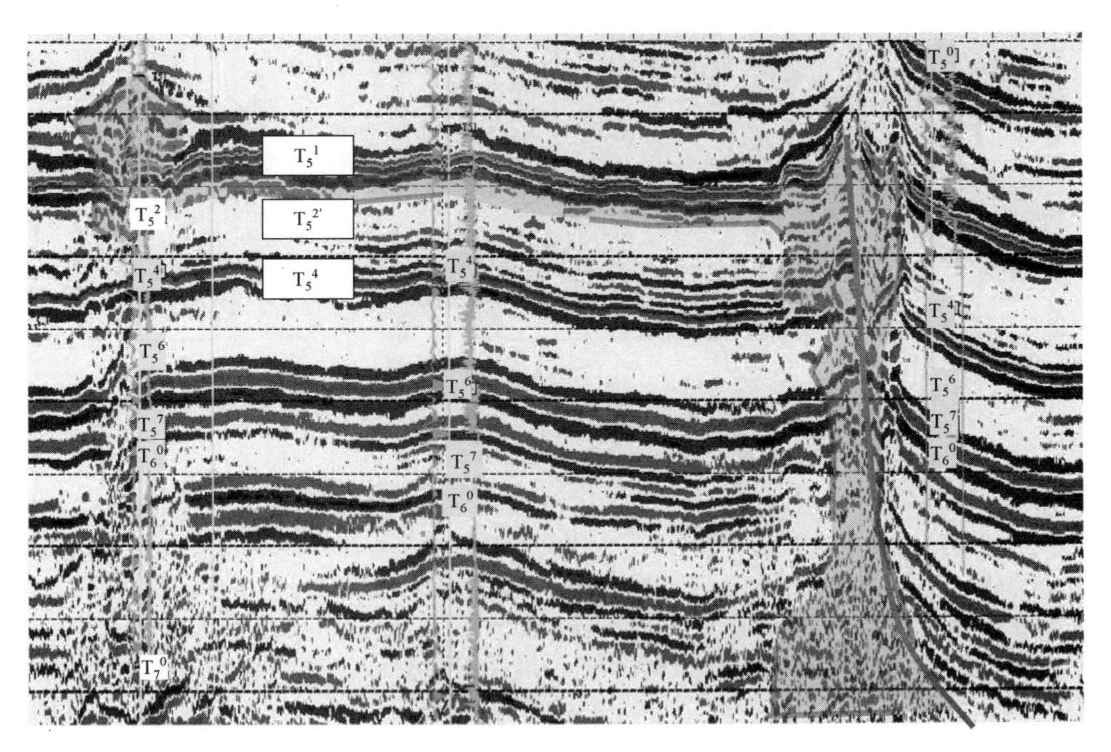

图 3-33　过 TZ0-434.9SN 测线 Z1、Z11、TZ39 井合成记录与下二叠统火成岩层位标定（虚线内）

2. 火成岩二维地震反射追踪

对研究区 140 多条地震测线的下二叠统顶界进行了分析追踪。首先以进行层位标定的过井剖面为追踪基干剖面，以此作为控制层位解释的基本走势，同时把多条基本剖面串联起来进行大区域解释，考虑三维地震资料的准确性，把二维测线与三维地震测线连接起来，进行二维、三维的统一解释（图 3-34），以确保层位追踪的可靠性与准确度。但由于地震资料分辨率低、品质较差，加上火成岩的地震反射特征变化太大，主要沿火成岩顶界（T_5^{1}），火成岩底界（$T_5^{2'}$）在标定井上进行追踪，但全区统一追踪时难度较大，所以本次研究提取了多种地震波场参数，选择多参数数据融合方法，形成一种有效的综合地震参数，与钻井地质成果进行对比拟合，求取火成岩厚度，在此基础上分析早二叠世火山岩的空间分布特征。

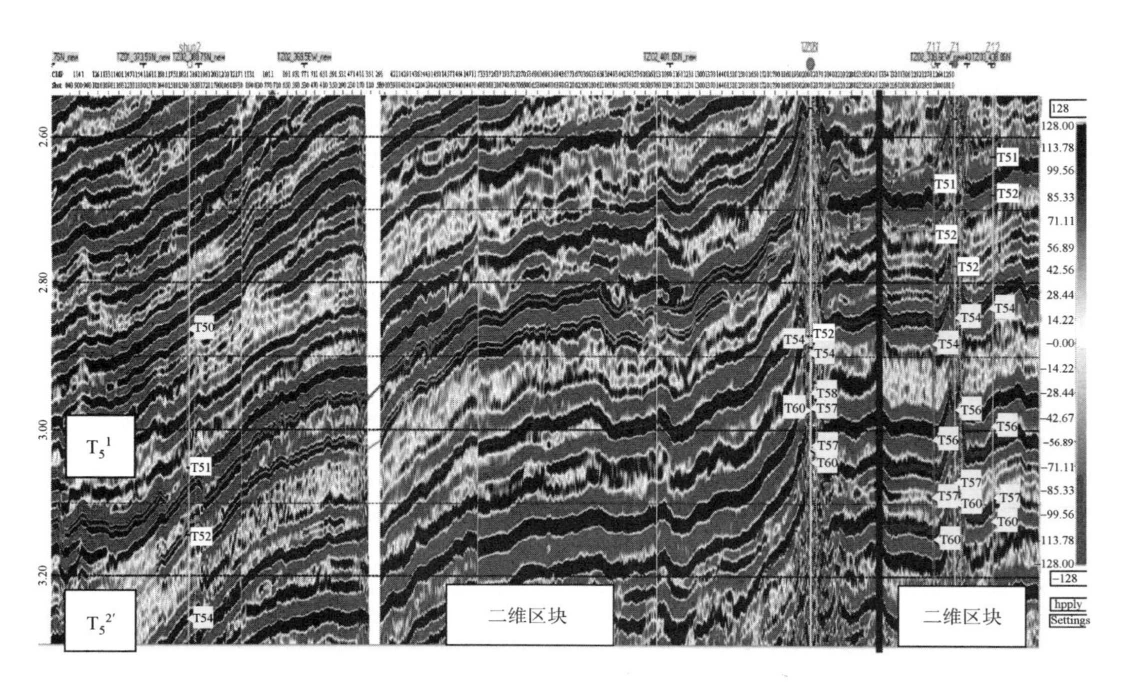

图 3-34　塔中地区二维地震测线与三维测线下二叠统火成岩联合层位追踪

通过合成记录对火成岩进行了准确的层位标定和追踪，基本掌握了火成岩的地震反射特征：

（1）确定火成岩的纵向分辨厚度：二叠系火成岩大多埋深在 3000m 以下，如果地震波主频在二叠系地层中是 25Hz，火成岩地层的地震波速度是 4000～5000m/s（凝灰岩为 4000m/s，玄武岩为 5000m/s），这样地震波的波长范围就为 160～200m。根据现代地层分辨能力研究结果，地层上能够分辨 1/4 波长的地层，所以地震能够分辨的火成岩的地层厚度为 40～50m。

（2）对于大于 100m 的火成岩，其剖面地震反射特征比较清楚。无沉积岩夹层的火成岩，其波组呈杂乱反射，连续性差，火成岩反射波组无层状特征，或虽有一定的成层性，但层状延伸范围较局限，同相轴也交杂扭曲，特征非常清楚，极易识别（图 3-34）。如果火成岩有沉积岩夹层：火成岩与其他地层的差异较大，往往可以形成强的波阻抗分界面。其波组特征为连续平滑，反射强，纵向上有平行亚平行组合特征，横向上有一定的连续性。其顶底基本可以追踪。

（3）对于火成岩小于 50m，其地震反射多为复合反射，表现为单轴、强反射的地震反射特征。火成岩厚度在 50～100m，其地震反射多为一强同相轴下伴有弱反射，或为一宽缓的、反射较弱的同相轴。

3. 地震参数提取、均衡、降维与融合处理

1）地震多参数提取

由于火成岩体与围岩之间存在着较大的物性差异，所以两者有着较大的波阻抗差。因而从地震波场特征参数方面进行火成岩研究是一种较为有效的手段。地震波场特征参数主要包含两大类：动力学参数，如振幅、频率、相位及导数参数（时间域和频率域）；运动学参数，如波形、速度类及导出参数（如密度、波阻抗等）。这些参数都对不同地质体有不同的响应特征。找出它们之间的联系，便可以从地震数据中识别和确定特殊岵体如火成岩分布特征。

沿目的层解释时窗分别提取了十多种地震波场特征参数，即平均振幅、平均能量、平均瞬时振幅、平均瞬时频率、平均瞬时相位、平均绝对振幅、均方根振幅、瞬时振幅的斜率、瞬时频率的斜率、平均振幅偏差平方和四次方。它们大体上可以分为三类：振幅类、频率类和其他类。理论上以上三大类均有各自的地质含意和特征：振幅类参数反映了岩性差异及组合变化特征，如果目标层岩性不同且厚时，反射往往较弱，反之岩性较杂、组合复杂或火成岩体较薄时，反射强度变化大，时强时弱，视具体组合而定。频率类参数主要反映了岩性纵向组合及变化特征，岩性纵向组合频繁，则频率高，反之则弱。其他类参数同样可以反映岩性横向变化特点，当岩性横向连续性好时，则地震反射同相轴连续，相位、斜率和偏差值也稳定，反之则地震反射相位偏负、斜率与偏差值变化大。因此地震各类参数均在一定程度上刻画了某种地质特征及变化，如火成岩纵横分布的不均一性，揭示出其包含的地质信息就能从地震角度研究火成岩的发育规律。

2）地震波场参数的均衡处理

研究区二维地震测线为多年施工所得，地震测线间能量闭合差较大，如不进行能量处理，其结果根本不能进行地质解释，所以严重影响了地震波场参数的地质应用。本次研究按平均值因子分配法做了能量均衡处理，处理结果使能量在总体范围内具有一定的均衡性，保证了波场参数的应用效果（图3-35～图3-37）。

3）K-L降维处理

由于提取地震参数较多，并且各种参数之间的关系复杂，在实际工作中，使用多种参数共同解释又往往产生相互矛盾的结果，所以解决这个问题的重要方法是对参数进行去冗余处理，即必须对多参数进压缩（图3-38），尽管压缩参数本身失去了各参数原有的物理意义，但它却代表了多种参数共同变化特征，能较可靠地反映产生这些变化的地质因素，更方便地用于地质解释。

4）地震参数的数据融合

数据融合是从20世纪70年代末提出的，进入20世纪80年代以后，数据融合技术获得了飞速的发展，目前形成了众多成熟的理论和方法。

数据融合是一个多级、多层面的数据处理过程，主要完成对来自多个信息源的数据进行自动监测、关联、相关、估计及组合等处理。数据融合简言之即：对来自多个多源信息进行综合处理，从而得到更为准确、可靠的结论。

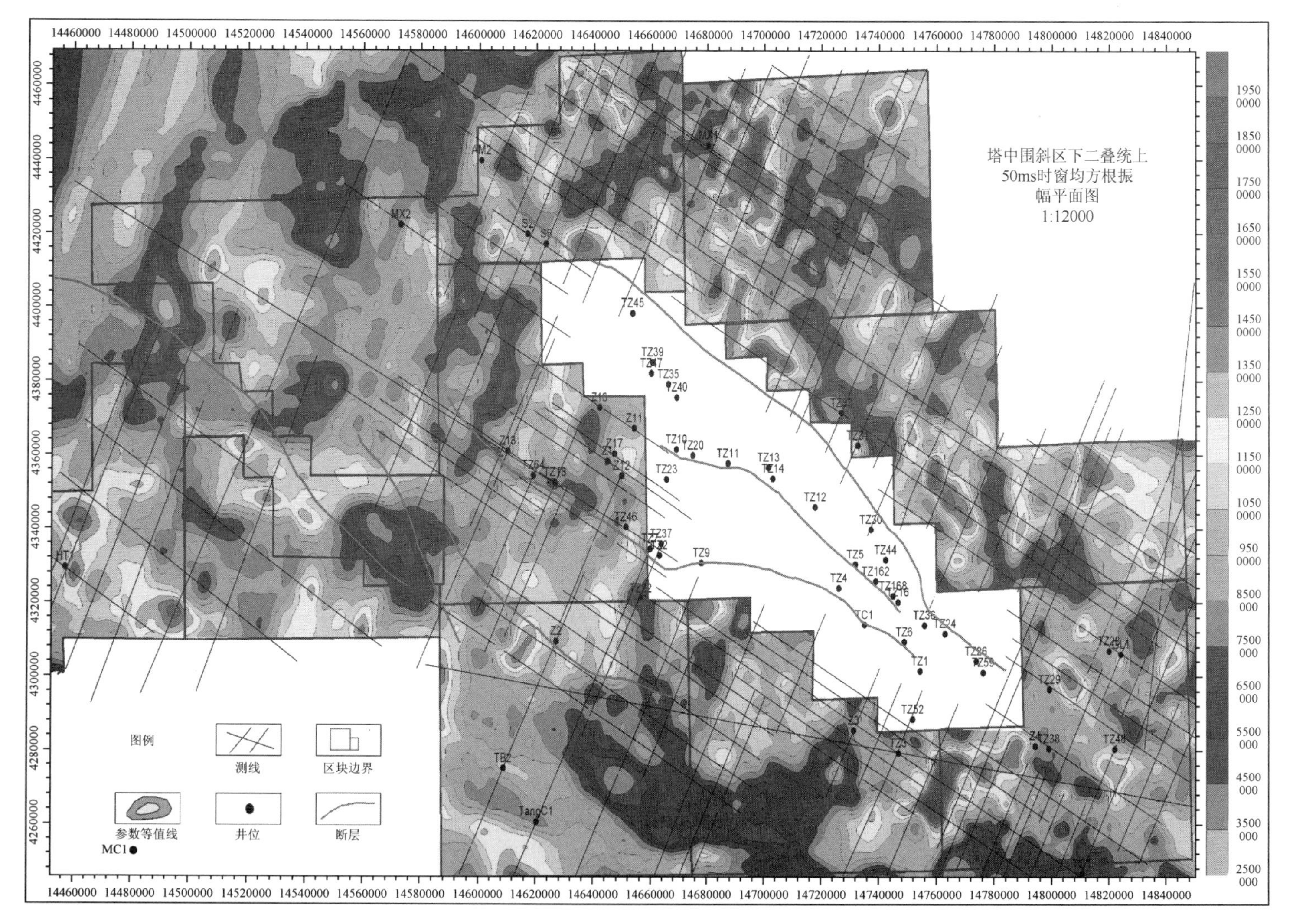

图 3-35　塔中地区早二叠世火山岩均方根振幅均衡处理平面图

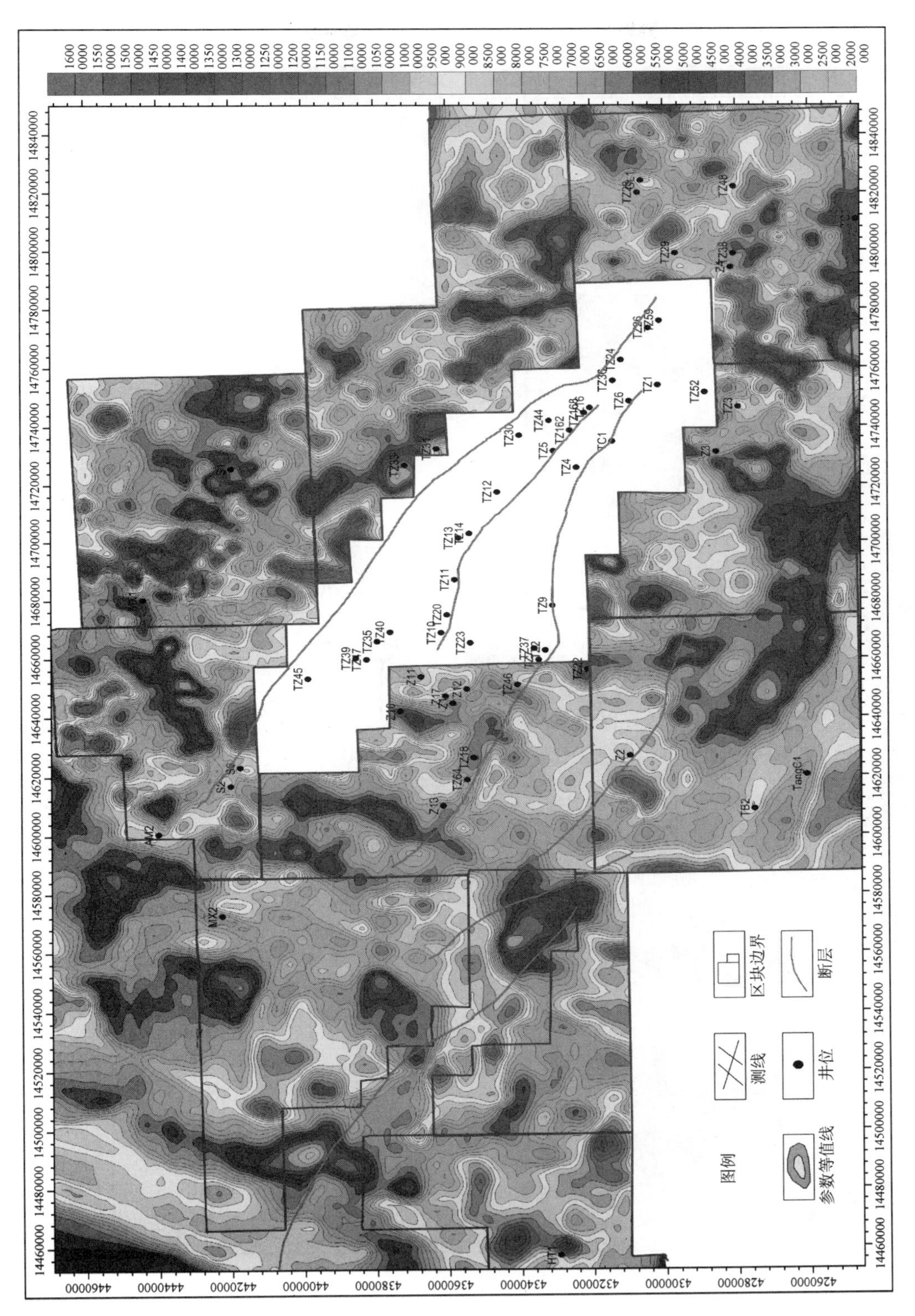

图 3-36　塔中地区早二叠世火山岩绝对振幅均衡处理平面图

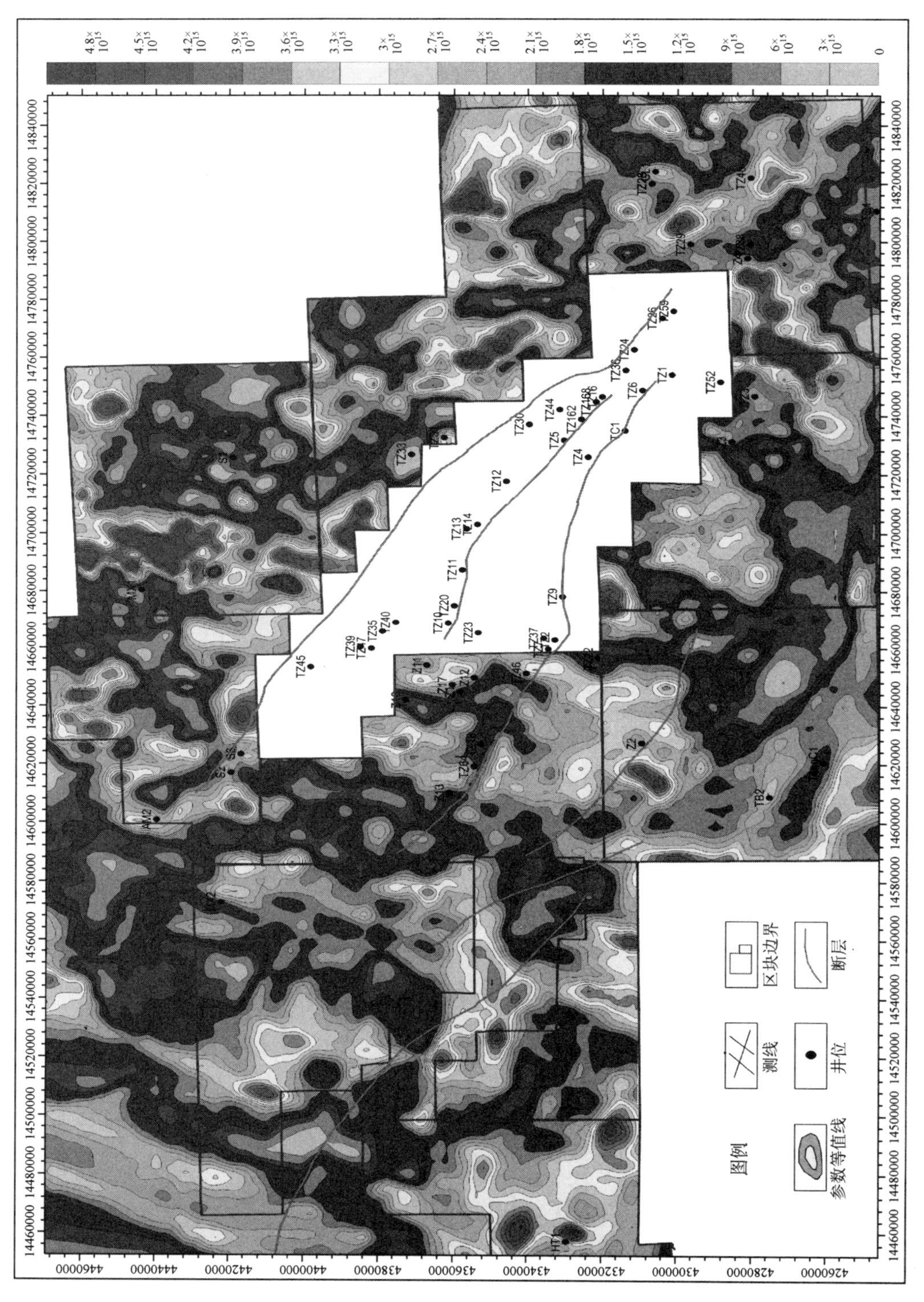

图 3-37　塔中地区早二叠世火山岩平均能量均衡处理平面图

A. 计算步骤

本次研究采用基于主成分分析的加权法对多参数数据进行融合。图3-39是综合参数分析流程图。其计算步骤如下：将地震参数组成参数矩阵 $\boldsymbol{X}$，分别计算各参数对观测点的平均值 $\overline{S}$；

（1）将地震参数组成参数矩阵 $\boldsymbol{X}$，分别计算各参数对观测点的平均值 $\overline{S}$；

（2）考虑到各个参数具有不同的物理意义和量纲，在计算协方差矩阵前，对各参数做归一化处理；

（3）计算协方差矩阵，并组成协方差矩阵，然后，求解本征方程；

（4）对本征值 λ 按由大到小顺序排队，选取 $\lambda_{\max}$，求对应的本征向量 h，对各道多参数 x_{kl} 作加权求和（图3-39），得到综合参数 S_k。

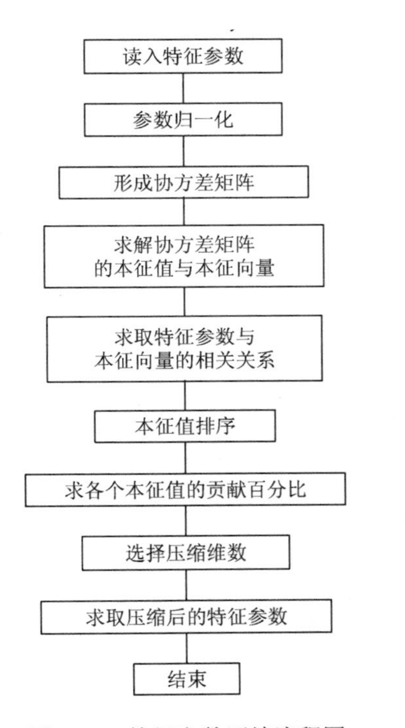

图3-38　特征参数压缩流程图

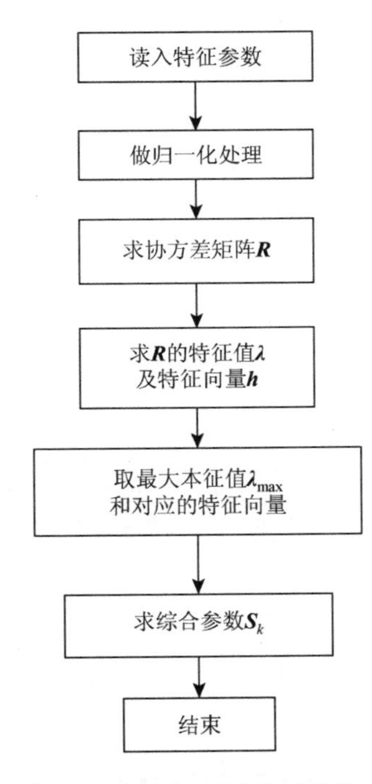

图3-39　数据融合法分析流程图

B. 地震综合参数对井检测效果分析

根据火成岩物性参数的分析，假定火成岩段的平均速度为4500m/s，参数提取时窗定义为沿下二叠统顶50ms和100ms，分别代表火成岩厚度为112.5m和225m，提取多种地震波场特征参数，按前面叙述的原理，在均衡、降维和融合的基础上进行融合，获取了地震综合参数，把它与钻遇火成岩的过井剖面进行对井分析。Z16井钻遇火山口，火成岩厚度总长1128m，综合参数值较高，且有两个相对高值，为两个相邻火山口的反应（图3-40）。TZ18、Z13井虽然火成岩厚度仅200m左右，但旁边即是火山口位置，计算出的综合参数也较高（图3-41）。Z11和TZ46钻遇火山岩厚度＜60m，综合参数值明显为低值。因此综合参数与火成岩厚度两者之间具有明显关系，为综合参数预测火成岩厚度打下良好基础。另外，通过对比可知 50ms 时窗计算效果明显好于 100ms 时窗。根据以上分析，本次研究最终以 T_5^1 为顶界，往下 50ms 时窗提取地震波场参数，经过处理和融合后，形成了火成岩综合地震参数，网格化后形成综合地震参数平面图（图 3-42）。

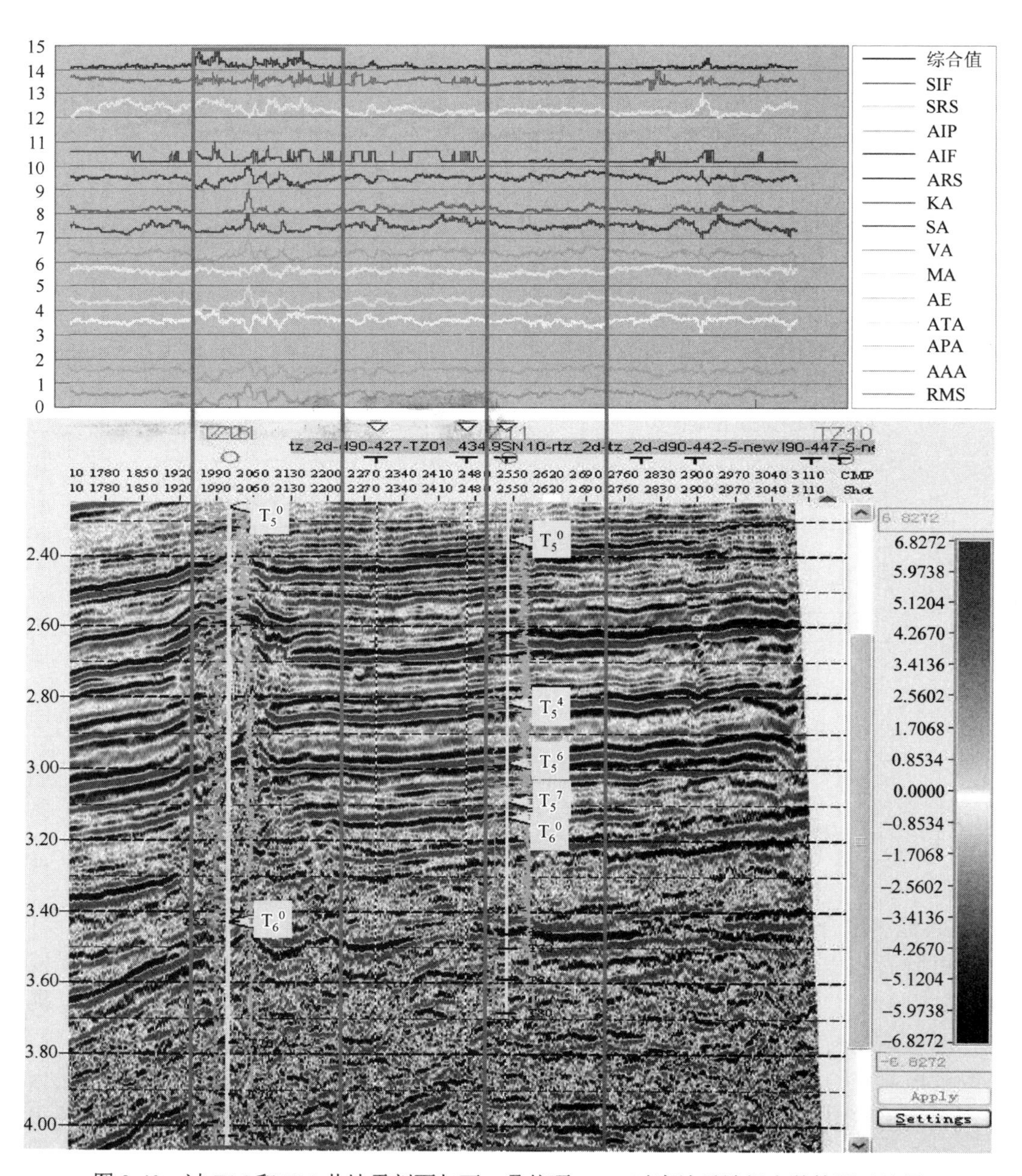

图 3-40　过 Z16 和 Z11 井地震剖面与下二叠统顶 50ms 时窗地震波场参数检测对比图

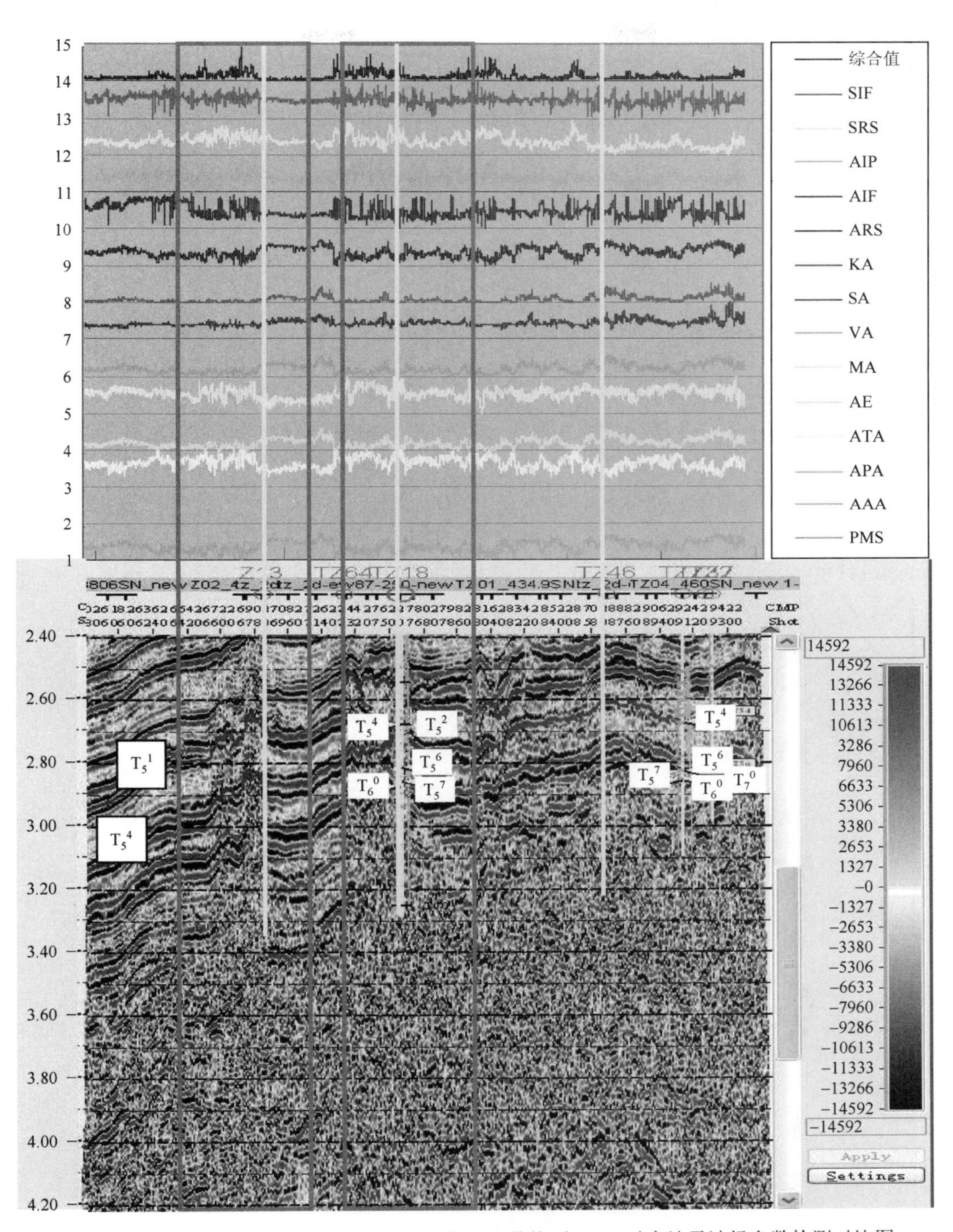

图 3-41　过 Z13、TZ18、TZ46 井地震剖面与下二叠统顶 50ms 时窗地震波场参数检测对比图

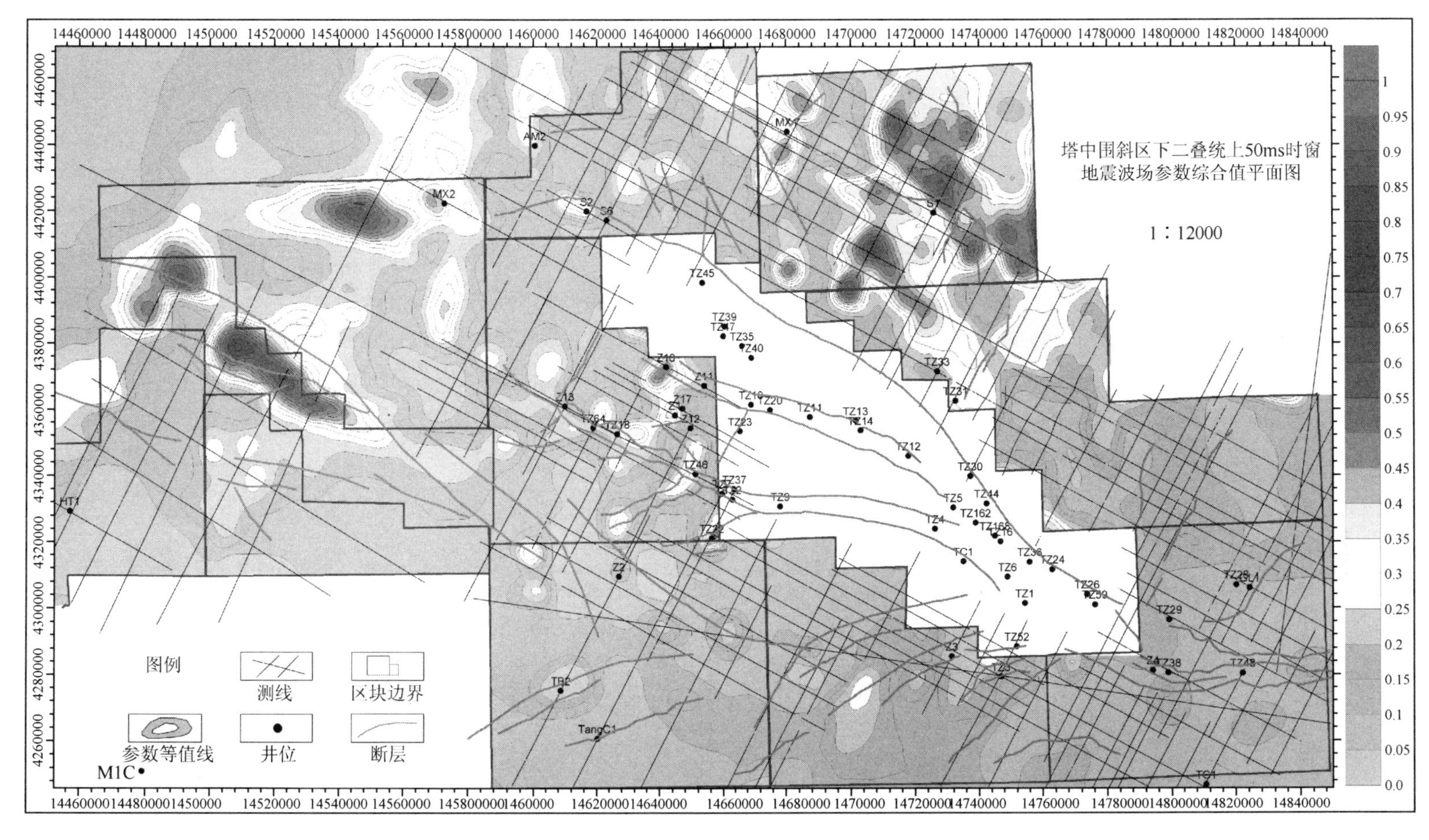

图 3-42　塔中地区下二叠统火成岩地震检测综合平面分布图

4. 下二叠统火山岩的平面展布特征

统计井点处的火成岩厚度和地震综合参数值（表 3-4），可以发现钻井厚度与地震综合参数具有良好的相关关系，采用最小二乘法按二次多项式进行拟合（图 3-43），获得两者之间的拟合公式为

$$Y=-1095.2X^2+2163.1X-265 \quad (3-1)$$

式中 X 为地震综合参数值，Y 为地震反算火成岩厚度值。

表 3-4　塔中地区地震综合参数与火成岩钻井厚度统计表

井名	*X*	*Y*	地震综合参数	厚度/m
满西 1 井	14680294.58	4443915.01	0.32	292.00
满西 2 井	14572665.50	4422282.76	0.27	223.5
顺 1 井	14725713.00	4419420.00	0.33	271.00
顺 2 井	14616831.83	4419826.27	0.23	168.0
塔中 18 井	14626423.81	4352642.26	0.27	233.5
塔中 22 井	14656298.51	4321197.35	0.46	545.50
塔中 33 井	14726819.60	4371517.10	0.18	66.00
塔中 64 井	14618891.10	4354530.23	0.28	238.00
塘北 2 井	14608774.53	4275189.08	0.21	135.50
中 11 井	14653867.75	4367223.05	0.22	120.00
中 12 井	14649589.28	4354471.33	0.15	53.00
中 13 井	14610065.74	4361089.86	0.22	187.00
中 16 井（TZ21 井）	14641951.14	4372872.45	0.50	575.00
中 17 井	14647104.42	4360365.60	0.23	171.50
中 1 井	14644739.94	4358364.01	0.35	382.50
中 2 井	14626972.12	4309603.24	0.16	97.00
中 4 井	14726033.66	4324029.47	0.14	31.50

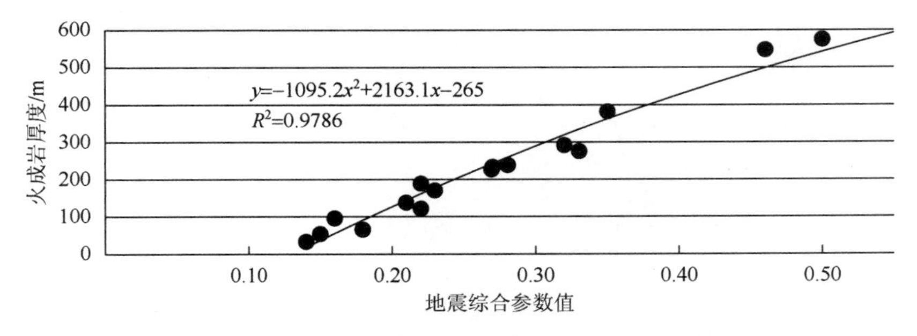

图 3-43　地震综合参数与钻井火成岩厚度拟合曲线

将公式（3-1）代入图 3-42，获得了通过地震计算出研究区下二叠统火成岩厚度，其平面分布见下二叠统火山岩厚度分布特征（图 3-44）。

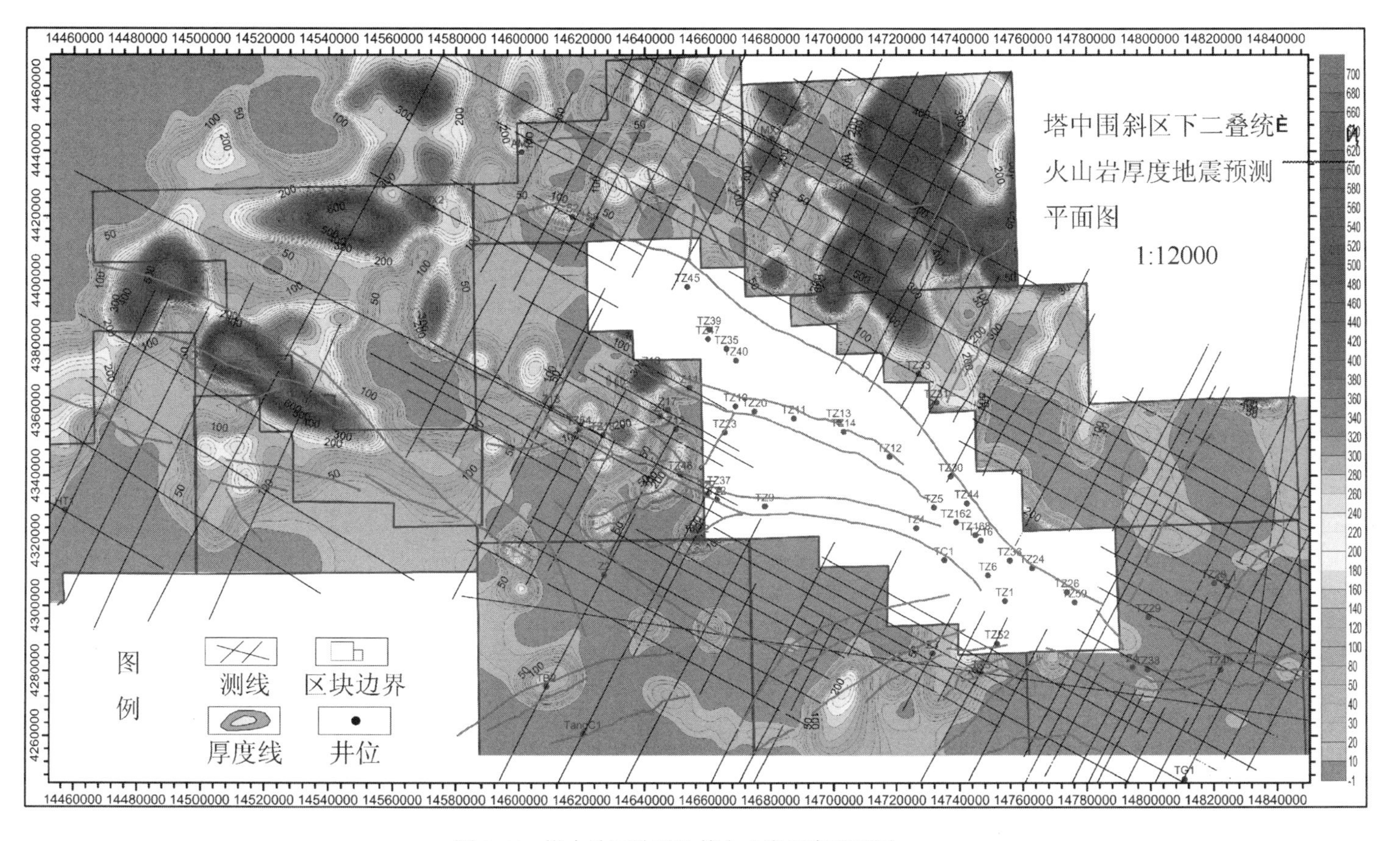

图 3-44　塔中地区地震计算火成岩厚度平面图

1）西厚东薄、北厚南薄

二叠纪中央隆起带总体上由西北向东南收敛，火山活动由西北向东南逐渐减弱，火山岩也由西北向东减薄，火山活动基本上没有波及塔东低隆，因此塔东低隆基本上没有火山岩发育。

2）断裂带附近火山较发育

火山口往往是沿着断裂带分布的，岩浆沿着火山通道喷出，首先堆积在火山口附近，然后流向远处，因此火山口附近火山岩厚度肯定大，据此也可以推测火山口的位置。如塔中 I 号断裂带北侧和吐木休克断裂带就发育多个火山口和溢流带。

3）北部有大规模的火山溢流

喷出的岩浆在冷凝之前会流向低地势，不容易停留。在研究区北侧 S1-MX1 井间有大片呈溢流状的火山岩，剖面上呈舌状堆积，往南部流动而聚集，平面上南北向条带状分布，其厚度较大（200～600m）。

在野外露头、钻井岩心、岩屑资料的大量统计基础上，结合前人的研究成果认为，该地区断裂和火成岩的发育有密切的关系，无论地表还是钻井（表 3-1）揭露的岩心资料以及航磁研究的结果都证明了这一点。航磁资料显示塔中—巴楚地区火成岩大面积分布，除边界断裂附近外，在隆起的内部也有众多的火成岩体分布。从地表露头、钻井和航磁资料看，塔中—巴楚地区火成岩的分布明显受断裂构造控制，火成岩的产状主要为沿深大断裂侵入或喷发的裂隙式火成岩，岩浆喷出地表以后，向断裂四周扩散，形成大面积分布的玄武岩。李曰俊等（2005）研究认为，塔中—巴楚地区以塔参 1 井底部的花岗闪长岩和闪长岩为代表的前震旦纪火成岩，与前震旦纪的造山作用有关，代表着一条古缝合带，从全球大地构造的角度看，它是罗迪尼亚超大陆增生过程的一部分。寒武—奥陶纪的岩浆作用主要见于东部，与库满坳拉槽有关。二叠纪的岩浆作用遍布全区，是二叠纪大陆裂谷的一个重要记录。

3.3.3　卡 1 三维区块火成岩地震厚度特征

卡 1 三维位于塔中南面中部，区块共有中石油钻井一口（TZ21）、中石化钻井 6 口，面积约为 1155km^2。

1. 卡 1 三维区块火成岩地震层位标定

对研究区收集到的中石化 5 口井的声波和密度进行了校正和补偿之后，抽取井边旁地震道地震子波，制作合成记录，输入钻井深度值，对井旁地震反射层位进行层位自动匹配，完成层位的精细标定（图 3-45）。在标定过程中，同时选择了 T_5^0、T_5^4、T_5^7、T_7^0 这些区域性标志层作为控制层和参考层，以精确标定火成岩的顶底界面。本次标定的火成岩顶反射层位定名为 T_5^1，底反射层位定名为 $T_5^{2'}$。

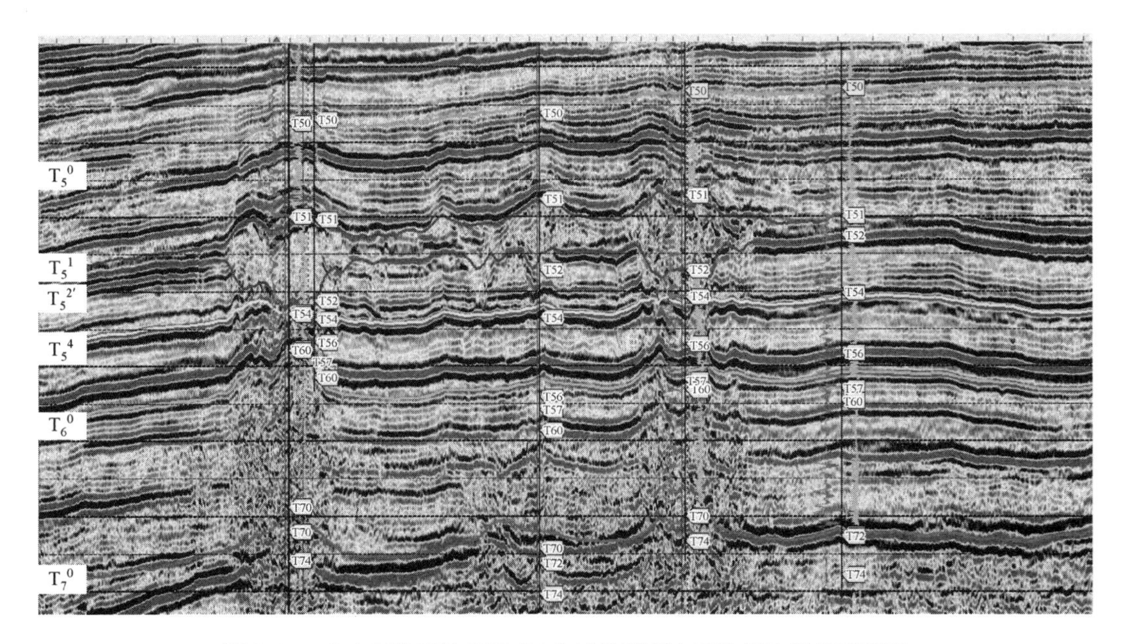

图 3-45　卡 1 三维区块 NW-SE 向过井剖面上层位标定和追踪剖面

2. 卡 1 三维区块火成岩地震层位追踪

首先在标定井的过井剖面进行层位的横向追踪对比，以此为基础在工区内展开火成岩的顶底追踪。为了保证与二维区块追踪成果的一致性，把二维工区连井测追踪成果引入到三维区块（图 3-46）。在火成岩追踪过程中，以层位投影图为监视，控制追踪的可靠性与准确性。

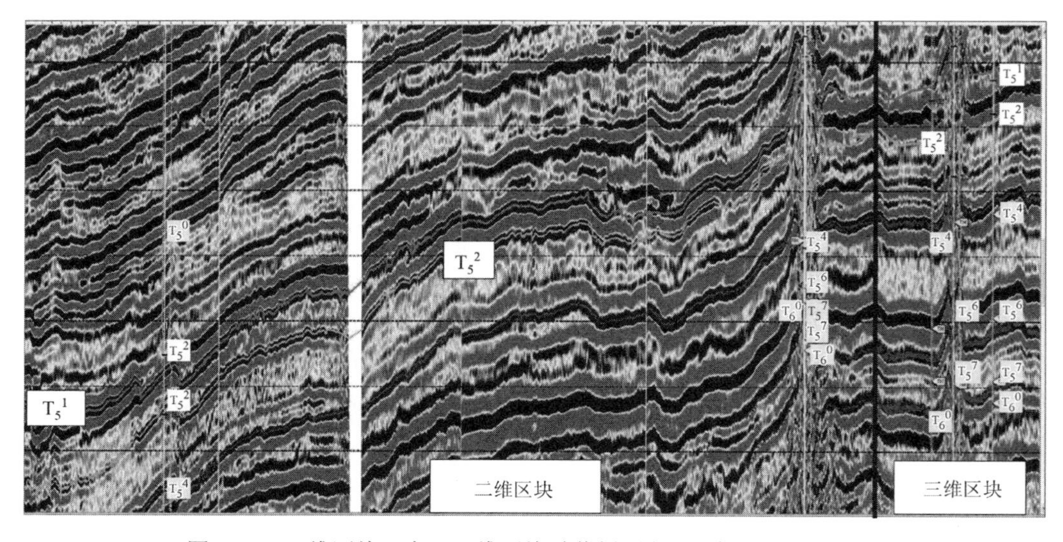

图 3-46　二维区块—卡 1 三维区块过井剖面上层位标定和追踪剖面

3. 卡 1 三维区块火成岩地震厚度计算

在精细层位解释的基础上，提取层位反射 *to* 值，经网络化后形成火成岩顶底地震反射 *to* 图，两者相减则获得了火成岩顶底时差图。

统计研究区内钻井火成岩厚度与井点时差见表 3-5，需要补充说明的是 Z16 井钻遇火成岩段厚度是 1128.5m，从层位追踪来看，惯穿层位 T_5^1—T_6^0，但相距不到 100m 的 TZ21 钻井外遇火成岩段划分为 575m（火山多岩厚度 432m）（图 3-46）。因此为满足后期地震属性反演，只取 Z16 火成岩段与 TZ21 井相当的厚度段进行层位解释。把两者进行相关拟合，获得了地震时差与火成岩厚度的相关曲线（图 3-47），图中可以看出置信度高（R^2=0.9971），拟合度好。由此获时深转换公式为

$$Y=-0.0034X^2+2.8302X \tag{3-2}$$

式中 Y 为火成岩地震厚度，X 为地震时差值。

根据公式（3-2），可直接从火成岩时差图中计算出卡 1 三维火成岩厚度图，如图 3-48 所示。

表 3-5　卡 1 区块钻井火成岩厚度与地震时差统计表

井名	*X*	*Y*	时差/ms	厚度/m
中 11 井	14653868	4367223	26	59.5
中 12 井	14649589	4354471	55	142
中 17 井	14647104	4360366	61	171.5
中 1 井	14644740	4358364	172	382.5
中 16 井（TZ21 重合）	14641951	4372872	200	432

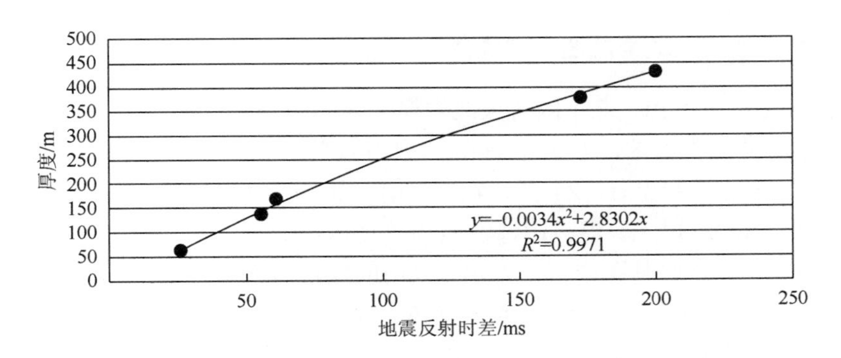

图 3-47　卡 1 三维区块火成岩地震反射时差与钻井厚度相关曲线

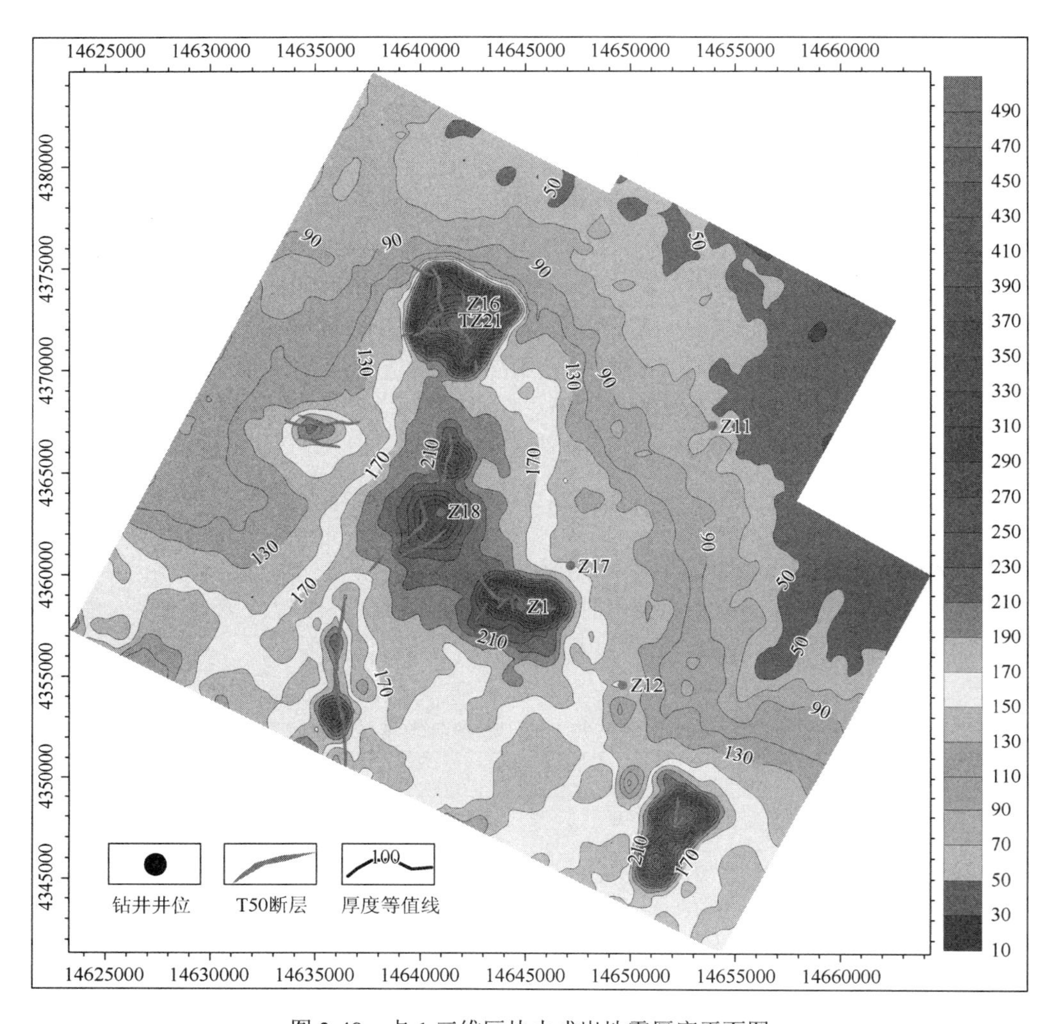

图 3-48　卡 1 三维区块火成岩地震厚度平面图

4. 卡 1 三维区块火成岩厚度分布特征

从图 3-48 上可以看出，卡 1 区块火成岩厚度在 10～500m，平面上厚度相对较大的区域主要集中于研究区中南部，厚度＞200m 的火山口在平面上主要有 7 个，即 Z16 井、Z18 井、Z18 西、Z18 北、Z18 南、Z1 井、Z12 井南。其中以 Z18、Z1 和 Z12 井南规模最大，火成岩厚度可达 300m 以上。沿火山口往四周厚度迅速减薄。但中部几个火山口喷出的火成岩基本连成一片。同时从图中可以看出，火山的发育与断层密不可分，火成岩厚度较大的区域或火山口基本与断层重合。特别是 Z16，火成岩厚度最大，断层也最发育，反映出断层对火成岩发育的控制作用。

综合上述分析可知，中央隆起带二叠系火成岩平面分布及厚度展布有如下特点：

（1）东西向火成岩分布规律性较差，但总体特征为东薄西厚。二叠系时，中央隆起带总体上东高西低，火山活动由西向东逐渐减弱，火成岩由西向东逐渐减薄，火山活动基本上没有波及塔东低隆，因此塔中低隆区基本没有火成岩发育。

（2）南北向两边厚、中间薄。早二叠世晚期发生的海西运动从盆地的周缘到盆地的中心强度逐渐减弱，剧烈的火山喷发往往发生在构造强度大、断裂发育的地方，而早二叠世晚期—晚二叠世塔里木盆地南缘古特提斯洋向其北的塔里木板块俯冲消减和南天山洋盆、北部古大洋消亡，造成了塔里木盆地的南北缘为断裂最为发育的地区，因此，火山活动在盆地的周边强度大，火成岩厚度也随着火山活动的强度有规律地变化。

（3）火成岩分布规律性差，但从火成岩与构造关系来看，塔中二叠纪火成岩分布与柯坪断隆南大断裂带、色力布亚—玛扎塔格断裂带、阿恰—吐木休克大断裂带、于田河大断裂关系密切，由此可见，塔中二叠纪火成岩明显受断裂控制。

第 4 章　中央隆起带火成岩岩石学及岩相学特征

4.1　火成岩岩石学特征研究

4.1.1　火成岩岩石性质

本区岩石学研究由于自然地理条件的限制，取样仍限于①盆地外围柯坪—阿克苏地区二叠纪玄武岩剖面的实测及系统取样；②塔中隆起东部巴楚小海子小型侵入杂岩和各类岩脉（墙）的系统取样；③塔中隆起东部瓦基里塔格杂岩体的取样；④塔中内部基岩隐伏区的取样工作则限于塔中隆起及其周边部分钻井岩心和部分岩屑的系统取样。根据前人资料及本次室内外工作的实地观察与研究，认为研究区有关岩性及岩石学特征虽有相似或共性，但并非一次岩浆活动和演化的产物，而可能由同源岩浆的多期次侵入形成。并和区域地质构造的发展和演化有明显的关系。因此，不同地区和不同产出条件的岩石性质往往有较明显的区别。分述如下：

1. 柯坪—阿克苏地区玄武岩性质

1）阿克苏肖尔布拉克地区玄武岩

柯坪—阿克苏地区晚震旦世玄武岩为灰—灰黑色，细粒结构。镜下为间粒—间隐结构，细小的斜长石呈板状，其构成晶格架被辉石、橄榄石小颗粒或绿泥石、玻璃等充填；偶见有数个斜长石被辉石部分包裹构成次辉绿结构。玄武岩中的气孔较为发育，气孔中常充填玉髓和方解石等。玄武岩由斜长石、辉石和少量橄榄石等组成。斜长石含量 50%～60%，以拉长石（An47～61）为主；辉石均属单斜辉石，以富 CaO、MgO、FeO 为特征；*Q*（Ca+Mg+Fe）变化于 1.45～1.56，*J*（=2Na）一般为 0.02～0.06，在辉石的国际分类中投影于 Ca—Mg—Fe 辉石组（图 4-1），柱切面最大消光角 Ng∧C＜30°，属易变辉石。橄榄石的 SiO_2 一般在 33.5%～35.0%，富 MgO、FeO，贫 CaO，端员组分计算为 Fo47～53，略大于 Fa（表 4-1），属透铁橄榄石和镁铁橄榄石。

表 4-1　阿克苏肖尔布拉克玄武岩中辉石与橄榄石化学成分（W_B%[①]）

序号	1	2	3	4	5	6	7	8
SiO_2	49.772	49.633	50.184	51.912	35.081	34.868	34.460	34.954
TiO_2	2.388	2.482	2.126	1.259	0.039	0.006	—	—
Al_2O_3	3.101	3.588	3.006	1，267	—	—	—	—
FeO*	10.654	10.442	10.673	11.226	39.056	39.970	43.060	40.457
MnO	0.269	0.189	0.090	0.268	0.342	0.537	0.680	0.505

① W_B%代表理论组成。

续表

序号	1	2	3	4	5	6	7	8
MgO	13.153	12.761	12.905	13.735	25.043	24.221	21.310	23.679
CaO	20.342	20.552	20.840	20.043	0.397	0.371	0.490	0.374
Na_2O	0.265	0.240	0.160	0.276	—	—	—	—
K_2O	0.008	0.061	0.007	0.014	0.030	0.014	—	—
Si^{4+}	1.873	1.866	1.886	1.950	0.996	0.995	1.000	1.000
Ti^{4+}	0.068	0.070	0.060	0.036	0.001	—	—	—
Al^{3+}	0.137	0.159	0.133	0.056	—	—	—	—
Fe^{3+}	0.338	0.005	0.003	0.353	0.927	0.954	1.045	0.968
Fe^{2+}	—	0.323	0.332	—	—	—	—	—
Mn^{2+}	0.009	0.006	0.003	0.009	0.008	0.013	0.017	0.012
Mg^{2+}	0.738	0.715	0.723	0.769	1.059	1.031	0.922	1.010
Ca^{2+}	0.821	0.828	0.840	0.807	0.397	0.011	0.015	0.011
Na^{+}	0.020	0.017	0.012	0.020	—	—	—	—
K^{+}	—	0.003	—	0.001	0.030	—	—	—

注：1～4 为单斜辉石，5～8 为橄榄石辉石阳离子按 6 个氧为基础计算，橄榄石的阳离子按 4 个氧为基础计算，辉石的 Fe^{3+}、Fe^{2+}的值由电价差法计算

2）阿克苏沙井子四石场玄武岩

库普库兹满组玄武岩

据沙井子四石场火山岩剖面实测，玄武岩总厚度达 83.74m，与上下岩层均整合（或火山喷发平行不整合）接触。宏观岩性以灰黑至黄绿色块为主，间夹 30m 左右的砂质泥岩，把玄武岩分为上下两段（图 4-1）。

下段以灰黑至黄绿致密块状玄武岩及气孔—杏仁状玄武岩为主，夹晶屑岩屑凝灰岩及砂岩透镜体，总厚度 42.45m，底部玄武岩岩柱节理发育。气孔及杏仁构造较普遍，含量不定，一般都不超过 10%，局部可达 30%～40%。气孔孔径大小不一，由毫米级至 20cm 不等；形态常见以圆球状及椭球状为主。部分呈透镜状或不规则状、拉长变形状等。气孔或杏仁体平行火山岩层面分布，局部似芝麻点状密集分布。后者见于熔岩层顶部，形成似熔渣状火山岩。局部凝灰质火山岩中也往往见有熔渣状火山岩屑的分布。杏仁体充填物以玛瑙、绿泥石、碧玉为主，部分则由细粒状或晶族状石英、方解石等组成，一般大的杏仁体多为玛瑙或石英，少量方解石巨晶，细小的杏仁体多为绿泥石、碧玉或玛瑙。

上段总厚度达 41m，岩性与下段相似，仍以黄绿色夹灰黑色块状玄武岩为主，普遍含少量气孔或杏仁状构造，杏仁体的大小，含量及变化也与下段相似。底部及顶部均见有灰绿色致密状中酸性凝灰岩，中部夹一薄层橄榄玄武岩，中下部局部夹玄武岩角砾熔岩，中上部玄武岩层的柱状节理也较发育。总之上段岩性，除橄榄玄武岩外与下段玄武岩岩性基本相同。

图 4-1　库普库兹满组火山岩流层柱状图

1. 致密块状玄武岩；2. 杏仁及气孔状玄武岩；3. 角砾状玄武岩或玄武质火山岩；4. 橄榄玄武岩；5. 中至酸性凝灰岩；6. 泥质砂岩；7. 灰岩

该套火山岩主要岩类岩石学特征如下：

A. 块状玄武岩

为库普库兹满组火山岩的主要岩石类型，分布广。常见呈灰黑色至黄绿色少见斑状构造，斑晶含量一般不超过 10%，呈稀散状分布，中至细粒自形，但常被熔融，呈不规则状（图 4-2）。晶体内部主体部分常被熔融，呈多孔状并被隐晶质基质充填呈毛玻璃状，边缘较洁净，部分斜长石较新鲜，具较发育的聚片双晶，双晶法测定以 An＞50 的拉长石为主。基质半晶质，主要由斜长石微晶、细粒辉石和隐晶质组成，部分为玻璃质，并含较多细粒铁矿组成，常具绿泥石化（图 4-3）。大量玄武岩的黄绿色色调是由基质的绿泥石化作用引起的。

斜长石微晶含量较多，一般在 30%～50%，细粒自形板条状，局部也被熔融，呈不规则状，以无序散布状为主，有的呈半定向分布，都较新鲜、无色，有时含少许细粒基质包体，简单钠双晶较发育，据双晶法测定局部由钠长石组成（S01-15），大部分与斑晶成分相似，以 An45～55 的中拉长石为主。

库普库兹满组玄武岩斜长石成分变化较小，主要由 An55 左右的拉长石组成，与钻井玄武岩实测的斜长石成分近似。局部玄武岩层的长石组分由钠长石组成（S01-15），且斑晶和基质相同。但岩石特征和一般玄武岩相同，仅基质具较多的绿泥石化，表明局部含原生钠长玄武岩夹层。

图 4-2　块状玄武岩的少斑状结构（后附彩图）
样品 S01-13，+N

图 4-3　玄武岩的绿泥石杏仁体及基质绿泥石化（后附彩图）
样品 S01-15，+N

B. 橄榄玄武岩

库普库兹满组玄武岩中橄榄玄武岩较少，实测剖面仅见于第二岩流层中部。呈薄层状夹于块状玄武岩中（S01-23）。宏观岩石特征与块状玄武岩无异，无斑微粒致密状，具全晶质细粒状结构，矿物成分与块状玄武岩相似，但含较多细粒伊丁石化橄榄石。伊丁石化橄榄石含量在 20%左右，呈不规则粒状或粒状集合体，无序散布穿插于长石粒间，部分包于斜长石及辉石中，分布较均匀，镜下以无色透明为主，正高突起。不规则裂隙发育，沿裂隙主要被棕红色伊丁石交代，并常保留不规则粒状橄榄石残余（图 4-4），光学法测定主要为贵橄榄石。

C. 火山碎屑岩

火山碎屑岩相对较少见，仅见有玄武岩质火山角砾岩（S01-22）及玄武岩粗安岩质凝灰岩（S01-19、20、21）。分布无序，一般都见于岩层顶部或作为玄武岩的夹层，分布无规律，以凝灰岩较常见。玄武岩火山角砾岩（图 4-5）主要见于上段中下部。具火山细角砾结构，层状构造。角砾状碎屑大小不一，以 0.3～20mm 的细角砾为主。主要由致密块状玄武岩及气孔状—杏仁状玄武岩屑组成。火山碎屑形状不规则，以棱角状及次棱角状为主，部分是不规则粒状或被拉长的浆屑组成部分，砾屑气孔极为发育似火山渣屑。碎屑的岩性特征，与上述玄武岩相似，表明主要由同源玄武岩浆的短时爆发带来的浆屑及岩质碎屑组成。胶结物主要有隐晶质，有时为含斜长石微晶的熔岩或凝灰质充填和胶结，并常具不同程度的绿泥石化和碳酸盐化。凝灰岩相对较多见，分布无规律，但大都分布于厚层玄武岩的底部。常见岩石特征以灰至黄绿色，具凝灰结构（图 4-6），有时含不定量细砾屑。凝灰质碎屑主要由长石和石英晶屑组成，有时含较多隐晶质玄武质岩屑或玻屑及少量但不

(a)　(b)

图 4-4　橄榄玄武岩（后附彩图）

样品 S01-23，（a）单偏光；（b）正交偏光

(a)　(b) (后附彩图)

图 4-5　火山角砾岩

样品 S-1-22，（a）单偏光；（b）正交偏光

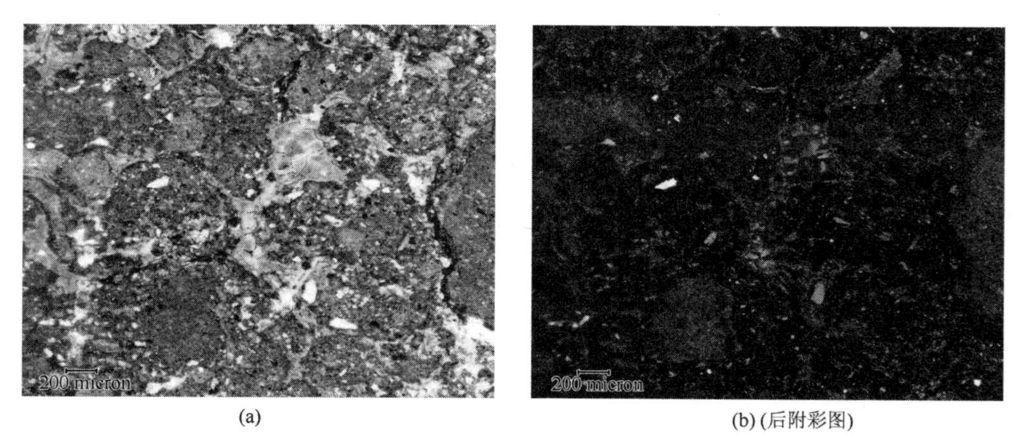

(a)　(b) (后附彩图)

图 4-6　凝灰岩

样品 S01-21，（a）单偏光；（b）正交偏光

定量的细砾屑。胶结物以隐晶状凝灰质为主。有时也由细粒石英、绿泥石及碳酸盐等充填和胶结。因此，岩石化学成分变化较大，一般以偏酸性为主，并向玄武质粗安岩过渡，偶见含凝灰质硅质岩薄层（S01-18）。

D. 开派兹雷克组玄武岩

据四石场剖面实测，开派兹雷克玄武岩总厚度达 236.5m。其中具正常沉积岩夹层，剖面上火山碎屑岩及岩性变化，自下而上大体分为七层（图 4-7）。

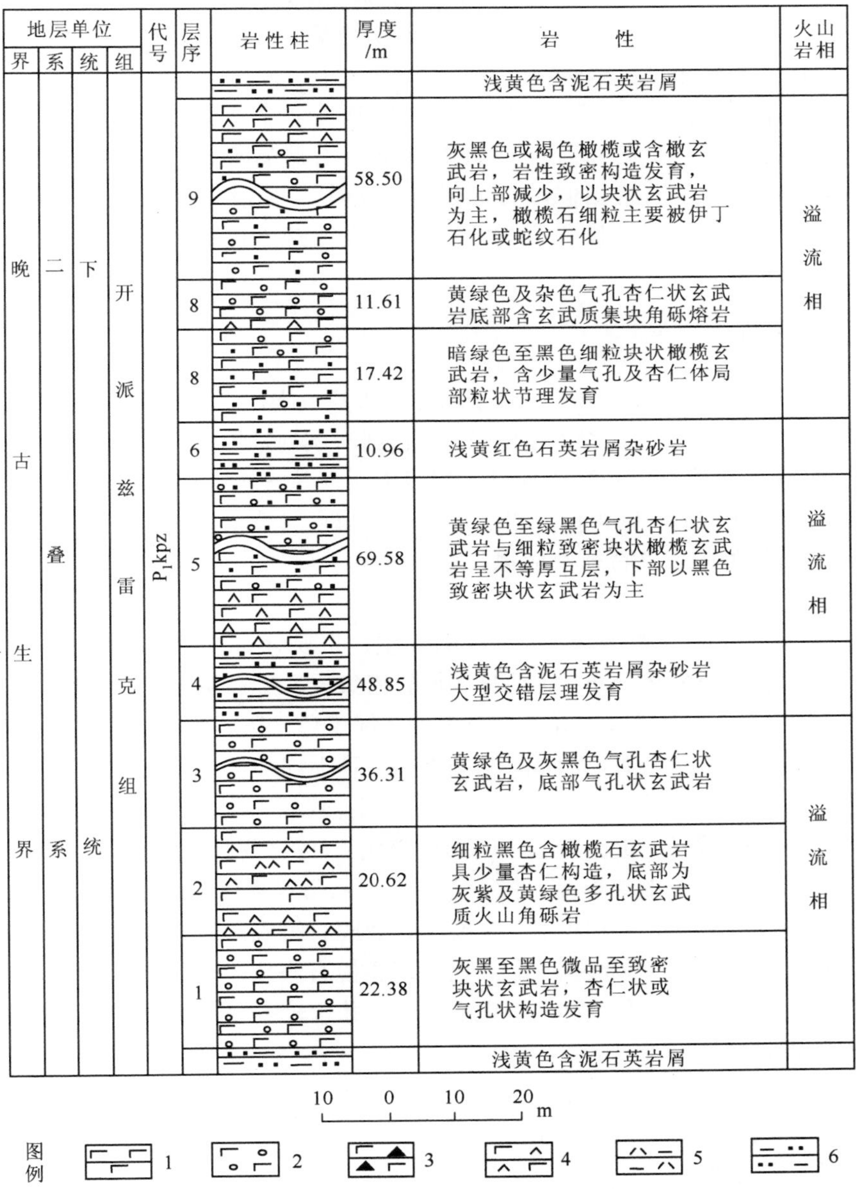
地层单位
界 系 统 组
代号
层序
岩性柱
厚度/m
岩　性
火山岩相
晚古生界
二叠系
下统
开派兹雷克组
P_1kpz
浅黄色含泥石英岩屑
9 58.50 灰黑色或褐色橄榄或含橄玄武岩，岩性致密构造发育，向上部减少，以块状玄武岩为主，橄榄石细粒主要被伊丁石化或蛇纹石化
8 11.61 黄绿色及杂色气孔杏仁状玄武岩底部含玄武质集块角砾熔岩
8 17.42 暗绿色至黑色细粒块状橄榄玄武岩，含少量气孔及杏仁体局部粒状节理发育
溢流相
6 10.96 浅黄红色石英岩屑杂砂岩
5 69.58 黄绿色至绿黑色气孔杏仁状玄武岩与细粒致密块状橄榄玄武岩呈不等厚互层，下部以黑色致密块状玄武岩为主
溢流相
4 48.85 浅黄色含泥石英岩屑杂砂岩大型交错层理发育
3 36.31 黄绿色及灰黑色气孔杏仁状玄武岩，底部气孔状玄武岩
2 20.62 细粒黑色含橄榄石玄武岩具少量杏仁构造，底部为灰紫及黄绿色多孔状玄武质火山角砾岩
1 22.38 灰黑至黑色微品至致密块状玄武岩，杏仁状或气孔状构造发育
溢流相
浅黄色含泥石英岩屑
10 0 10 20 m
图例
1 2 3 4 5 6

图 4-7　开派兹雷克兹满组火山岩流层柱状图

1. 致密块状玄武岩；2. 杏仁及气孔状玄武岩；3. 角砾状玄武岩或玄武质火山岩；4.橄榄玄武岩；5. 中至酸性凝灰岩；6. 泥质砂岩

宏观岩性仍以暗色致密块状玄武岩为主，并普遍具气孔—杏仁状构造。底部及上部局部柱状解理较多发育，宏观岩性特征与库普库兹满组玄武岩相似。镜下该套火山岩普遍呈少斑状结构，基质以细粒或半晶质为主。晶质部分仍由斜长石微晶和细粒单斜辉石组成，岩石的结构和构造特征也与库普库兹满组玄武岩相似，但除底部和中上部少数夹层由普通玄武岩组成外，普遍含橄榄石，含量不定，一般介于10%～20%。橄榄石的特征和分布也与库普库兹满组玄武岩相似，并普遍具不同程度伊丁石化和蛇纹石化。局部夹少许玄武岩质火山角砾岩、角砾熔岩、集块岩或凝灰岩。总之开派兹雷克组玄武岩与库普库兹满组玄武岩岩石特征基本上相似。但岩石组分及造岩矿物的某些特征仍表明两者间存在一定的差异，可能表明在成因上的某些不同。

斜长石成分物无论斑晶还是基质均主要以基性斜长石为主。基质稍偏酸性，局部基质由钠长石组成。矿物特征与库普库兹满组玄武岩相似，同样变化没有规律。辉石成分也与库普库兹满组相似，普通以辉石为主，且没有明显分异，Si、Al 阳离子比例仍表明岩石特征属拉斑玄武岩系列部分投点落入高温的斜紫苏辉石区，并且有富镁质化趋势。

2. 小海子南闸侵入岩性质

巴楚小海子地区侵入杂岩由于小海子水库的兴建蓄水，洼地部分均被水体淹没。小海子水库东岸地势较高地区为基岩主要出露区，包括一系列基性、超基性及中性的浅层—中深层侵入岩组成。基性及超基性岩都以小型浅成侵入体——岩墙或岩脉及岩筒等产状产出，其中辉绿岩最为发育。区内侵入岩的形成年龄与早二叠纪玄武岩相当，基本上属同期产物，不同岩石类型的岩性特征及接触关系如下：

1）辉绿岩

辉绿岩是本区浅成岩类中最主要的岩石类型，主要分布于麻扎塔格侵入杂岩体的外围。部分呈放射状围绕岩体分布，主要呈岩墙较密集侵入于石炭—泥盆纪地层中，并伴生有超基性岩墙及岩筒。辉绿岩宏观都呈灰黑色至绿黑色，斑状结构，斑晶一般都在10%左右，主要由斜长石和单斜辉石组成，常被熔融，呈不规则状，斜长石斑晶和玄武岩中的长石斑晶相似，大部分较洁净透明，聚片双晶发育；双晶法测定主要由An＞50的拉长石组成，局部也有被碳酸岩和绿泥石呈不同程度交代。单斜辉石斑晶的粒度不一，见有细粒辉石集合体组成大小不一的聚斑晶。镜下无色，常略带浅褐色色调。解理一般都较发育，斜消光 $Ng \wedge C=40° \sim 45°$，二轴正晶，主要由普通辉石组成。偶见含橄榄石斑晶，但都已蚀变，主要被蛇纹石和少量碳酸盐交代，仅保留橄榄石假象。基质细粒粒状结构，主要由细粒斜长石微晶，单斜辉石和填间的绿泥石组成，并含较多细粒铁质矿物，有时局部也具不同程度的碳酸盐化。

总之，辉绿岩墙一般规模较小，常见宽度不过数十厘米至数米，结构较细密，宏观及微观岩石特征均与二叠纪玄武岩相似。

2）超基性浅成侵入岩

本区超基性侵入岩较少见，仅在小海子南闸东侧见暗色橄榄辉石玢岩（图 4-8），为本次工作中首次发现并确认。

图 4-8　橄榄辉石玢岩（镜向 S）

橄榄辉石玢岩：仅见于小海子南闸（XN001-6），呈厚约 2m 的岩墙状产出，其中部见一厚 28～30cm 的辉绿岩墙穿侵，二者产状一致（约 275°∠72°）。

岩石呈暗灰褐色，中粗粒似斑状结构，斑晶含量大于 70%，主要由中粗粒自形粒状单斜辉石和较少量橄榄石组成，偶见斜长石斑晶。基质由细粒单斜辉石和斜长石组成，含少许细粒磁铁矿和次生的绿泥石。

单斜辉石斑晶较多（约占 40%），粒度较粗且较自形，镜下无色稍带浅褐，边缘色调偏浓，并具浅褐色至近于无色的不明显多色性，解理和不规则裂隙发育，矿物物性及光学特征与玄武岩中的单斜辉石相同。橄榄石斑晶相对较少（25%左右），中细粒浑圆粒状，无序散布；以无色透明为主，正高突起、无解理、不规则裂隙发育，沿颗粒边缘及裂隙常被蛇纹石交代，并析出少许铁质，二轴晶负光性，2V 大，为贵橄榄石。斜长石斑晶较少（约 5%），较新鲜，双晶较发育，由 An＞60 的基性斜长石（拉长石）组成。

基质呈细粒状结构，主要由斜长石微晶和单斜辉石组成。辉石以不规则细粒状为主，无序穿插于斜长石粒间或局部包于斜长石边缘，副矿物仅见少许细粒磁铁矿，暗色矿物明显增多，斜长石约 10%。岩石化学特征显示超基性向基性过渡的特点。

3. 小海子北闸侵入杂岩性质

巴楚小海子北闸侵入杂岩主要为麻扎塔格碱性杂岩体，位于小海子东岸，北闸南东侧，侵入泥盆纪红色砂岩组成的穹状构造中，与围岩呈整合—不整合接触，地貌上形成陡峻的山峰，岩体形状大体呈南北向稍长的梨状，规模较小。岩石组成较复杂，主体分为两部分，岩体外围主要由灰绿—灰黑色含橄辉石正长岩组成，中部主要由肉红色角闪正长岩组成，两者间的界线不清，多具渐变过渡特征，为涌动侵入接触关系。李昌年等（2001）认为麻扎塔格杂岩体由基性至超基性层状杂岩体组成，正长岩是其分异产物。也有人认为两岩类系不同期岩浆活动的产物，正长岩属晚期岩浆侵入产物，并形成陡峻地貌。本次通过实地观察和岩相学研究，获得大量野外可靠证据，认为系同源岩浆多期侵入形成。不同期侵入岩特点及其侵入关系如下：

1）含橄辉石正长岩

含橄辉石正长岩为分布于侵入体外带，呈不规则状的灰绿至绿黑色深色岩相带，相当于李昌年等（2001）的基性—超基性层状侵入体（代表岩样为 XB001-2、XB002-4 等）。在实地调查中，可见明显的沿缓倾状层节理差异风化，未发现岩石具有明显的层状构造。

该岩相的共同特点为色率偏高，主要呈灰绿至绿黑色中粗粒结构。岩石组分主要由中粗粒半自形粒状斜长石及不规则粒状单斜辉石组成；其中辉石含量不定，粒度粗细不一，形状不规则，并常被绿色角闪石或棕色黑云母交代，常见充填斜长石粒间为主，并常含不定量橄榄石共生。橄榄石以无序包于辉石中为主，分布无规律，一般较新鲜，但晶体边缘及裂隙常被伊丁石及蛇纹石或皂石等交代。据光学法测定，单斜辉石以普通辉石为主，橄榄石以贵橄榄石或透铁橄榄石为主。斜长石局部较多，聚片双晶发育，但双晶纹较模糊。据消光角法测定为中或中偏基性的斜长石为主。围绕斜长石边缘或无序穿插斜长石的钾长石化现象较发育，主要由微条纹长石组成，其特点与下述有关正长岩的主要矿物成分相似。交代作用的程度不定，较强烈交代的情况下，岩石组分几乎全部由条纹钾长石组成并含少量斜长石及暗色矿物共生，有时在钾长石中仍可见不规则斜长石的交代残余（图 4-9），主要表现为岩石结构的不均匀性，交代作用可能在原岩轻度碎裂基础上发育形成；钾长石化主要在暗色矿物较集中的粒间破碎带及长石晶体边缘发育并波及岩石整体，交代残余斜长石不规则裂隙及隐裂隙发育，具有波状消光，双晶模糊一般不易测定成分。

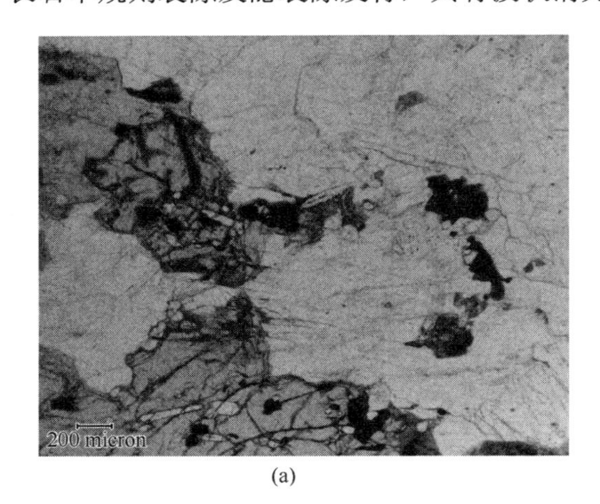

(a)

(b) (后附彩图)

图 4-9 含橄辉石正长岩

XB001-2,（a）单偏光；（b）正交偏光

上述特征表明，侵入杂岩体残留状的暗色岩代表与角闪正长岩属不同期次产物无疑。侵入杂岩的同位素年龄成果也印证了上述认识。

2）角闪正长岩

角闪正长岩主要分布在小海子杂岩的中部，地形上形成高俊山峰。以肉红色中粒粒状结构为特征。岩性与含橄辉石正长岩有明显差异。正长岩体与基性围岩之间由于明显的钾化作用形成一系列过渡性二长岩。掩盖了两者间的接触界线和真正的接触关系，典型正长岩的岩石特征为肉红色中细粒粒状结构，块状构造。岩石组分主要由正长岩（70%～90%）、斜长石（5%～15%）和石英（0～5%）组成。

钾长石以发育较密集的显微条纹结构为特点。在与围岩接触带，常见呈不规则粒状交代较粗粒的中基性斜长石，或呈中细粒不规则粒状充填于粒间破碎带。交代作用较强烈时斜长石的较大部分都被钾长石交代，向红色正长岩过渡，但大部分交代不彻底。因此，常见较粗粒的灰黑色“二长岩”中含辉石及橄榄石共生，这种共生关系在正常岩浆岩中是很少见的现象，在该杂岩体的外围岩带中则较常见。斜长石含量很少，粒度也较细，半自形粒状无序发育于钾长石粒间或局部包于正长岩中，分布无规律，常见以更中长石为主。电子探针分析发现，钾长石均含钠偏高。由于条纹结构非常发育，所以极大地影响了钾长石成分的精确测定，更重要的是在暗色岩带中也测出有富钠质的钾长石（如 XB001-2，XB004-1等），表明钾长石化在暗色围岩中确实存在。斜长石较少，在暗色岩中的以中—细粒斜长石（An＞40）为主。暗色矿物含量较低，主要由浅绿色角闪石组成，以无序穿插于钾长石粒间为主。并常被黑云母交代，并析出较多的细粒铁质。石英含量也较少，一般含量都小于 3%，最多高达 10%左右，主要呈粒状无序散布充填于长石粒间，分布无规律。

3）细晶花岗岩

浅肉红色，呈细岩脉状侵入正长岩体中，典型岩样 XB001-1、XB002-6。宏观岩石特征及岩石组分与正长岩相似，但具细粒花岗结构，岩石组分主要由微条纹正长石及石英组组成，石英含量在 20%左右，他形粒状无序散布于正长石粒间，见少许偏碱性斜长石，暗色矿物也仅见细粒黑云母（3%～5%）无序分布于长石间。

4）脉岩

本区岩浆期后脉岩除三期辉绿岩墙外，见发育煌斑岩脉侵入于正长杂岩体中。细粒闪斜煌斑岩：呈小型岩墙侵入肉红色角闪正长岩体中（图 4-10），宽约 1m。宏观呈灰黑色，致密块状。岩石组分主要由细粒自形柱状角闪石和板条状斜长石组成，以斜长石为主（60%左右），但蚀变强烈，主要被绿泥石和碳酸盐交代，切片都较浑浊，不能测定成分。角闪石相对较少，镜下呈褐棕色至浅褐色，具较明显多色性，也常被绿泥石交代呈浅绿色，光性也较模糊。黑云母少量，浅绿色细鳞片状集合体，具浅绿色至浅黄色较明显多色性，后者可能也与绿泥石有关。副矿物含量相对较多，见细粒榍石和粒状磷灰石。

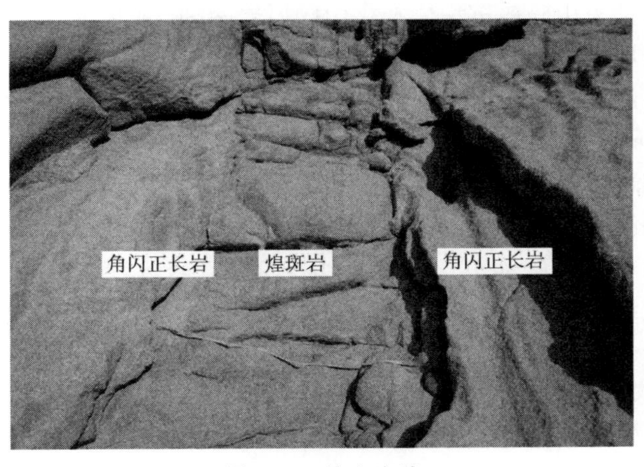

图 4-10　煌斑岩脉

4. 瓦基里塔格侵入杂岩性质

据李昌年（2001）的研究，巴楚瓦基里塔格侵入岩是主要由辉橄岩、辉石岩、辉长岩、正长岩、角砾岩岩筒及晚期的岩脉组成的超基性—基性杂岩。其中隐伏角砾岩岩筒为角砾云母橄榄岩。本次研究主要在岩石特征及与区域岩浆活动规律及成因方面做了必要的补充。

角砾云母橄榄岩呈次火山岩（隐爆）岩筒状侵入泥盆纪红色砂岩层中，岩筒规模不一，共见 6 个露头，但未见与其他侵入岩及玄武岩的直接关系。宏观岩性以灰色为主，角砾状碎屑结构。碎屑粒度及含量不定，碎屑组分主要由单斜辉石橄榄岩碎屑及碳酸盐岩组成，分布无规律。碳酸盐岩屑可能由围岩碎屑组成。因高温岩浆影响常发育接触变质形成透辉石和 Ca-Fe、Ca-Al 系列石榴石集合体围绕灰石碎屑分布。基质具斑状结构，斑晶由橄榄石、单斜辉石和少量金云母组成，局部以单斜辉石为主。基质以金云母为主，且都较新鲜。金云母无色透明，近似白云母二轴负晶，（–）2V=10°左右。可能是含较多碳酸盐岩包裹体的缘故，局部金云母粒间也由较多细粒碳酸盐及石榴石充填。

5. 塔中基岩隐伏区火成岩性质

基岩隐伏区火山岩仅限于钻井岩心取样获得的资料。本次工作仅限于塔中隆起带的中 1 井、中 16 井及塔中隆起带北缘，以及北部坳陷的顺 1 井、顺 2 井及同 1 井等钻孔。取样点分散，地质资料缺乏。大体上塔中隆起以玄武岩及玄武质火山岩碎屑岩为主，局部可能有侵入岩，并引起围岩局部变质。

中 16 井二叠系火山岩分布于井深 3389.5～4518m，奥陶系火山岩分布于井深 4760～4814.5m，岩性相似，以隐晶质块状玄武岩为主，但岩层不连续。中 1 井玄武岩主要分布于火山岩带的中下部，共两层，总厚度在 426m；中 16 井则主要分布于火山岩段的顶部、中部和底部，总厚度约 1128.5m。以中部厚度较大，间夹沉积层以灰岩及砂页岩为主，局部可能有偏基性浅成岩侵入，并引起围岩局部角岩化及矽卡岩化。

1）火山碎屑岩

火山碎屑岩包括火山碎屑沉积岩及火山碎屑岩两种，尤以前者为主，常见为含钙质或硅酸盐化玄武质岩屑砾岩或角砾岩，局部具焊结形成的火山砾岩（样品：中 1-13）。不同火山碎屑岩的碎屑组成基本相同，以致密块状玄武质岩屑为主，粗细混杂，没有分选。且形状各异，结构不同，主要表现为基质结构和微晶含量的变化及杏仁气孔状构造的发育和变化，偶见渣状熔岩碎屑。由于长期埋藏和地下水作用等影响及火山岩本身的不稳定性，常见以碳酸盐化和绿泥石化为主，故该类岩石宏观都呈黄绿色色调或杂色不均匀色调。由于碳酸盐化以碎屑粒间发育为主，并波及周围岩屑，在较大程度上掩盖或混淆了碎屑粒间的胶结物性质和胶结作用特点，并在一定程度上掩盖了火山岩碎屑岩的原岩特征。

2）玄武岩

较典型的玄武岩以隐晶质致密块状玄武岩为主，宏观岩石特征于二叠纪阿克苏沙井子四石场剖面的玄武岩相似。偶见具少斑状结构，斑晶主要由基性斜长石组成，基质以半晶质为主，但除斜长石微晶及少量细粒辉石外，有时不含辉石，主要由隐晶质基质组成。斜长石微晶仍由中至基性斜长石组成。岩石蚀变一般较强烈，以碳酸盐化和绿泥石化为主，且普遍含较多细粒铁质，局部含相对较多的细粒黄铁矿，后者可能与局部岩脉侵入有关。气孔及杏仁状构造也较发育，杏仁体成分主要由碳酸盐、绿泥石和石英组成。局部见杏仁体被黄铁矿交代和充填，表明黄铁矿形成于玄武岩成岩之后。

综上所述塔中隆起带的玄武岩与柯坪—阿克苏二叠纪玄武岩有较大的相似性。前人根据下伏杂色砂页岩与玄武岩的整合接触（火山不整合）关系认为其属二叠系下统，与库普库兹满组相当。但也有人认为塔里木板块基底岩浆活动较复杂，由前寒武纪至海西期有过多次岩浆活动。因此，有关塔里木盆地广布的这套玄武岩的形成时代尚有争议，但倾向性意见认为属二叠纪。综合分析现有资料认为，划归二叠系下统是可信的。

中 16 井二叠系火山岩带的中上部，据中 16-2、16-3、16-4 等样品的详细鉴定，见灰黑色细至中粒辉绿岩状岩脉侵入钙质围岩，并引起围岩局部变质角岩化（图 4-11）及矽卡岩化。前者主要由细粒斜长石和透辉石组成的钙质角岩为主，含团斑状方解石集合体，局部被不规则块状或细脉状钙铁石榴石透辉石矽卡岩侵入和交代。共生的碳酸盐集合体局部含少量浅色云母穿插共生。并在中 16-2 至中 16-13 号样之间，无论灰岩（大理岩）或玄武岩及角岩均含不定量细粒黄铁矿。角岩主要与碳酸盐或碳酸盐细脉共生或交代玄武岩中的磁铁矿，分布无序。偶见交代玄武岩杏仁体中充填的碳酸盐矿物。因钻井取样未采集到侵入体的完整岩样，侵入岩的具体特征尚不能完全确定，但至少表明玄武岩之后或接近同时有浅成岩浆的侵入活动。

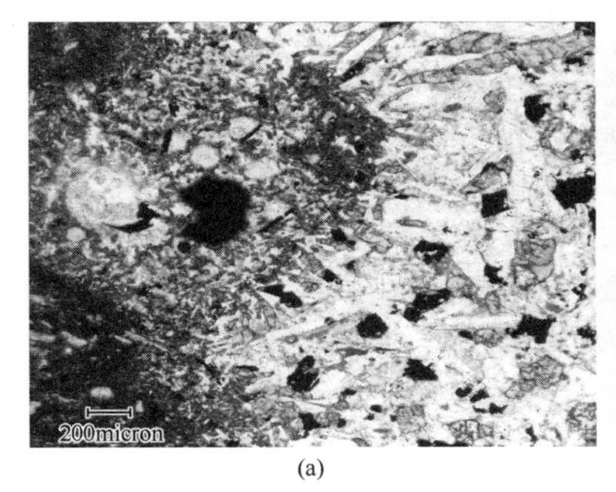

(a)

(b) (后附彩图)

图 4-11　细粒辉绿—辉长岩侵入形成细粒辉石角岩

样品：中 16-4，（a）单偏光；（b）正交偏光

综上所述，塔中隆起带隐伏区（井下）火山岩仍以玄武岩为主，岩性上与柯坪地区玄武岩相似。但两者的具体对比关系有待更深入的研究。

3）英安—流纹岩

本区中酸性火山岩仅见于塔中隆起北侧，塔北坳陷的顺 1 井（顺 1-3、4），顺 2（顺 2-1）及南部同 1（同 1-1）等钻井中。尤以顺 1、顺 2 井为主。岩层分布于不同深度而且厚度不等，但岩性相似。呈褐至褐绿色，斑状结构，常见含凝灰质晶屑共生。斑晶及晶屑含量都在 30%～40%。主要由斜长石、透长石及石英组成，基质以隐晶质为主。斑晶或晶屑一般都较新鲜，但前者常被熔融呈不规则状或具港湾状。斜长石斑晶含量相对较多且较自形，双晶较发育，以钠长石为主，部分稍偏基性。透长石和石英斑晶相对较少（5%～10%），较洁净、透明，不规则震裂隙发育，沿裂隙常被褐铁矿浸染成红褐色，透长石和石英含量大体相当，其中透长石偶见卡式双晶，具假一轴晶负光性。普遍含单斜辉石斑晶，一般<5%，细粒自形粒状或短柱状，常被熔融，Ng∧c>38°，二轴正晶；常见沿晶体边缘及不规则裂隙被绿色角闪石交代，局部被完全取代（顺 1-3）；次生角闪石都具褐黄色至浅黄绿色多色性，干涉色偏低，一级黄红色为主，斜消光，二轴负晶。晶屑、岩屑都较常见，尤以晶屑为主，主要由石英及长石组成，后者以隐晶质霏细质岩屑为主。偶见具花斑状结构的火山岩屑及浅褐色玻璃质岩屑，偶见细粒粒状电气石交代。

综上所述，盆地内部隐伏区井下火山岩主要有玄武岩和偏酸性火山岩两类。两者的分布与板内构造发育和发展有关。

4.1.2　火成岩主要造岩矿物特征

1. 橄榄石

橄榄石在柯坪—阿克苏地区库普库兹满组的玄武岩中分布较普遍（样品 S02-06、S02-07、S02-08、S02-12、S02-14、S02-16、S02-17、S02-19、S02-20、S02-22、S02-23、S02-24），主要以基质世代形式出现，且含量大多数在 10%以上，且普遍遭受蚀变，主要为伊丁石化，也有少数皂石化（S02-06）、蛇纹石化（S02-19）和绿泥石化（S02-20）蚀变。橄榄石多呈半自形粒状或熔蚀状，粒径 1～2mm，无色，在强烈熔蚀情况下空间为基质斜长石充填而形成细粒集合体，常保持橄榄石的晶形。据测定（–）2V 较大（约为 80°），相当于贵橄榄石与透铁橄榄石的过渡类型。据电子探针分析（表 4-2），属 Fo20～50 的铁镁橄榄石、镁铁橄榄石。

小海子北闸麻扎塔格杂岩体也含橄榄石，含量较少，一般不足 5%，中至细粒不规则粒状，主要分布于长石粒间，沿颗粒边缘或裂隙被褐色伊丁石交代，（–）2V<80°，属于透铁橄榄石，电子探针分析数据（表 4-2），为铁镁橄榄石（Fo10～30）。小海子南闸橄榄辉石玢岩中的橄榄石为贵橄榄石（Fo81.62）。

表 4-2　橄榄石电子探针分析结果

成分	橄榄玄武岩				二长岩	正长岩	辉绿玢岩
	S02-12	S02-14	S02-22	S02-24	XB001-1	XB004-1	XN001-6
SiO_2	34.49	42.9	51.03	34.69	34.43	32.32	40.29
TiO_2	0.05	16.36	0.98	0.06	0.03	0.05	0
Al_2O_3	0.18	16.55	4.21	0.02	0.04	0.07	0.09
Cr_2O_3	0.02	0	0.04	0	0.02	0.1	0
FeO	45.34	13.62	34.13	41.23	52.52	58.61	16.68
MnO	0.73	0.17	0.33	0.65	1.5	3.48	0.2
CoO	0.05	0.01	0.05	0.09	0.08	0.02	0.05
NiO	0.05	0	0.09	0.06	0	0	0.24
MgO	18.65	0.63	6.53	22.6	11.19	4.84	42.07
CaO	0.3	2.66	2.51	0.38	0.03	0.27	0.27
Na_2O	0.04	5.9	0.06	0.12	0.09	0.03	0.05

续表

成分		橄榄玄武岩				二长岩	正长岩	辉绿玢岩
		S02-12	S02-14	S02-22	S02-24	XB001-1	XB004-1	XN001-6
K_2O		0	2.2	0	0	0	0	0
ZnO		0.1	0	0.05	0.09	0.08	0.2	0.05
阳离子数	Si	1.0137	1.1071	1.3399	1.0005	1.0520	1.0390	1.0196
	Ti	0.0011	0.3176	0.0194	0.0013	0.0007	0.0012	—
	Al	0.0062	0.5034	0.1303	0.0007	0.0014	0.0027	0.0027
	Cr	0.0005	—	0.0008	—	0.0005	0.0025	—
	Fe^{2+}	1.1144	0.2940	0.7494	0.9945	1.3421	1.5758	0.3530
	Mn	0.0182	0.0037	0.0073	0.0159	0.0388	0.0948	0.0043
	Mg	0.8171	0.0242	0.2556	0.9717	0.5097	0.2320	1.5872
	Ni	0.0012	—	0.0019	0.0014	—	—	0.0049
	Ca	0.0094	0.0736	0.0706	0.0117	0.0010	0.0093	0.0073
	Total	2.98	2.32	2.58	3.00	2.95	2.96	2.98
端元组分	Fo	41.91	25.25	7.53	49.02	26.96	12.19	81.62
	Fa	57.16	74.03	91.32	50.17	70.99	82.83	18.16
	Tp	0.93	0.72	1.15	0.8	2.05	4.98	0.22

2. 单斜辉石

单斜辉石相对较少，一般小于 30%，且都位于基质中。细粒呈不规则粒状，无序散布以穿插于斜长石微晶粒间为主，常局部包于斜长石边缘。部分呈不规则细小团斑包于隐晶质基质中，分布无规律。镜下无色透明为主，稍带浅褐色色调。不规则裂隙较发育，较粗大的颗粒具完全的柱状解理。Ng∧C≈40°～50°，（+）2V 中等或稍偏低，主要由普通辉石组成。

表 4-3 为本区不同层为玄武岩中辉石的电子探针分析结果，塔中二叠纪火山岩中的辉石以单斜高钙辉石为主。在单斜辉石分类图中，投点主要位于普通辉石区，一般认为高钙单斜辉石中铝对硅的取代通常不超过 10%，即 Al_2O_3 的含量介于 1%～3%（Wt%①）。研究区二叠纪玄武岩中辉石的 Al_2O_3 含量介于 1.36%～9.27%不等，且以大于 3%为主。表明区内玄武岩具偏碱性特征，但是不稳定。Na_2O 含量较碱性系列平均值 0.55%（Le Bass，1962）偏低或近似，全碱含量偏高而不稳定，这也表明了上述特点。本区玄武岩中的辉石都没有形成斑晶，以赋存于基质中为主，而辉石中的铁、镁变化较大，没有规律。据 Si 与 Al 的阳离子关系，变化也较大，介于（1.85～1.97）/（0.06～0.18），主要属于拉斑玄武岩系列，部分与无似长石的碱性岩重合（Kushiro，1960）。表明本区玄武岩主要是碱性拉斑玄武岩类型，部分有偏碱性特征。隐晶质基质含量不定，一般在 20%～30%，以黄褐色半透明至灰黑色近于不透明为主，且基本上都以去玻化呈靡细状结构，并被绿泥石及碳酸盐无序交代；局部保留少许浅褐色玻璃质基质。普遍含较多细—微粒质包裹体，后者含量一般都达 5%左右，最多以 10%磁铁矿为主。少许也呈片晶状或不规则状包于长石及辉石中。

① Wt%代表重量百分比。

表 4-3　单斜辉石电子探针分析结果

成分		库普库兹满组				开派兹雷克组			
		块状玄武岩			橄榄岩	玄武岩	橄榄玄武岩		
		S01-3	S01-5	S01-12	S01-23	S02-2	S02-7	S02-12	S02-14
SiO_2		43.13	52.28	51.62	55.55	47.70	50.50	55.45	48.64
TiO_2		0	1.09	1.92	0.08	0.14	1.49	0.06	2.08
Al_2O_3		9.27	1.36	3.17	27.96	8.10	2.37	3.96	3.5
Cr_2O_3		0.02	0	0.02	0.03	0	0.08	0.06	0.04
FeO		31.69	14.19	12.08	0.65	28.27	13.67	28.47	12.96
MnO		0.08	0.35	0.23	0	0.05	0.30	0.35	0.27
CoO		0.06	0	0	0.02	0.05	0.05	0.01	0.05
NiO		0	0	0.05	0	0.04	0.03	0	0
MgO		12.05	13.80	12.70	0.07	12.62	11.47	9.60	11.56
CaO		1.01	16.68	17.92	10.96	1.32	19.62	0.52	20.33
Na_2O		0.25	0.23	0.28	4.11	0.51	0.35	0.53	0.51
K_2O		1.26	0	0	0.49	1.16	0	0.89	0
ZnO		0.08	0.04	0	0.06	0.06	0.07	0.09	0.03
阳离子数	Si	1.7479	1.9647	1.9302	1.8791	1.8455	1.9217	2.1041	1.8562
	Al（Ⅳ）	0.2521	0.0326	0.0698	0.1209	0.1545	0.0783	—	0.1438
	Al（Ⅵ）	0.1807	0.0278	0.0699	0.9938	0.2149	0.0280	0.1771	0.0137
	Ti	—	0.0309	0.0540	0.0020	0.0041	0.0427	0.0017	0.0597
	Cr	0.0006	—	0.0006	0.0008	—	0.0024	0.0018	0.0012
	Fe^{3+}	0.2226	—	—	—	0.0403	—	—	0.0704
	Fe^{2+}	0.8038	0.4489	0.3820	0.0198	0.8714	0.4357	0.9397	0.3408
	Mn	0.0027	0.0112	0.0073	—	0.0016	0.0097	0.0113	0.0087
	Mg	0.7174	0.7742	0.7080	0.0035	0.7279	0.6507	0.5431	0.6577
	Ca	0.0429	0.6726	0.7180	0.3972	0.0547	0.8000	0.0211	0.8313
	Na	0.0192	0.0168	0.0203	0.2696	0.0383	0.0258	0.0390	0.0377
	K	0.0637	—	—	0.0212	0.0573	—	0.0431	—
端元组分	Wo	2.37	34.96	39.12	57.56	57.56	3.16	41.63	1.36
	En	39.59	40.25	38.57	0.51	0.51	41.97	33.86	34.94
	Fs	56.98	23.91	21.21	2.88	2.88	52.66	23.17	61.19
	Ac	1.06	0.87	1.11	39.06	39.06	2.21	1.34	2.51

3. 长石

塔中地区长石类造岩矿物中，既出现碱性长石又出现斜长石。碱性长石主要出现在小海子北闸杂岩体中，碱性长石一般含 Ca〔$Al_2Si_2O_8$〕分子少于 5%；可含有少量 Ba、Sr、Mg、Fe^{2+}、Mn^{2+}及 Fe^{3+}、Ti 等特征，小海子北闸麻扎塔格碱性杂岩体碱性长石据光性鉴定，钾长石中至粗粒，以中粒不规则粒状为主，组成不规则紧密交错结合的粒状集合体，偶见稍呈半自形板状，双晶不发育，但常具交代成因的不规则条纹结构或呈棋盘格状交代结构，局部见不规则或及椭圆形交代残余的斜长石包于钾长石中，其光性为（–）2V 较大（＞80°），为微斜长石，电子探针成分见表 4-4。斜长石普遍在塔中地区造岩矿物中出现，基性中主要以拉长石为主，以基质或斑晶世代产出；中酸性岩中主要以中长石为主，电子探针成分分析结果见表 4-4。

表 4-4　塔中及周边地区火成岩的长石电子探针分析结果

成分＼附注＼样号＼岩石	块状玄武岩					橄榄玄武岩	玄武岩	橄榄玄武岩					
	S01-3	S01-5	S01-12	S01-15		S01-23	S02-2	S02-12	S02-14		S02-22	S02-24	
		斑晶	斑晶	斑晶	基质				斑晶	基质		斑晶	基质
SiO_2	55.32	54.84	54.48	66.63	67.21	59.15	56.82	61.16	55.94	54.40	54.20	54.61	49.63
TiO_2	0.15	0.06	0.10	0.05	0	0.05	1.49	0.24	0.16	0.13	0.09	0.08	0.17
Al_2O_3	28.83	29.81	29.67	21.60	20.61	25.35	18.83	18.06	29.52	28.31	27.76	29.02	27.72
Cr_2O_3	0	0	0	0.04	0	0.10	0	0.06	0	0.10	0.04	0	0
FeO	0.96	0.45	0.52	0.06	0.20	0.72	6.94	1.24	0.42	0.56	1.61	0.44	0.54
MnO	0	0.01	0	0	0	0.02	0.09	0.04	0	0	0.02	0.03	0
CoO	0	0	0.02	0	0.04	0.04	0.02	0.06	0.03	0	0	0	0
NiO	0.02	0.04	0.06	0.04	0.03	0.05	0	0	0.03	0.03	0	0.04	0.02
MgO	0.17	0.11	0.10	0	0.03	0.07	1.10	0.26	0.10	0.09	0.42	0.11	0.09
CaO	9.75	10.05	10.22	0.37	0.46	7.81	8.50	1.96	11.51	10.72	10.11	10.35	11.54
Na_2O	4.23	4.18	4.29	10.76	10.83	5.71	4.80	9.67	4.71	5.02	5.24	4.80	9.75
K_2O	0.56	0.42	0.47	0.45	0.53	0.93	1.34	7.12	0.59	0.66	0.50	0.50	0.51
ZnO	0	0.02	0.09	0	0.06	0.02	0.08	0.14	0	0.07	0.03	0	0.03
以 8 个氧离子 5 个阳离子为基准													
Si	2.5073	2.4721	2.4649	2.9198	2.9513	2.6642	2.8138	2.8737	2.4154	2.4781	2.4962	2.4741	2.3300
Al	1.5400	1.5838	1.5821	1.1156	1.0666	1.3457	1.0990	1.0001	1.5874	1.5199	1.5068	1.5495	1.5337
Ca	0.4735	0.4854	0.4954	0.0174	0.0216	0.3769	0.4510	0.0987	0.5627	0.5232	0.4989	0.5024	0.5805
Na	0.3717	0.3653	0.3763	0.9142	0.9220	0.4987	0.4609	0.8809	0.4167	0.4434	0.4679	0.4216	0.8875
K	0.0324	0.0242	0.0271	0.0252	0.0297	0.0534	0.0847	0.4268	0.0343	0.0384	0.0294	0.0289	0.0305
An	53.95	55.48	55.12	1.82	2.22	40.57	45.26	7.02	55.51	52.06	50.08	52.72	38.74
Ab	42.36	41.76	41.87	95.55	94.73	53.68	46.25	62.64	41.10	44.12	46.97	44.25	59.22
Or	3.69	2.76	3.02	2.63	3.05	5.75	8.49	30.25	3.39	3.82	2.95	3.03	2.04

续表

岩石	玄武岩	角岩	玄武岩	流纹岩		霏细斑岩	二长岩	二长正长岩		二长斑岩		正长岩	辉绿玢岩		辉绿玢岩	辉绿玢岩
样号	中 1-16	中 16-4	中 16-8	顺 1-3		同 1-1	XB001-1	XB001-2		XB002-2		XB004-1	XB007-3		XN001-2	XN001-6
附注/成分													斑晶	基质		
SiO_2	67.7	50.65	62.75	66.84	61.85	69.55	67.89	57.4	65.8	63.7	67.96	66.9	52.03	51.78	51.23	52.61
TiO_2	0.05	1.69	0.11	0.06	0	0.05	0.04	0.13	0	0.06	0.04	0.05	0.09	0.09	0.11	0.09
Al_2O_3	20.46	3.63	23.44	18.71	24.13	19.09	18.54	26.79	19.63	22.81	19.24	21.17	30.5	30.49	31.02	29.8
Cr_2O_3	0	0	0.06	0	0	0.04	0	0	0	0	0.03	0	0	0	0.06	0
FeO	0.15	8.52	0.34	0.12	0.19	0.34	0.12	0.51	0.13	0.26	0.09	0.15	0.69	0.7	0.74	0.8
MnO	0.05	0.17	0.03	0.02	0.03	0.03	0.02	0	0.02	0.02	0.04	0.03	0	0	0	0
CoO	0.03	0.05	0	0	0.03	0.03	0.03	0.01	0.01	0	0	0	0	0	0.04	0.01
NiO	0	0.08	0.04	0.05	0.01	0.04	0.01	0.07	0	0.02	0.05	0	0	0	0.03	0
MgO	0	14.26	0.03	0	0.01	0.05	0.03	0.04	0.02	0.02	0	0.02	0.14	0.14	0.18	0.14
CaO	0.29	20.4	4.84	0.39	6.26	0.07	0.19	8.68	1.18	4.25	0.51	1.55	13.06	13.13	13.21	12.32
Na_2O	11.16	0.53	7.96	3.2	5.97	10.58	5.91	6.09	5.22	7.85	6.5	9.9	3.27	3.38	2.93	3.96
K_2O	0.11	0	0.36	10.56	1.51	0.1	7.11	0.27	7.97	0.94	5.53	0.23	0.19	0.26	0.41	0.2
ZnO	0	0	0.04	0.06	0	0.04	0.11	0	0.02	0.07	0	0	0.04	0.03	0.05	0.07
以 8 个氧离子 5 个阳离子为基准																
Si	2.9633	3.1148	2.7878	3.0208	2.7517	3.0364	3.0338	2.5865	2.9621	2.8235	3.0153	2.9305	2.3749	2.3675	2.3479	3.2636
Al	1.0555	0.2631	1.2273	0.9966	1.2652	0.9823	0.9764	1.4228	1.0415	1.1916	1.0061	1.0929	1.6408	1.6430	1.6755	0.1472
Ca	0.0136	1.3442	0.2304	0.0189	0.2984	0.0033	0.0091	0.4191	0.0569	0.2018	0.0242	0.0727	0.6387	0.6432	0.6487	1.2309
Na	0.9471	0.0632	0.6857	0.2804	0.5150	0.8956	0.5121	0.5321	0.4556	0.6746	0.5592	0.8408	0.2894	0.2996	0.2604	0.0425
K	0.061		0.0204	0.6088	0.0857	0.0056	0.4053	0.0155	0.4577	0.0532	0.3130	0.0129	0.0111	0.0152	0.0240	
An	1.41	95.51	24.60	2.08	33.19	0.36	0.98	43.35	5.87	21.71	2.70	7.85	68.01	67.14	69.53	96.66
Ab	97.96	4.49	73.22	30.88	57.28	99.02	55.27	55.04	46.96	72.57	62.38	90.76	30.81	31.28	27.91	3.34
Or	0.64		2.18	67.04	9.53	0.62	43.75	1.61	47.18	5.72	34.92	1.39	1.18	1.58	2.57	

4. 云母

云母类造岩矿物主要出现在中酸性岩类中，本次塔中火成岩研究中对中酸性岩类主要集中于小海子北闸一带，主要为黑云母，中细粒，自形或不规则片状，无序分布，交代角闪石或穿插于钾长石粒间，棕—淡黄色，解理极发育，电子探针分析结果见表 4-5。

表 4-5　巴楚小海子地区火成岩单矿物云母电子探针分析结果

岩性		正长岩			
样品		XB001-1	XB001-2	XB002-2	XB004-1
成分/%	SiO_2	37.59	39.11	36.84	43.42
	TiO_2	2.74	4.77	6.22	2.18
	Al_2O_3	10.54	12.53	13.03	6.88
	Cr_2O_3	0.03	0.02	0.02	0.05
	FeO	29.06	19.51	21.67	21.64
	MnO	0.81	0.14	0.25	0.9
	CoO	0.09	0.02	0	0
	NiO	0.11	0	0.03	0.07
	MgO	4.99	10.74	8.74	7.56
	CaO	0	0.05	0.03	9.6
	Na_2O	0.42	0.22	0.7	1.89
	K_2O	8.44	8.79	7.69	0.72
	ZnO	0.18	0	0.16	0.18
阳离子数	Si	3.0369	2.9493	2.8328	3.2941
	Al^{IV}	0.9631	1.0507	1.1672	0.6152
	Al^{VI}	0.0405	0.0629	0.0136	
	Ti	0.1665	0.2706	0.3598	0.1244
	Fe^{3+}	0.2374	0.3378	0.3537	0.5523
	Fe^{2+}	1.7261	0.8926	1.0399	0.8207
	Mn	0.0554	0.0089	0.0163	0.0578
	Mg	0.6010	1.2074	1.0019	0.8550
	Ca		0.0040	0.0025	0.7804
	Na	0.0658	0.0322	0.1044	0.2780
	K	0.8699	0.8456	0.7544	0.0697
	Total	7.7626	7.6622	7.6463	7.4477
端元组分	MF	0.2294	0.4935	0.4154	0.3740
	$Al^{VI}+Fe^{3+}+Ti$	0.4444	0.6714	0.7271	0.6767
	$Fe^{2+}+Mn$	1.7815	0.9015	1.0562	0.8786
	Ti/(Mg+Fe+Ti+Mn)	0.0598	0.0996	0.1298	0.0516
	Al/(Al+Mg+Fe+Ti+Mn+Si)	0.1470	0.1641	0.4154	0.0866

4.1.3　火成岩岩石化学特征

主量元素采用 X 荧光光谱（XRF）玻璃熔片法分析。将岩石粉末样品（<200 目）在

105℃预干燥 2～4h，置于干燥器中，冷却至室温。用电子天平准确称取样品和试剂（分析纯 $Li_2B_4O_7$ 5.2000g，LiF 0.4000g，NH_4NO_3 0.3000g，样品 0.7000g），混合均匀，倒入铂金坩埚中，加入 1 滴（0.1mL）溴化锂溶液，将坩埚置于熔样机中，在 1000℃下使样品熔融，冷却成玻璃熔片。其中无水四硼酸锂为溶剂，硝酸铵为氧化剂，氟化锂为助熔剂，溴化锂为脱模剂。试剂与熔样的重量比为 1∶8（稀释试样，主要是为了消除主量元素的基体效应）。

然后放入日本 RIGAKU 公司生产的 RIX2100 型 XRF 上进行测定。标准参考物质选用美国地质勘探局（USGS）的 BCR-2（玄武岩）和国家标准物质中心的 GSR-1（花岗岩）和 GSR-3（玄武岩）。对该标准物质分析结果表明，主量元素分析精度和准确度优于 5%。

火山岩的主量元素特征是进行岩石分类、定名、系列归属确定和研究岩浆起源、演化过程以及制约岩浆形成环境的重要判别依据。因此，主量元素的研究对火山岩极为重要。

对主量元素数据的处理，采用 Minpet 及路远法的 Geokit 系统软件，计算了火成岩的 CIPW 标准矿物组成和相关岩石化学参数。塔中各主要岩浆期次岩石化学特征如下：

1. 早震旦世火成岩岩石化学

早震旦世闪长岩类仅在塔参 1 井中有出露。在全碱—硅化学分类命名图解中，分别落入二长岩及石英二长岩区域内（图 4-12）。石英二长岩的岩石化学成分特点是（表 4-6、表 4-7），SiO_2 含量 64.5%～65.1%，平均 64.92%，$K_2O>Na_2O$，$Fe_2O_3>FeO$，Ca/Al_2O_3 小于 1，里特曼指数 σ 为 3.99～4.29，平均为 4.11。二长岩的化学组分与世界上闪长岩的平均值相近，其明显的特点是 $K_2O<Na_2O$，里特曼指数 σ 为 3.67～4.4。按照 Irvine 碱性与亚碱性的分类方案，早震旦世火成岩属于碱性岩系列，但靠近亚碱性系列。

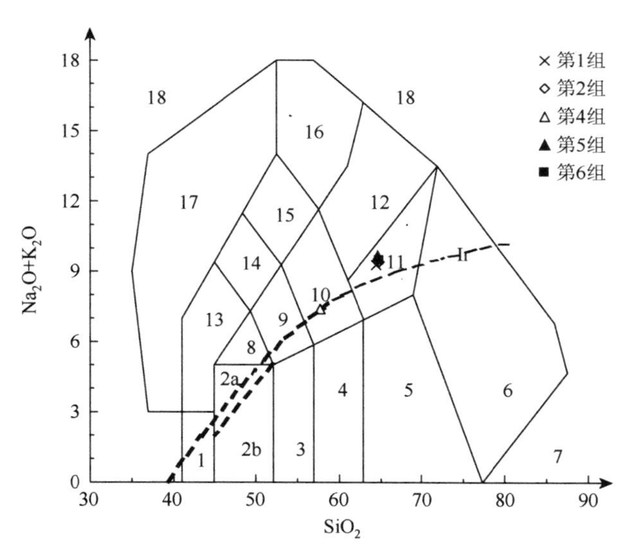

图 4-12　早震旦世火成岩的 TAS 图解

1. 橄榄辉长岩；2a. 碱性辉长岩；2b. 亚碱性辉长岩；3. 辉长闪长岩；4. 闪长岩；5. 花岗闪长岩；6. 花岗岩；7. 硅英岩；8. 二长辉长岩；9. 二长闪长岩；10. 二长岩；11. 石英二长岩；12. 正长岩；13. 副长石辉长岩；14. 副长石二长闪长岩；15. 副长石二长正长岩；16. 副长正长岩；17. 副长深成岩；18. 霓方钠岩/磷霞岩/粗白榴岩；Ir. Irvine 分界线，上方为碱性，下方为亚碱性

资料来源：*Earth-Science Reviews*，vol.37，（1994）：215-224

表 4-6　塔中及周边地区不同岩浆活动期次火成岩的主量元素丰度（Wt%）

时代	样品	岩石名称	化学成分														
			SiO_2	TiO_2	Al_2O_3	Fe_2O_3	FeO	MnO	MgO	CaO	Na_2O	K_2O	P_2O_5	CO_2	H_2O^+	H_2O^-	总计
早震旦世	TC1-1	花岗闪长岩	64.4	0.44	16.69	2.03	1.38	0.25	1.26	3.45	4.5	4.74	0.32				99.61
	TC1-2		64.94	0.42	16.39	2.17	1.23	0.24	1.17	3.21	4.38	5.02	0.32				99.63
	TC1-3	闪长岩	55.54	0.83	16.43	4.97	2.53	0.42	3.05	6.49	4.24	3.31	0.77				100.02
	TC1-4		57.62	0.74	16.6	4.12	2.74	0.51	2.68	5.87	5.01	2.38	0.77				99.98
	TC1-5	花岗闪长岩	64.66	0.4	16.37	1.84	1.2	0.21	1.17	2.99	4.21	5.4	0.32				99.5
	TC1-6		64.81	0.44	16.53	2.02	1.23	0.22	1.21	3.26	4.26	5.23	0.35				99.9
晚震旦—早寒武	X01	玄武岩	45.61	2.03	13.65	5.34	3.99	1.21	4.7	10.94	2.94	0.47	0.32				100.28
	X02		46.22	2.84	15.32	6.45	7.73	0.18	6.02	8.08	3.43	0.71	0.45				100.49
	X03		44.82	2.8	15.62	8.66	6.24	0.26	5.19	5.82	4.09	1.03	0.51				99.71
	X04		45.16	3.07	15.71	7.05	7.42	0.18	5.03	5.88	3.83	1.01	0.52				99.41
晚寒武—早奥陶	和 4		45.1	3.5	14.62	11.34	3.06	0.2	6.46	9.54	2.81	1.1	0.75				100.44
	和 3		45.8	2.98	14.11	10.27	3.56	0.21	5.46	9.63	2.94	1.19	0.82				100.19
早二叠世	S01-03	致密块状玄武岩	50.42	3.24	13.68	4.49	9.19	0.21	3.52	7.77	3.48	1.19	0.63		1.59	0.95	
	S01-05		48.8	3.27	13.24	4.76	9.86	0.23	4.05	8.41	3.31	1.1	0.64		1.54	0.98	
	S01-15		48.56	3.25	14.26	8.63	4.76	0.14	3.82	5.17	4.16	2.53	0.62		3.34	1.1	
	S01-20	安山质凝灰岩	55.02	0.38	12.12	2.82	1.42	0.067	1.73	9.25	1.73	4.9	0.23		0.68	1.08	
	S01-23	细粒橄榄玄武岩	46.55	3.8	13.55	5.53	10.56	0.23	4.15	7.09	3.24	1.66	0.69		1.59	0.98	
	S02-02	块状玄武岩	46.44	3.66	12.71	3.47	13.2	0.26	3.83	7.29	3.6	1.09	1.87		2.01	0.89	
	S02-07	细粒橄榄玄武岩	46.06	3.9	12.4	4.78	12.58	0.24	4.06	7	3.26	1.95	1.7		1.82	0.94	
	S02-10	块状玄武岩	45.19	4.33	13.85	3.95	12.09	0.22	5.07	7.14	3.26	1.77	1.41		1.35	0.82	
	S02-15		44.02	4.91	13.32	15.42	2.23	0.13	2.63	5.87	3.67	3.28	1.45		1.95	0.81	
	S02-16		43.17	4.79	12.82	7.66	9.86	0.23	4.53	7.12	3.07	1.75	1.56		1.4	1.1	
	S02-19		44.28	4.16	14.34	4.33	11.08	0.2	5.39	7.35	3.19	1.5	1.15		1.81	0.76	

续表

时代	样品	岩石名称	化学成分														
			SiO_2	TiO_2	Al_2O_3	Fe_2O_3	FeO	MnO	MgO	CaO	Na_2O	K_2O	P_2O_5	CO_2	H_2O^+	H_2O^-	总计
	S02-20	细粒含橄榄或橄榄玄武岩	46.41	4.28	13.6	4.27	9.97	0.22	4.26	7.21	3.56	1.32	1.32		2.3	1.15	
	S02-22		44.89	4.23	14.04	8.59	7.02	0.17	4.68	7.11	3.06	1.66	1.2		2.59	1.74	
	S02-24		44.08	4.06	14.39	3.11	12.42	0.21	5.68	7.8	3.37	1.49	1.01		1.32	0.72	
早二叠世	中 1-07	玄武凝灰砾岩	47.9	2.12	11.97	6.96	3.72	0.13	5.2	7.05	2.96	2.31	0.47	6.53	2.36	2.24	
	中 1-12	块状玄武岩	43.28	3.18	11.98	8.37	4.42	0.12	4.43	10.17	4.26	1.3	0.69	5.5	1.67	0.53	
	中 1-15		43.17	3.56	14.47	3.77	7.52	0.14	3.93	5.76	4.65	0.57	0.7	5.04	4.03	1.06	
	中 16-03		44.39	3.79	12.01	7.24	7.91	0.27	5.56	8.55	3.3	2.3	0.67	3.08	0.8	0.44	
	中 16-08		41.32	3.79	13.7	5.78	8.41	0.21	5.19	8.77	4.24	0.51	0.75	5.57	1.44	1.07	
	中 16-17		44.84	4.07	13.59	8.2	6.54	0.16	3.15	6.25	5.83	0.63	0.85	3.71	1.52	0.52	
	顺 1-3	含晶屑凝灰质流	65.02	0.71	13.69	3.73	1.9	0.086	0.87	2.06	3.56	5.43	0.2	1.19	0.77	0.52	
	顺 1-4	纹安山岩	66.62	0.71	13.8	2.35	2.34	0.083	0.71	2.13	3.67	5.22	0.2	0.83	1	0.37	
	顺 2-1	晶屑凝灰熔岩	64	0.75	13.54	4.08	1.56	0.03	0.51	2.12	2.8	5.3	0.076	3.05	1.82	1.61	
	同 1-1	安山质霏细岩	70.48	0.36	12.16	1.79	1	0.038	0.55	1.8	4.35	2.91	0.097	1.66	0.97	0.37	
	XB007-3	辉绿玢岩	49.63	3.25	15.42	4.55	6.68	0.16	3.77	7.99	3.41	1.34	0.55				
	XN001-1		49.31	3.16	13.7	4.39	7.56	0.17	4.07	7.06	4.3	1.71	0.5				
	XN001-2		46.6	2.83	14.88	5.38	6.86	0.17	5.92	8.02	3.44	1.31	0.42				
	XN005-1		47.2	3.21	15.38	4.24	7.77	0.16	4.2	7.51	4.41	1.82	0.48				
	XB001-1	含石英二长岩	74.66	0.16	11.89	1.24	0.72	0.039	0.21	0.56	5	4.55	0.02				
	XB001-2	含橄云辉二长岩	54.57	2.11	14.35	2.26	7.29	0.25	2.92	5.55	6.12	2.15	1.03				
	XB002-4		52.71	2.45	15.26	3.21	6.58	0.21	2.61	6.26	5.36	2.41	0.74				
	XB002-2	中粗粒云闪二长岩	59.72	1.17	15.48	1.52	3.97	0.17	1.68	3.41	6.53	3.42	0.33				
	XB003-2		58.16	1.24	17.5	2.21	3.3	0.11	1.85	3.85	6.42	3.7	0.38				

续表

时代	样品	岩石名称	化学成分														
			SiO_2	TiO_2	Al_2O_3	Fe_2O_3	FeO	MnO	MgO	CaO	Na_2O	K_2O	P_2O_5	CO_2	H_2O^+	H_2O^-	总计
早二叠世	XB005-1	中粒石英角闪正长岩	60.3	1.06	15.62	1.94	3.51	0.15	1.4	3.24	6.68	3.21	0.34				
	XB005-3		64.63	0.21	13.54	4.05	0.39	0.075	0.14	1.19	5.75	5.68	0.042				
	XB002-6	花岗细晶岩	69.61	0.35	14.02	1.29	1.24	0.082	0.3	1.15	5.5	5.03	0.046				
	XN001-6	橄榄辉绿玢岩	44.14	1.61	5.94	6	8.07	0.17	17.43	9.72	0.91	0.23	0.15				
	W002-1	角砾云母橄榄岩	29.4	1.72	3.77	9.9	2.34	0.19	18.1	17.29	0.64	1.03	2.18				
	W002-2		30.62	1.62	3.83	8.88	3.01	0.19	18.77	16.46	0.74	1.08	2.22				

表 4-7　塔中及周边地区不同岩浆活动期次火成岩的岩石化学主要特征参数表

样品	（DI）	A/CNK	SI	AR	σ43	σ25	R1	R2	F1	F2	F3	A/MF	C/MF
TC1-1	78.29	0.887	9.09	2.62	3.97	2.17	1484	763	0.63	−1.1	−2.6	2.16	0.81
TC1-1	79.74	0.887	8.41	2.62	4.01	2.22	1499	727	0.64	−1.06	−2.6	2.19	0.78
TC1-1	58.53	0.735	17.03	1.98	4.38	1.87	1211	1187	0.54	−1.25	−2.52	0.93	0.67
TC1-1	61.76	0.772	15.96	1.98	3.66	1.68	1304	1099	0.55	−1.35	−2.55	1.04	0.67
TC1-1	80.94	0.896	8.45	2.54	4.27	2.37	1457	708	0.65	−1.02	−2.6	2.33	0.78
TC1-1	79.61	0.889	8.7	2.51	4.11	2.27	1486	737	0.64	−1.04	−2.6	2.24	0.8
X01	30.45	0.541	27.09	1.32	1.98	0.56	1701	1835	0.41	−1.53	−2.44	0.56	0.81
X02	34.19	0.726	25.02	1.43	3.97	0.8	1281	1507	0.46	−1.53	−2.43	0.45	0.43
X03	42.85	0.848	20.65	1.63	6.93	1.31	860	1250	0.5	−1.5	−2.43	0.47	0.32
X04	40.55	0.869	20.85	1.58	5.54	1.15	1001	12.54	0.5	−1.49	−2.44	0.49	0.33
和 4	30.75	0.631	26.08	1.39	5.64	0.76	1282	1653	0.43	−1.5	−2.4	0.4	0.45
和 3	32.91	0.597	23.31	1.42	4.29	0.82	1312	1627	0.43	−1.47	−2.39	0.43	0.53
S01-3	42.68	0.647	16.1	1.56	2.67	0.86	1419	1303	0.48	−1.45	−2.4	0.49	0.51
S01-5	38.52	0.604	17.55	1.51	2.93	0.82	1367	1393	0.46	−1.46	−2.37	0.44	0.5
S01-15	52.47	0.751	16.19	2.05	6.28	1.9	765	1070	0.51	−1.34	−2.46	0.52	0.43
S01-20	60.63	0.485	13.84	1.9	2.97	1.5	1990	1466	0.52	−1.01	−2.46	1.21	1.68
S01-23	39.05	0.677	16.51	1.62	5.13	1.11	1058	1268	0.48	−1.41	−2.36	0.42	0.4
S02-2	37.88	0.624	15.2	16.1	4.96	1.02	1033	1252	0.46	−1.45	−2.31	0.39	0.4
S02-7	39.9	0.618	15.25	1.73	7.08	1.28	897	1220	0.46	−1.37	−2.3	0.36	0.37
S02-10	38.71	0.684	19.4	1.63	8.79	1.25	903	1310	0.45	−1.41	−2.37	0.4	0.37
S02-15	52.1	0.657	9.97	2.14	18.56	2.51	299	1062	0.46	−1.24	−2.37	0.45	0.36
S02-16	37.67	0.645	16.95	16.4	14.08	1.26	812	1284	0.44	−1.39	−2.33	0.36	0.37
S02-19	36.98	0.709	21.15	1.55	8.78	1.13	968	1377	0.45	−1.44	−2.39	0.41	0.38
S02-20	40.39	0.667	18.22	1.61	4.99	1.11	1058	1296	0.46	−1.45	−2.41	0.45	0.43
S02-22	37.63	0.711	18.94	1.57	6.68	1.11	1031	1316	0.46	−1.41	−2.38	0.43	0.39
S02-24	37.04	0.674	21.79	1.56	11.5	1.23	880	1433	0.44	−1.46	−2.4	0.4	0.39
中 1-7	45.15	0.593	24.93	1.77	3.42	1.21	1397	1378	0.48	−1.36	−2.43	0.44	0.47
中 1-12	40.06	0.445	19.77	1.67	8.87	1.66	708	1680	0.37	−1.51	−2.46	0.43	0.66
中 1-15	48.41	0.772	19.23	1.7	5.91	1.46	786	1241	0.47	−1.56	−2.54	0.57	0.41
中 16-3	40.41	0.512	21.26	1.75	10.29	1.6	775	1488	0.41	−1.39	−2.38	0.35	0.45
中 16-8	36.53	0.584	21.59	1.54	16.15	1.34	699	1582	0.39	−1.59	−2.46	0.42	0.49
中 16-17	52.12	0.628	13.06	1.97	9.93	2.08	293	1163	0.43	−1.57	−2.5	0.49	0.41
顺 1-3	83.17	0.884	5.64	2.65	3.58	2.04	1677	548	0.67	−0.98	−2.5	1.42	0.39
顺 1-4	84.11	0.887	4.97	2.71	3.29	1.92	1808	546	0.67	−1.01	−2.52	1.7	0.48
顺 2-1	81.38	0.954	3.61	2.11	2.97	1.72	1969	547	0.69	−0.96	−2.48	1.55	0.44
同 1-1	87.99	0.896	5.21	3.17	1.88	1.18	2498	480	0.69	−1.22	−2.55	2.39	0.64
XB007-3	41.93	0.714	19.18	1.51	2.89	0.92	1443	1391	0.48	−1.44	−2.48	0.62	0.59
XN001-1	48.47	0.63	18.48	1.81	4.67	1.49	993	1278	0.47	−1.44	−2.48	0.51	0.48
XN001-2	38.51	0.687	26.01	1.52	4.32	1.04	1227	1509	0.46	−1.48	−2.47	0.47	0.46
XN005-1	47.05	0.672	18.72	1.75	7	1.74	772	1363	0.46	−1.44	−2.51	0.57	0.5
XB001-1	92.81	0.839	1.8	7.59	2.89	1.85	2097	307	0.71	−1.09	−2.57	3.79	0.32

续表

样品	（DI）	A/CNK	SI	AR	σ43	σ25	R1	R2	F1	F2	F3	A/MF	C/MF
XB001-2	64.71	0.638	14.08	2.42	5.7	2.32	648	1035	0.5	−1.42	−2.55	0.7	0.49
XB002-4	60.35	0.669	12.94	2.13	5.79	2.18	729	1123	0.5	−1.38	−2.55	0.76	0.57
XB002-2	77.82	0.75	9.81	3.23	5.7	2.87	694	772	0.57	−1.29	−2.65	1.31	0.52
XB003-2	75.64	0.811	10.58	2.8	6.6	3.1	555	858	0.56	−1.27	−2.68	1.44	0.57
XB005-1	79.38	0.767	8.36	3.21	5.46	2.79	735	741	0.58	−1.31	−2.65	1.42	0.54
XB005-3	85.39	0.762	0.88	7.93	5.81	3.36	854	419	0.65	−1.02	−2.6	2.23	0.36
XB002-6	91.78	0.845	2.25	5.54	4.13	2.5	1449	419	0.67	−1.08	−2.62	3.37	0.5
XN001-6	9.63	0.306	53.89	1.16	0.37	0.07	2277	2149	0.36	−1.71	−2.26	0.09	0.28
W002-1	8.98	0.112	57.86	1.17	−0.43	0.41	1314	3288	0.08	−1.71	−2.25	0.06	0.51
W002-2	9.67	0.119	58.91	1.2	−0.57	0.43	1350	3188	0.1	−1.71	−2.27	0.06	0.47

2. 晚震旦世—早寒武世火成岩岩石化学

晚震旦世火成岩在Le Maitre的TAS图化学分类命名图解中，落入玄武岩区域内。阿克苏肖尔布拉克晚震旦世玄武岩的SiO_2为44.82%～46.22%，平均45.45%。与正常玄武岩（包括正常拉斑玄武岩，橄榄拉斑玄武岩，正常碱性玄武岩）相比，SiO_2、CaO的含量偏低，Al_2O_3、Fe_2O_3、Na_2O、K_2O的含量偏高（表4-6、表4-7），在SiO_2-(Na_2O+K_2O)关系图上可以看到晚震旦世玄武岩较富钠质（图4-13）。从TAS图上可以判断晚震旦世玄武岩大部分在碱性玄武岩区。

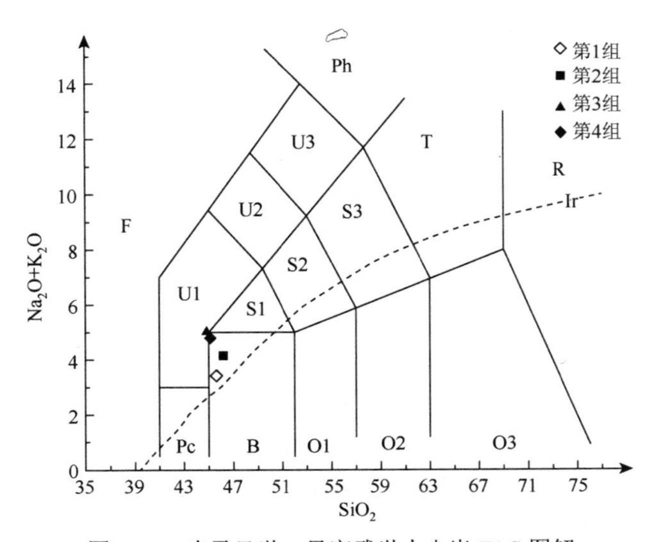

图4-13　晚震旦世—早寒武世火山岩TAS图解

Pc. 苦橄玄武岩；B. 玄武岩；O1. 玄武安山岩；O2. 安山岩；O3. 英安岩；R. 流纹岩；S1. 粗面玄武岩；S2. 玄武质粗面安山岩；S3. 粗面安山岩；T. 粗面岩、粗面英安岩；F. 副长石岩；U1. 碱玄岩、碧玄岩；U2. 响岩质碱玄岩；U3. 碱玄质响岩；Ph. 响岩；Ir. Irvine分界线，上方为碱性，下方为亚碱性

3. 晚寒武世—早奥陶世火成岩岩石化学

晚寒武—早奥陶世火成岩主要在和3井、和4井有钻遇，其常量元素的氧化物含量见表4-6。晚寒武—早奥陶世火成岩 SiO_2 含量较稳定为45.1%～45.8%，与世界玄武岩平均值相比，SiO_2 含量偏低，TFeO（Fe_2O_3+FeO）含量偏高，利用 SiO_2-(Na_2O+K_2O)图解（图4-14）判别晚寒武—早奥陶世火成岩均落在碱性玄武岩区。

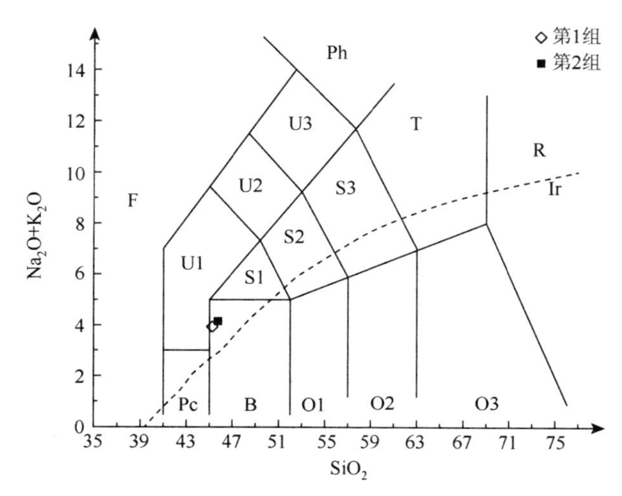

图4-14　晚寒武世—早奥陶世火山岩TAS图解

Pc. 苦橄玄武岩；B. 玄武岩；O1. 玄武安山岩；O2. 安山岩；O3. 英安岩；R. 流纹岩；S1. 粗面玄武岩；S2. 玄武质粗面安山岩；S3. 粗面安山岩；T. 粗面岩、粗面英安岩；F. 副长石岩；U1. 碱玄岩、碧玄岩；U2. 响岩质碱玄岩；U3. 碱玄质响岩；Ph. 响岩；Ir. Irvine 分界线，上方为碱性，下方为亚碱性

4. 早二叠世火成岩的岩石化学

1）火山岩

早二叠世火山岩的常量元素氧化物含量及特征见表4-6、表4-7，由表可知早二叠世火山岩的 SiO_2 含量为38.85%～55.02%，平均值44.06%，与世界玄武岩相比，SiO_2 含量相对偏低，CaO/Al_2O_3 比值（分子数）以小于1为主，从Le Maiter的TAS图（图4-15）来看，早二叠世火山岩主要落入碱性玄武岩、粗面玄武岩、玄武岩区，并且大部分在碱性系列区但靠近亚碱性系列。

2）侵入岩

早二叠世侵入岩主要分布在小海子地区，其常量元素氧化物含量及特征如表4-6、表4-7所示。由表可见，早二叠世侵入岩的 SiO_2 含量为44.14%～74.66%，岩石类型从基性岩到酸性岩均有发育。CaO/Al_2O_3 比值（分子数）绝大多数以小于1为主（仅XN001-6例外），从TAS图（图4-16）来看，早二叠世侵入岩主要落入橄榄辉长岩、辉绿岩（碱性辉长岩）、二长闪长岩、二长岩、石英二长岩、正长岩、花岗岩等区域，小海子地区麻扎塔格杂岩体表现出由偏基性的辉长质侵入岩向二长正长岩—正长岩及花岗质侵入岩渐变过渡，并且从图上可以判断早二叠世侵入岩大部分在碱性系列区，但靠近亚碱性系列。

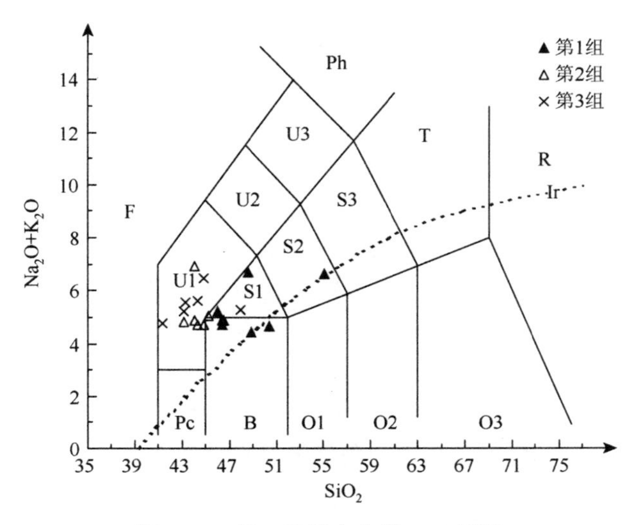

图 4-15　早二叠世火山岩 TAS 图解

Pc. 苦橄玄武岩；B. 玄武岩；O1. 玄武安山岩；O2. 安山岩；O3. 英安岩；R. 流纹岩；S1. 粗面玄武岩；S2. 玄武质粗面安山岩；S3. 粗面安山岩；T. 粗面岩、粗面英安岩；F. 副长石岩；U1. 碱玄岩、碧玄岩；U2. 响岩质碱玄岩；U3. 碱玄质响岩；Ph. 响岩；Ir. Irvine 分界线，上方为碱性，下方为亚碱性

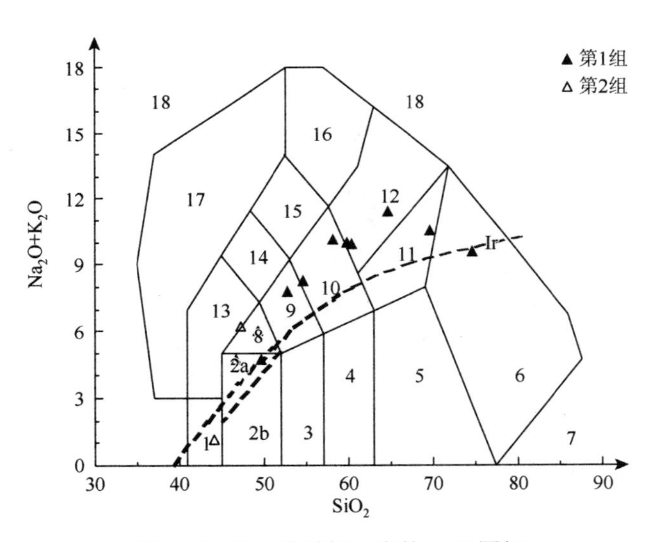

图 4-16　早二叠世侵入岩的 TAS 图解

1. 橄榄辉长岩；2a. 碱性辉长岩；2b. 亚碱性辉长岩；3. 辉长闪长岩；4. 闪长岩；5. 花岗闪长岩；6. 花岗岩；7. 硅英岩；8. 二长辉长岩；9. 二长闪长岩；10. 二长岩；11. 石英二长岩；12. 正长岩；13. 副长石辉长岩；14. 副长石二长闪长岩；15. 副长石二长正长岩；16. 副长正长岩；17. 副长深成岩；18. 霓方钠岩/磷霞岩/粗白榴岩；Ir. Irvine 分界线，上方为碱性，下方为亚碱性

4.2　火成岩岩相特征研究

4.2.1　塔中火成岩岩相特征

根据野外实地调研及钻孔资料的综合分析研究，塔中火成岩岩相及其特征如下：

（1）震旦纪早期火成岩仅见零星钻遇的深成侵入相花岗岩。

（2）震旦纪晚期—寒武纪早期火成岩主要见于塔中基岩隐伏区，发育火山溢流相碱性玄武岩系列岩石组合及浅成侵入相辉绿岩和中深成相闪长岩。

（3）寒武纪晚期—奥陶纪早中期岩浆活动较弱，仅为零星的深成相辉长岩。

（4）早二叠世火成岩相表现为广泛的火山岩相和复杂的侵入岩相组合，形成了塔中地区分布最广的火山岩相碱性玄武岩系列，具有不特征的双峰式组合特点。火山岩在中央隆起及北部坳陷的西段地区呈区域性连片产出，具有至少 5 个火山活动旋回，每个旋回火山岩基本以溢流相开始，柯坪山一带主要表现为溢流相加爆发相的火山岩流层组合；塔中基岩隐伏区就现有钻井资料和二维地震反演成果可知，火山岩既有呈舌状产出的熔岩流，也有成面状产出的熔岩被，顶部有厚度不大但分布面积很宽广的爆发相凝灰岩（远火山口相），局部火山机构附近发育爆发相火山角砾岩（图 4-17）。

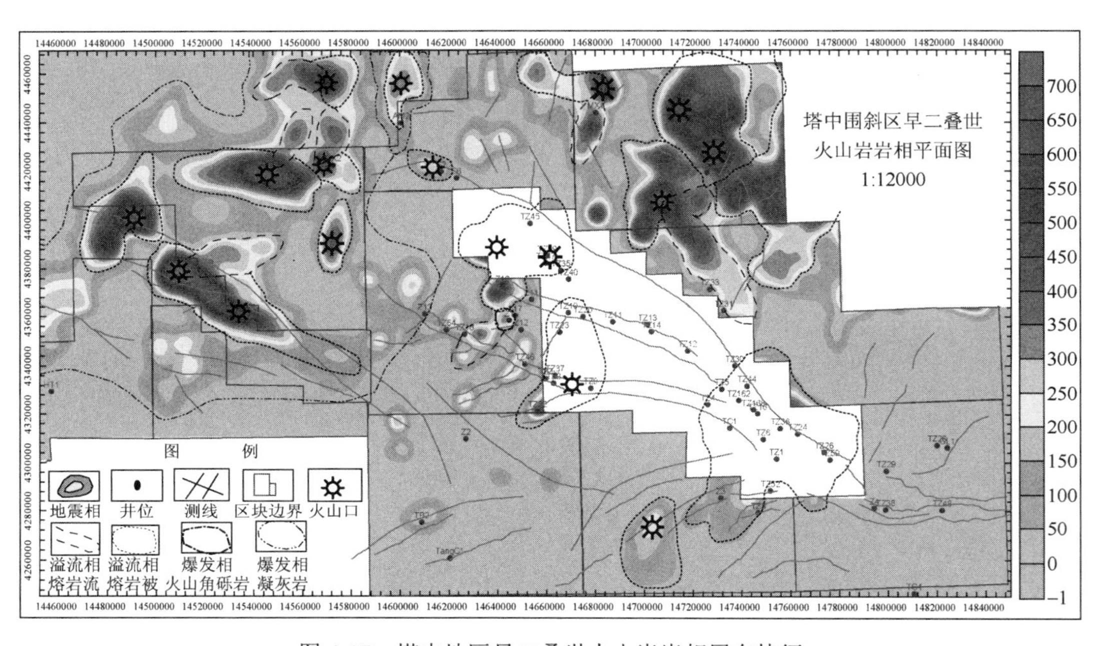

图 4-17 塔中地区早二叠世火山岩岩相展布特征

通过钻井、地震剖面岩相展布特征分析，中央隆起区早二叠世火山活动有中心式喷发和裂隙式喷发。中心式喷发形成产状为岩株等侵入到地层当中的基性侵入岩，这种岩体主要分布在巴楚隆起的西北部和塔中隆起的东部，受 NW 向和 NE 向两组断裂的控制，两组断层交点处作为构造脆弱点。裂隙式喷发形成产状为岩席、岩被等以面积性分布为特点的火山岩，它是中央隆起区最主要的一种火山喷发方式，受断裂控制。

1. 中心式喷发区

通过地表和地震剖面分析，中央隆起区中心式喷发区主要分布区有两个，一个是巴楚隆起西部，如瓦基里塔格火山岩体、小海子地区麻扎塔格火山岩体。另一个是塔中隆起西部和顺托果勒地区。前者在地表可见到岩株的出露，后者在地震剖面上可以看到侵入现象，如 TZ01-448SN 剖面塔中 II 断裂带南侧岩体、602 测线北斜坡岩体、塔中 22、中 1、6、17、顺 2 井钻遇岩体等，在钻井中钻遇浅成岩脉。另外，塔中地区地震剖面上部二叠系为层状、丘形到深部奥陶系表现为侵入体的反射，或断裂带上杂乱反射的剖面很多。通过中 1、16、17 井钻探分析，该类反射普遍为侵入或中心喷发火山活动区。中石油在塔中 40 井区三维地震切片十分明显地刻画出了沿北西向断裂和北东向断裂分布的侵入、喷发岩群（据塔中地区塔中 40 井区三维切片，中石油，2003），形成与黑龙江五大连池相似的火山群。从目前钻遇火山岩厚度分布图可以看出，在塔中西部火山岩厚度巨大，其中中 16 井钻遇火山岩厚度达到 937m。据二叠纪火山岩相及厚度变化可初步确定古火山机构（火山口）（图 4-17）；由图可见，古火山口总体具有北西向线状展布的趋势。陈业全、李宝刚（2004）根据火山岩的岩性及电性特征，对整个塔中地区下二叠统火山岩地层进行了划分与对比。结果表明，以岩流组作为该区火山岩地层划分对比单元，确定了塔中地区西部有 6 期火山喷发，中部有 4 期火山喷发，东部无火山喷发。火山活动由西北向东南逐渐减弱。综合分析，本研究认为 2 号断裂带是塔中隆起上火山活动最强烈的地区，正如前面论述的那样，这个断裂带对志留纪末和二叠纪末油气的聚集起到破坏的作用。

2. 裂隙式喷发区

据程志平等（2005）对中央隆起西部岩浆岩分布图成果分析，基性火山岩带主要沿着吐木休克断裂、卡拉沙依断裂和古董山断裂发育，平面上不连续分布。由此反映了巴楚隆起东部早二叠世火山岩的分布明显受断裂构造控制，火山岩的产状主要为沿深大断裂喷发的裂隙式火山岩，岩浆喷出地表以后，向断裂四周扩散，形成大面积分布的玄武岩岩被、岩盖。另外，从图 4-17 可以看出，二叠系火山岩的分布，既与北西向的断裂有关，也与北东向断裂关系密切。在塔中、巴楚过渡区及其塔中西部是两组断裂发育区，由此形成了二叠系火山岩在巴楚隆起东部厚度大的特点。

综合以上分析可以看出，中央隆起区岩浆活动影响较为突出的地方，有两个区域，第一个是巴楚西北部，其次是塔中西部，主要表现是大量发育的侵入岩体，以岩浆底辟并伴随有大量岩墙的侵入方式为主，对沉积地层尤其是对下古生界的破坏是巨大的。这是本区后期隆升的重要原因。地层残留厚度分析，巴楚西北地区二叠系剥蚀比较严重，在二叠系剥光的区域，因为地层抬升强烈，石炭系地层亦遭到剥蚀，从这一点来看，如果将塔中隆起西部与巴楚西北部的火山破坏强度作个比较，前者的改造相对较弱。在巴楚西北部和塔中西部以外的地区是溢流相广泛发育的区域。火山作用影响范围主要局限在断裂带富集，而在断裂带之间的广大区域，尽管火山岩堆积厚度可达到 400m，但它对下伏地层的破坏作用并不强烈。

4.2.2 卡 1 三维区火成岩岩相建模

1. 卡 1 三维区块火成岩岩相反演方法

1）火成岩相物性特征简述

钻井所揭示的火成岩岩性主要由凝灰岩、安山岩和玄武岩以及火山角砾岩组成。分成四种火成岩相：近火山口（通道）相、火山溢流主体相、远火山口（爆发主体）相和凝灰岩相组成（当然有少量的侵入相）。

通过前面的分析可知，各种火成岩岩性的差异，导致其物性（速度、密度等）特征有一定的差异，总体上有以下差异：凝灰岩相组成，主要由火成岩屑、火山灰等经搬运沉积下来形成的岩相组合，由于与正常沉积岩混杂，所以其速度、密度一般低，而 GR 偏高，纵向上以齿状、横向变化大。远火山口（爆发主体）相岩性主要由凝灰岩组成，岩性组合复杂，其密度、速度相对高于火山沉积岩而低于玄武岩。但因其所处置不同而变化较大，如火山口混杂堆积时可能较低，而远离火山口由于压实强而高。火山溢流主体相岩性主要由安山岩、玄武岩组成，总体上可能速度和密度相对高，纵向上特征较一致，曲线相对平稳，横向变化小。火山通道相岩性组合复杂，因而特征变化较大。

2）基于遗传算法神经网络反演岩相划分方法原理简介

在常规地震剖面上，火成岩的地震反射特征虽然多种多样，但最为典型的地震反射特征为杂乱反射，岩性岩相的组合及变化在常规二维或三维地震剖面上根本无法判识。为此必须选择合适的方法来进行火成岩岩性岩相的检测。

既然各种火成岩相在物性特征上有一定的差异，那么从三维地震数据体中通过反演获得其物性数据体，即可进行岩性岩相的识别。本次研究选择自主开发的基于遗传算法神经网络反演方法进行地震资料的物性反演，方法原理简述如下：

该方法是一种集遗传算法和人工神经网络技术的优势于一体的新技术，它采用混合智能学习方法，这种学习方法是将 BP 算法作为一个算子嵌入到自适应遗传算法中，以概率的方式进行搜索运算，从而快速而精确地找到全局最优解。

遗传算法是一种以生物进化规律为背景提出的一种优化算法，通过对目标问题进行编码，该编码称为染色体，然后对染色体进行选择、交叉、变异等遗传操作，使染色体不断进化，并加入禁忌搜索从而求得最优值。它克服了 BP 神经网络陷入局部最优的问题，并可以以很快的速度达到全局最优解的附近。将 BP 算法和遗传算法相结合可以很好地解决这个问题。在学习的时候，用遗传算法的同时，以一定的概率进行 BP 算法操作可以达到很好的效果，同时概率变化具有自适应性，以实现混合算法的均衡。

将遗传算法和 BP 算法混合的时候，让两种算法自始至终进行，而且两种算法按一定的概率比例进行，如在遗传算法执行时，BP 算法依概率执行，这是对传统的混合方法改进，如图 4-18 所示（图中 TS 为禁忌搜索算法）。

在实际反演中，首先由井点出发，构造测井数据与井旁地震数据的非线性映射关系，形成样本数据，将样本数据读入网络进行训练，并在反演进程中，不断更新非线性映射关系，同时，考虑相邻道的相似性，自动完成整条剖面的反演，以实现地震高分辨率优化非线性反演，获得高分辨率反演剖面。根据不同种类的测井资料，可获得不同的地震参数剖面（波阻抗剖面、速度剖面及密度剖面等）。

本次研究仅对三维数据体进行了高分辨的速度、密度和波阻抗三种参数的反演。

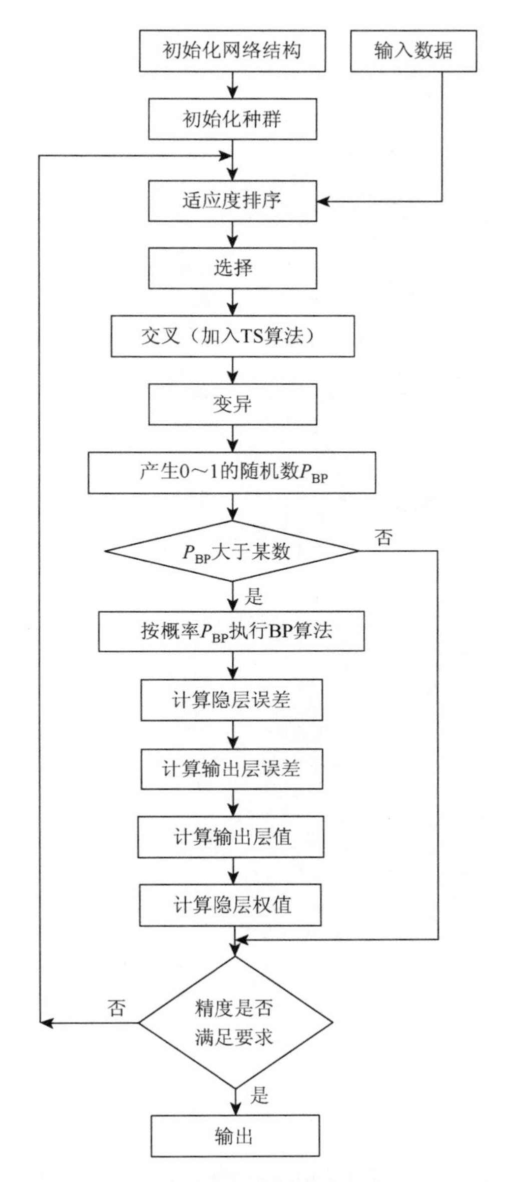

图 4-18　储层地震高分辨率非线性反演流程图

3）卡 1 区块地震物性反演效果分析

把常规地震剖面与反演的波阻抗剖面进行对比，见图 4-19，可以看出波阻抗剖面展示的波阻抗在纵向上变化有序，特征分明，横向上变化清楚，能清楚地反映岩性的组合及变化特征。火成岩段主要发育于 T_5^1—T_5^4，把三种物性反演剖面进行对比（图 4-20～图 4-22），从速度、密度剖面上可以看出，物性反演剖面与井旁测井曲线高低对应准确，分辨率较高，反映出此次物性反演效果较好。从两种物性剖面对比看，速度剖面细节清楚，密度剖面细节稍差，但反映的岩性总体面貌更清楚。波阻抗剖面结合了两者优势，既体现了岩性横向变化的细节，又对岩性总体特征有清楚的展示。

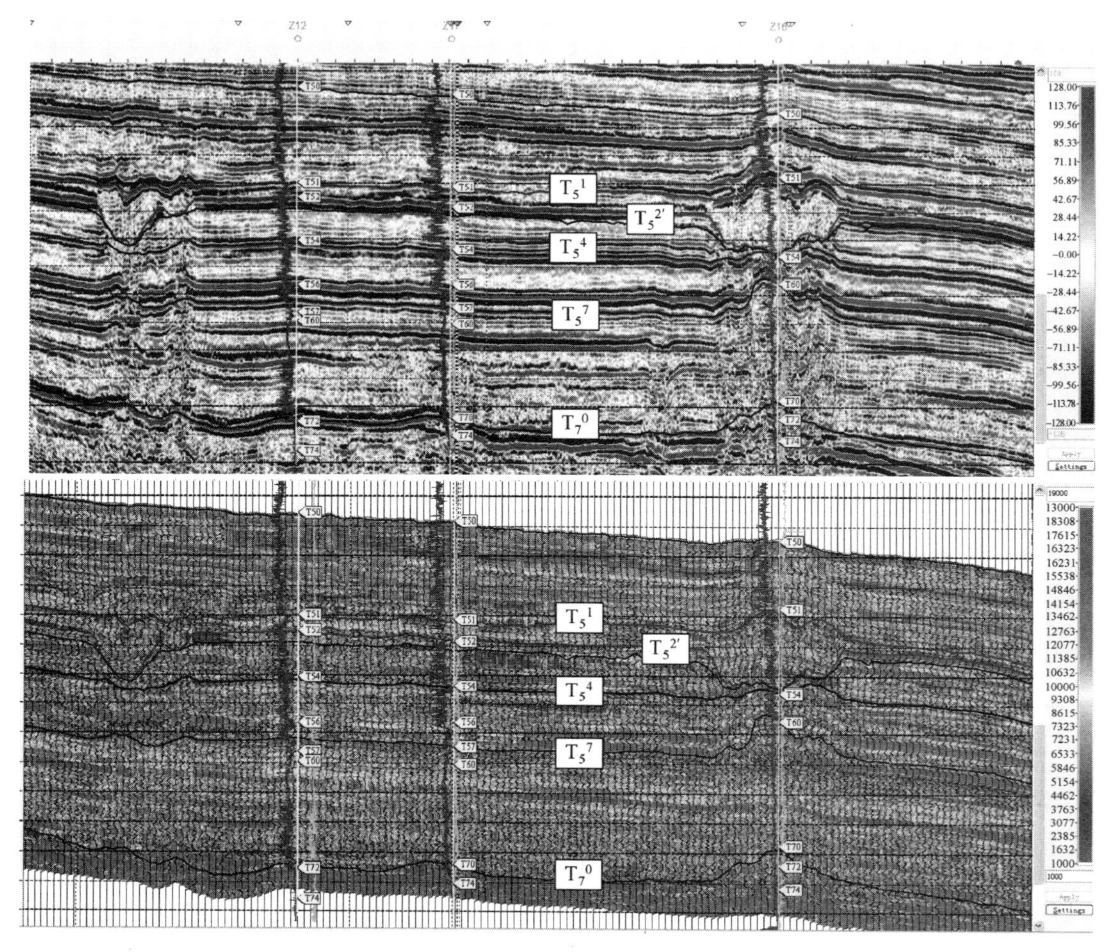

图 4-19　卡 1 区块 NW—SE 向 Z12-Z17-Z16 连井地震剖面与波阻抗反演剖面对比图

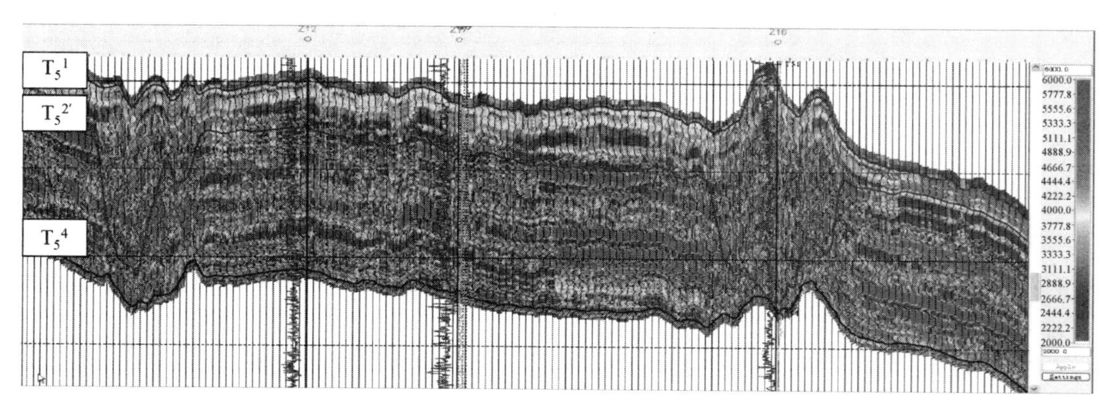

图 4-20　卡 1 区块 NW—SE 向 Z12-Z17-Z16 连井速度剖面

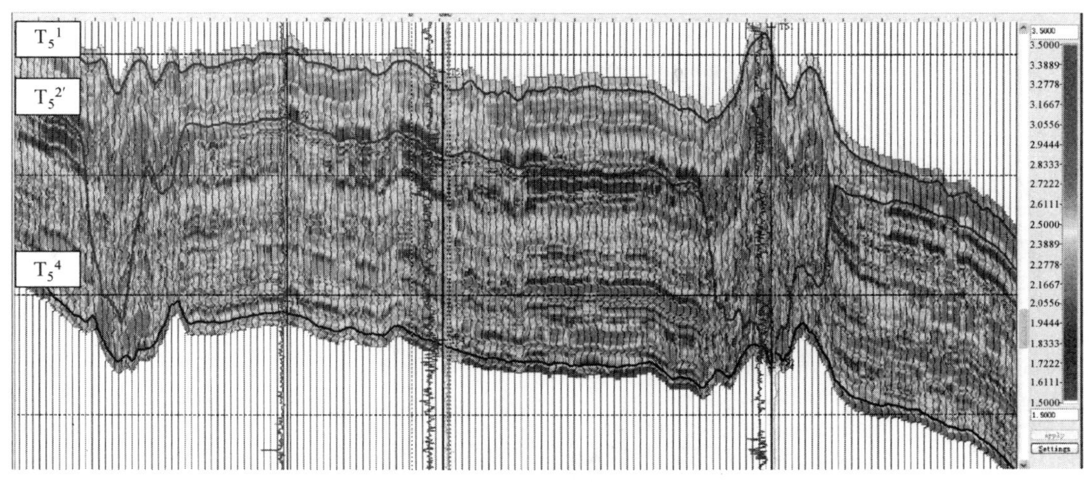

图 4-21　卡 1 区块 NW—SE 向 Z12-Z17-Z16 连井密度剖面

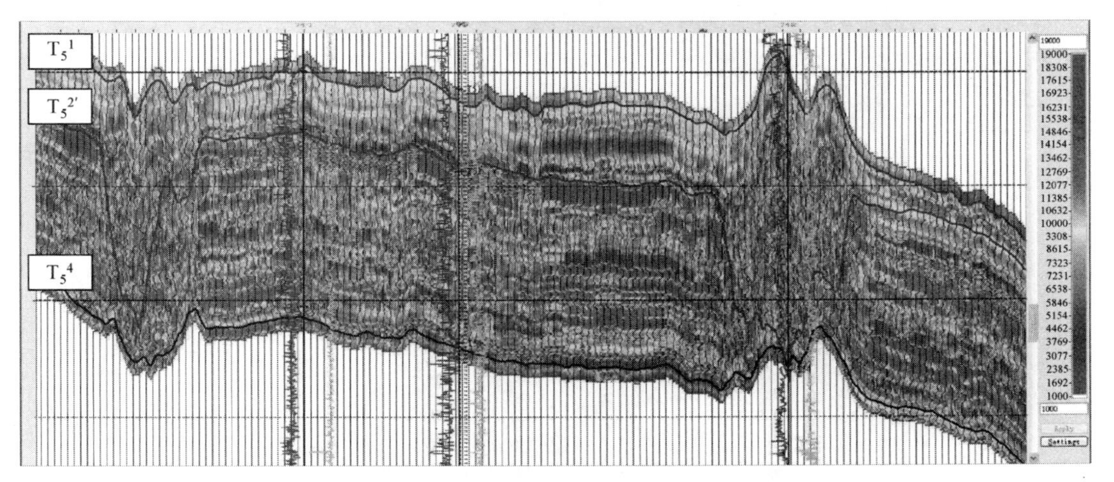

图 4-22　卡 1 区块 NW—SE 向 Z12-Z17-Z16 连井波阻抗剖面

2. 卡 1 三维区块火成岩岩相纵向组合特征

为了更清楚地揭示钻井岩性组合及变化在物性剖面的响应特征，选择了研究区内过几个火山口（Z16、Z12）的一条 NW—SE 向连井物性剖面，嵌入钻井岩性柱状图，进行对比分析（图 4-23 和图 4-24）可以看出，纵向上波阻抗和密度是高低间互，横向上具有一定的连续性。在 Z16、Z18、Z1 井的火山口位置，在纵向上可以明显分辨出有五组高低物性间互的组合（图 4-23 和图 4-24 中①～⑤），上两层全区基本都有分布，为相对低密度、低阻抗特征，以喷发相为主；第③层分布于 Z16 以南，以溢流相的玄武岩、安山岩夹火山角岩相，岩性较为混杂。但密度和波阻抗值明显较高；第④和⑤层仅分布于火山口通道底部，④层基本以喷发相的凝灰岩为主，密度和阻抗相对较低⑤层基本上以溢流相的安山岩和玄武岩为主，密度和阻抗相对较高。从东西—南北向的波阻抗剖面与岩性组合对比来看（图 4-25 和图 4-26），物性同样具有以上特征，东西向物性变化比南北向更快。

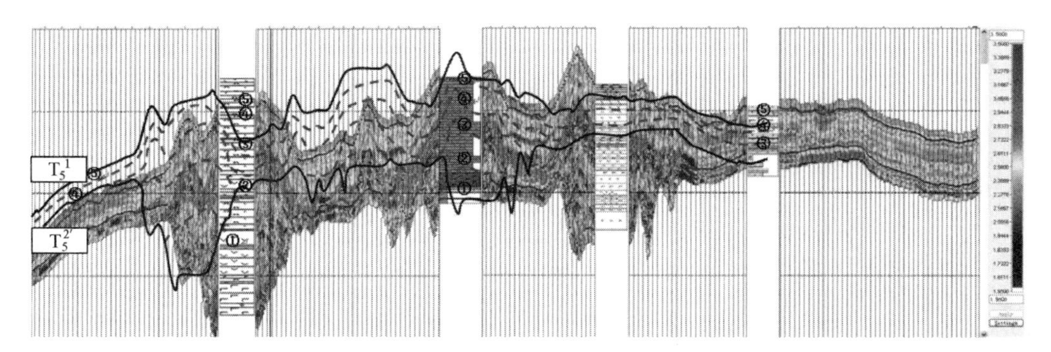

图 4-23　卡 1 区块 NW—SE 向 Z16-Z18-Z1-Z12 连井岩性与密度剖面对比图

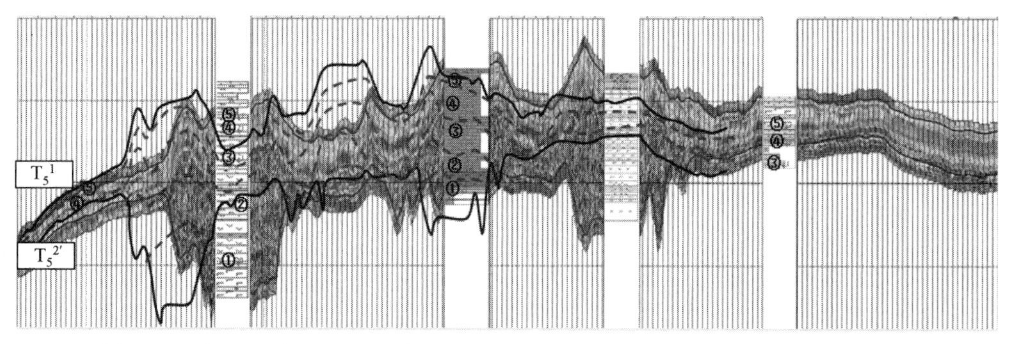

图 4-24　卡 1 区块 NW—SE 向 Z16-Z18-Z1-Z12 连井岩性与波阻抗剖面对比图

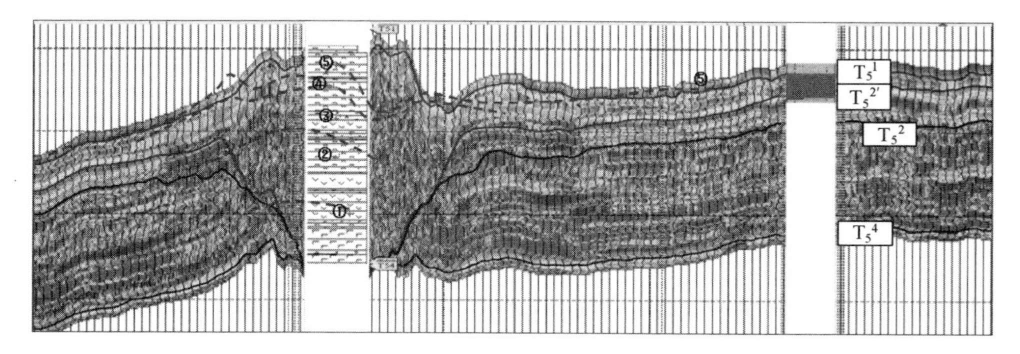

图 4-25　卡 1 区块 EW 向 Z16-Z11 联井岩性与波阻抗剖面对比图

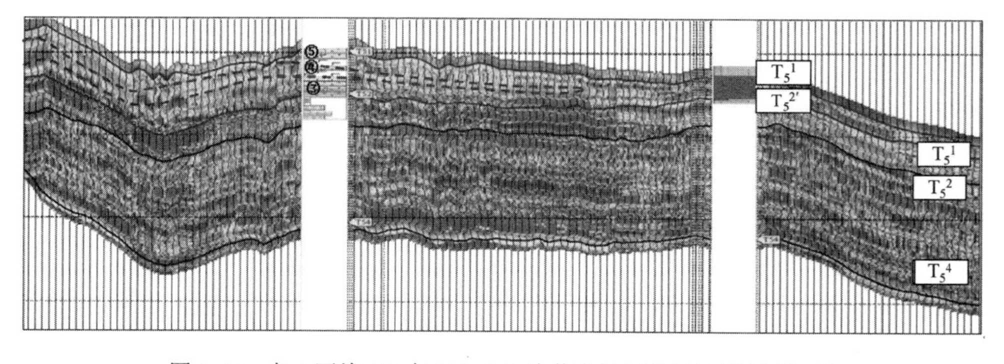

图 4-26　卡 1 区块 SN 向 Z12-Z11 连井岩性与波阻抗剖面对比图

从图 4-27、图 4-28 的物性切片图上同样可以看出，物性参数纵向上具有高低交互变化的特征。根据以上分析，可以认为卡 1 区块火成岩岩相纵向上具有喷发相与溢流相间互、横向上交织分布的特征。

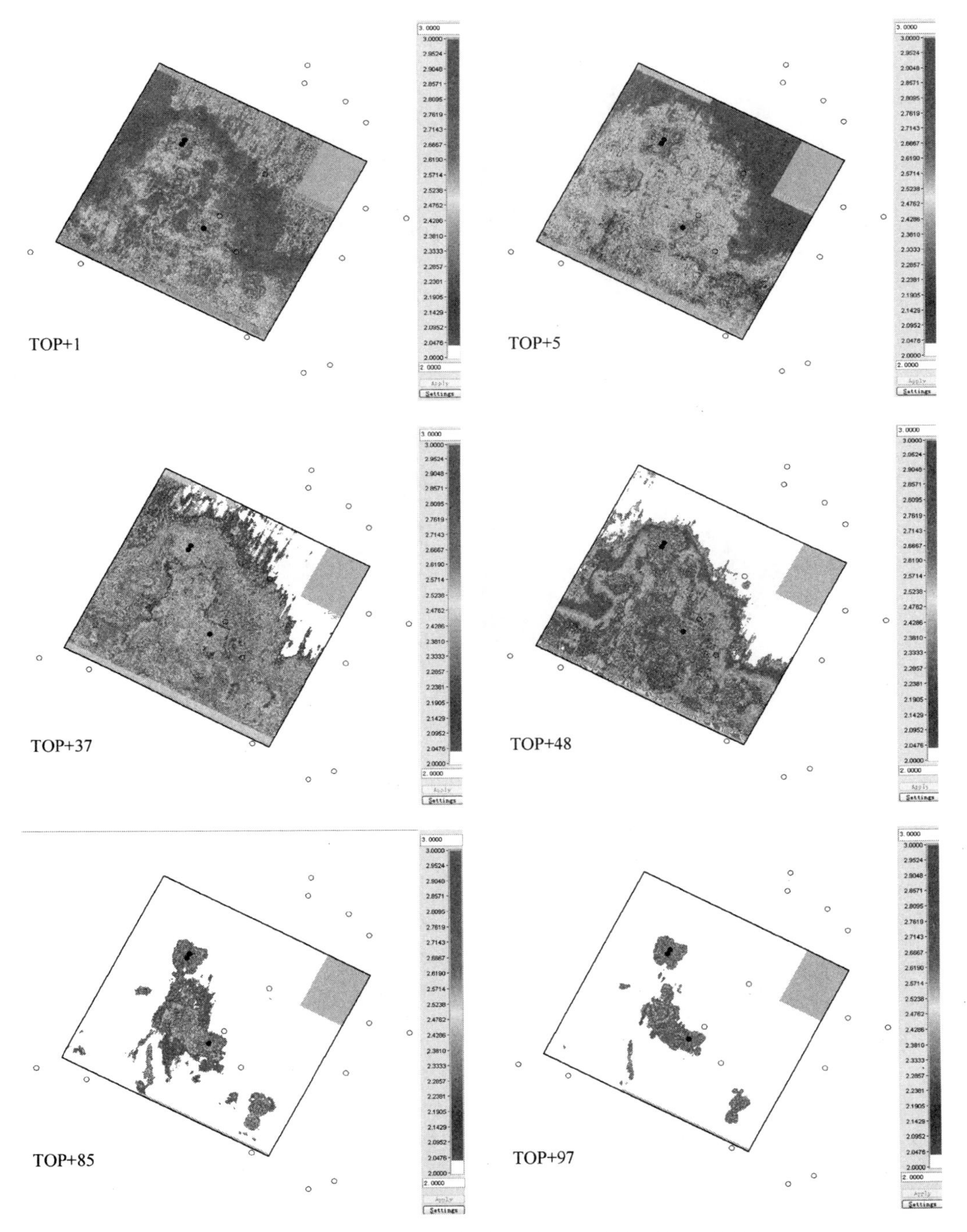

图 4-27　卡 1 区块密度沿 T_5^1 层水平切片反演图（后附彩图）

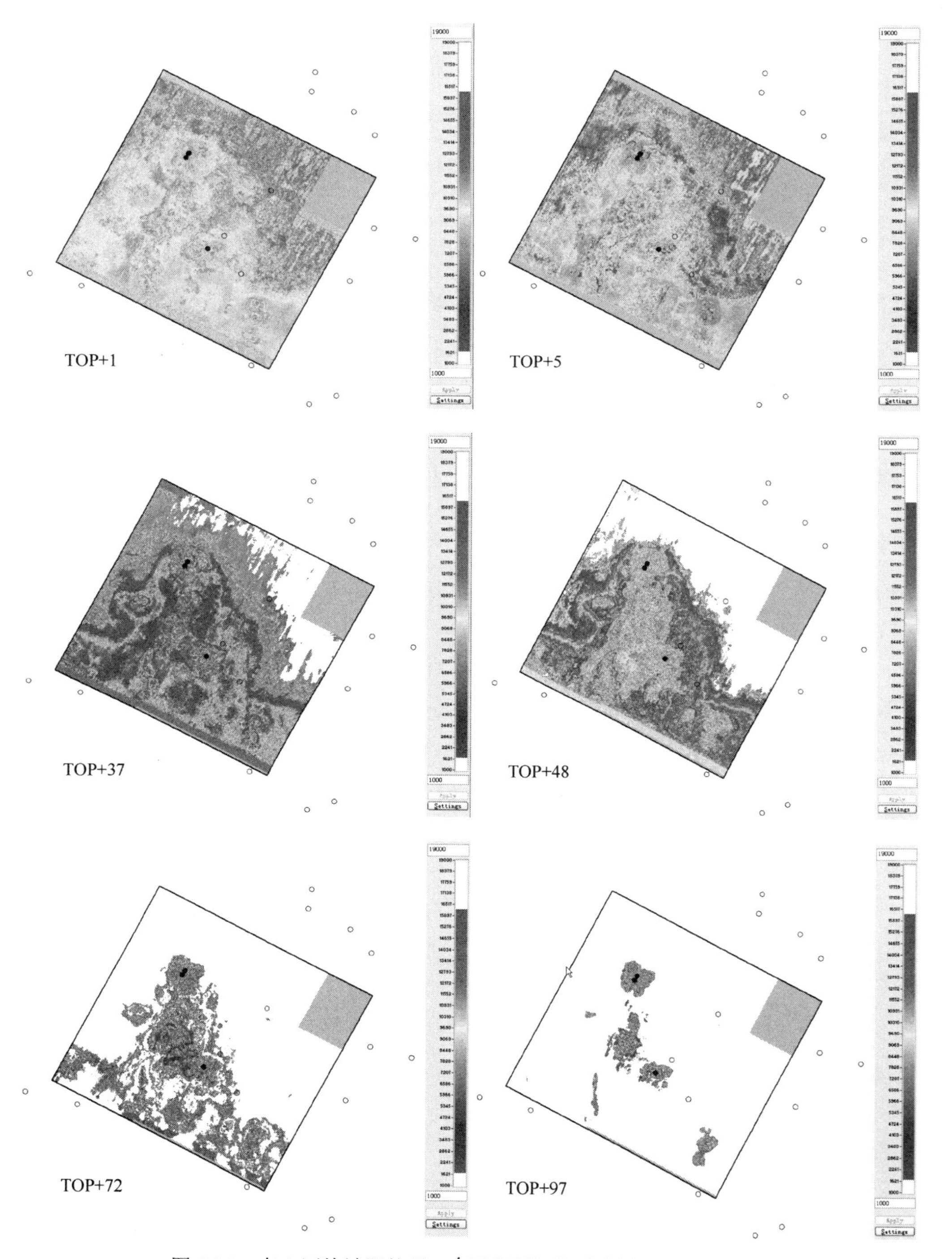

图 4-28　卡 1 区块波阻抗沿 T_5^1 层水平切片反演图（后附彩图）

3. 卡 1 三维区块火成岩岩相平面分布特征

前面的分析清楚地揭示了火成岩岩相纵向变化，说明了反演的物性参数能反映岩相特征。为此对火成岩段（T_5^1—$T_5^{2'}$），分两类（累计值和均方根值）提取了的三种物性反演参数，经网络化形成平面图（图 4-29～图 4-31），用来揭示火成岩岩相的平面展布特征。其中均方根图表示了物性参数平均分布状态，而累计图可能描述物性总体特征。

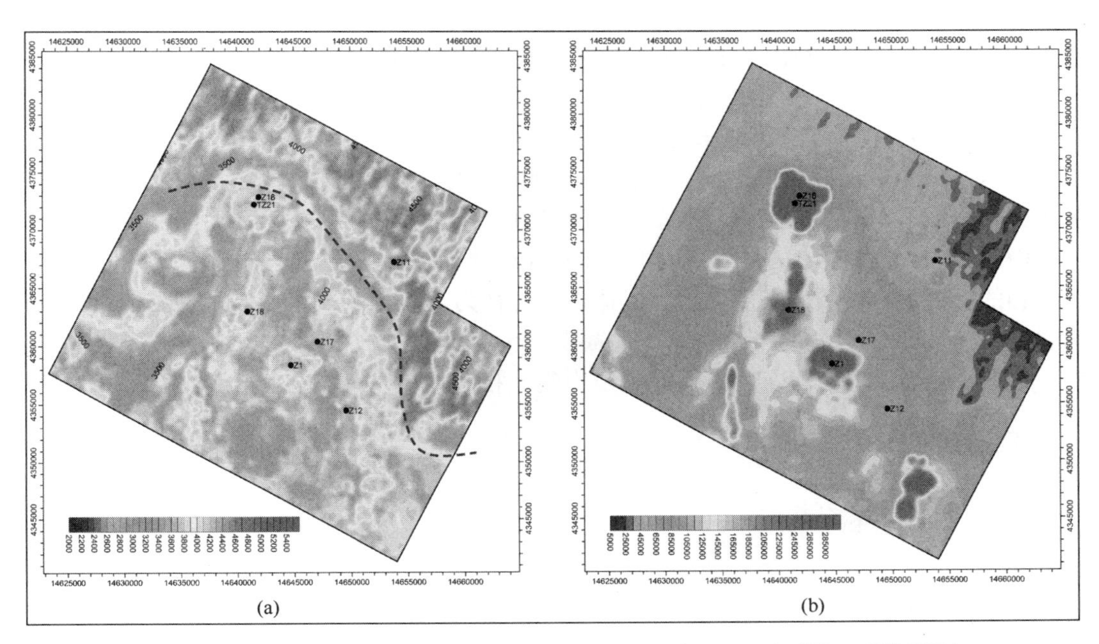

图 4-29　卡 1 区块火成岩均方根速度（a）和累计速度（b）平面图（后附彩图）

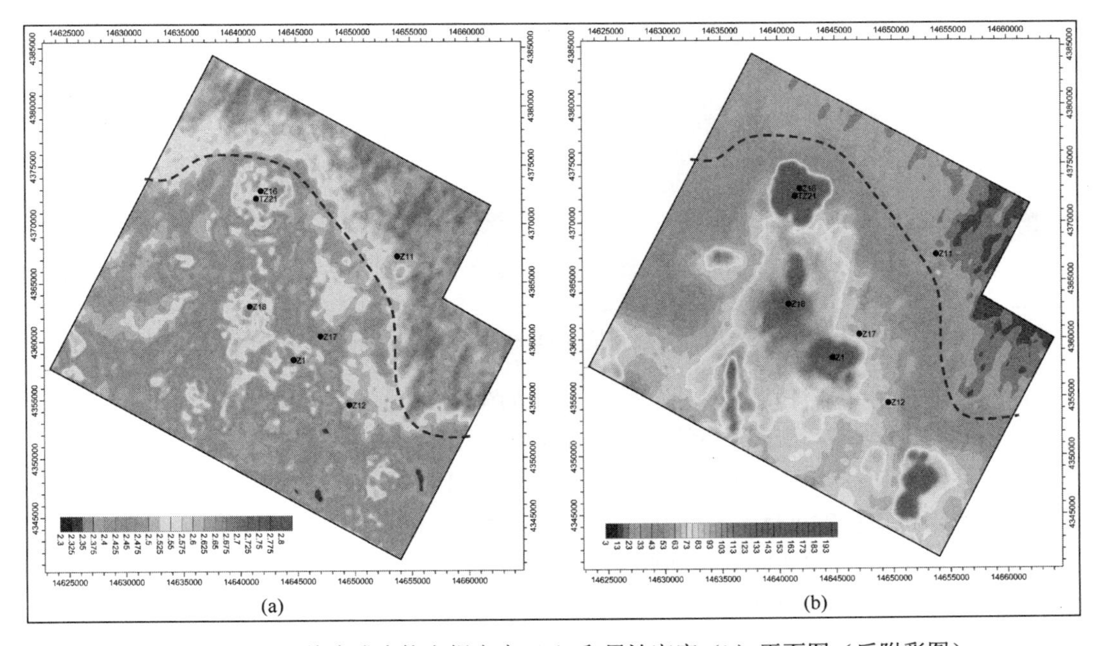

图 4-30　卡 1 区块火成岩均方根密度（a）和累计密度（b）平面图（后附彩图）

从三种物性参数图的分布面貌来看，它们表示的物性特征基本相同，均方根速度、密度和波阻抗值在虚线以北为大片高值区，从图 4-29～图 4-31 的 Z11 井来看，实际上这是由于该区域火成岩段时窗短，但物性值高，因而平均后呈高值。从岩性看，主要是厚层凝灰岩分布区，由于岩性单一、压实好，因而质地密、密度大、速度高。从累计图上看，Z11 井所处的虚线以北就是大片低值区了。虚线以南的广大区域，均方根图为高低值呈点状不均匀分布，Z16、Z18、Z1 井火山口区相对高值，向周围变低。同时物性高值有由北向南呈条带状分布趋势，反映当时古地貌可能有北高南低的特点，造成火山喷发（溢流）物向南流动的特征。在物性累计图上可以明显看出四个极高值区：Z16、Z18、Z1 和 Z12 南东，这是火山口喷发和溢流出口，由火山物质的大量堆积而成，此区火成岩岩性混杂，各种火成岩如凝灰岩、安山岩和玄武岩以及火山角砾岩都存在（图 4-30、图 4-31），因此为火山通道（火山口）相；围绕火山口的橘黄色区域，钻井显示岩性组合复杂，但主要以溢流相的玄武岩、安山岩为主，因此主体岩相可视为溢流相区；再往外绿色区域，钻井显示岩性组合复杂，但主要以喷发岩相的凝灰岩为主体；虚线北的蓝色区域仅有一口井：Z11 井，岩性为厚层状凝灰岩，因此可视为喷发相区。

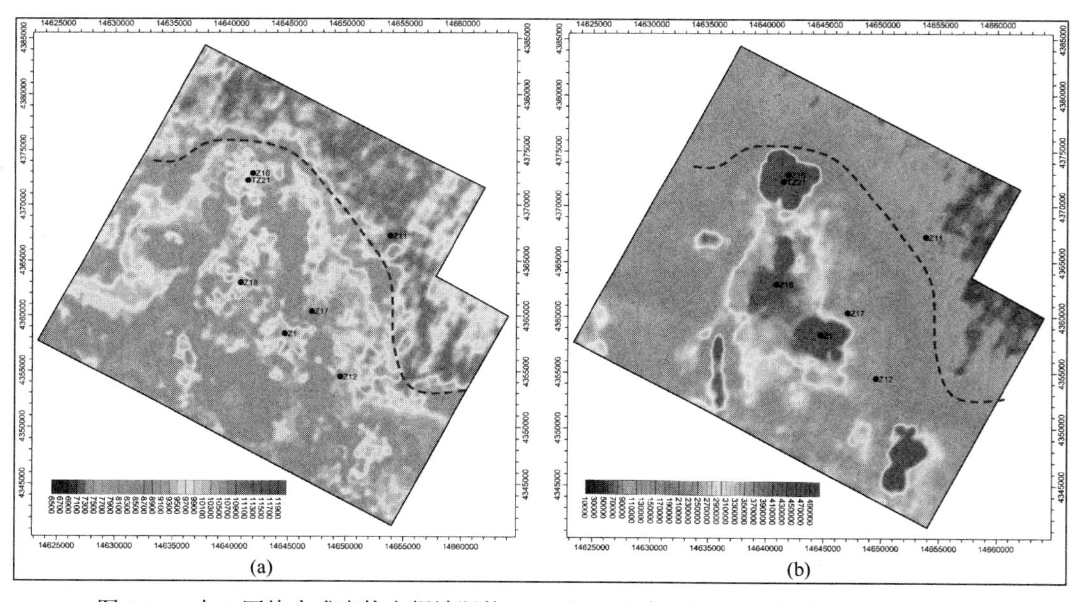

图 4-31　卡 1 区块火成岩均方根波阻抗（a）和累计波阻抗（b）平面图（后附彩图）

由此，结合钻井岩性特点，根据累计波阻抗图，按其值分为四段，对卡 1 区块火成岩岩相进行划分，各相区平面分布特征如图 4-32 所示：

累计波阻抗值：＞390000，近火山口（通道）相区；

累计波阻抗值：240000～390000，火山溢流主体相区；

累计波阻抗值：140000～240000，远火山口（爆发主体）相区；

累计波阻抗值：＜140000，凝灰岩相区。

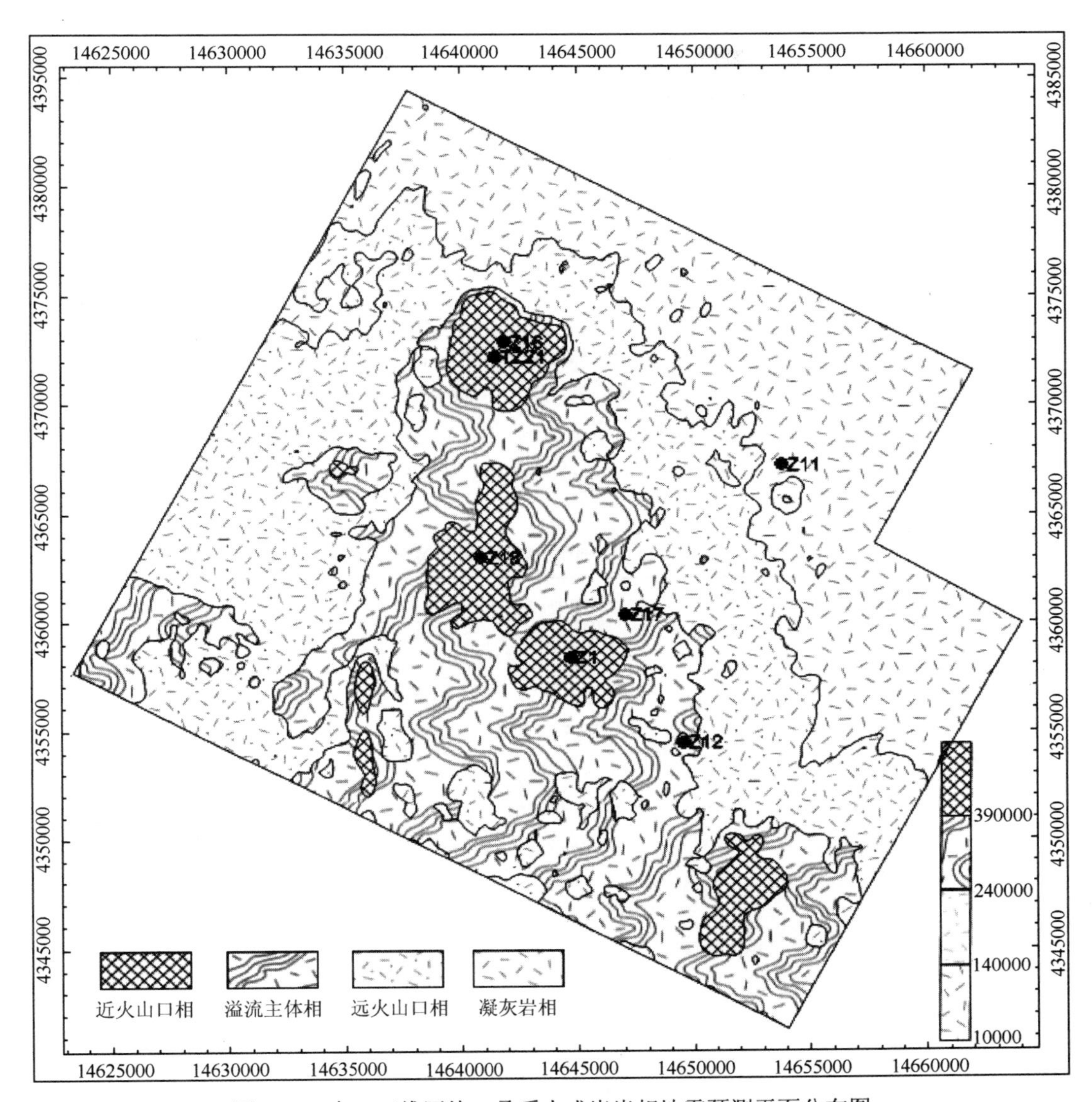

图 4-32　卡 1 三维区块二叠系火成岩岩相地震预测平面分布图

第 5 章　中央隆起带火成岩年代学及发育期次

5.1　露头区火成岩年代学特征

同位素年代学是现代地质构造研究中一个十分重要的方面。目前的同位素定年方法对研究火成岩及变质火成岩的形成时代是行之有效的（表 5-1）。对于塔中—巴楚地区岩浆岩，已有许多研究者对其进行了大量同位素及古生物年代学研究。本书在充分收集、归纳、分析和总结前人研究成果基础上，补充了必要数量的同位素研究，采用同位素年代学与古生物年代学相结合的方法，对塔中地区火成岩的形成年代进行了系统综合的讨论。

表 5-1　塔中—巴楚地区火成岩同位素测年统计表

样品	测试项目	测试结果/Ma	数据来源
开派兹雷克玄武岩	K-Ar 测年	259±0.9	王廷印，1988
柯坪玄武岩	K-Ar 测年	259.8±0.9	陈汉林，1997
小海子水库石英正长斑岩	U-Pb 测年	277±4	杨树峰，2006
四石场开派兹雷克组玄武岩	K-Ar 测年	278.0	贾承造，1995
柯坪塔格岩浆岩	U-Pb 测年	287±20	李勇等，2007
麻扎塔格岩浆岩	U-Pb 测年	283±3	李勇等，2007
顺 1 井二叠系安斑岩	U-Pb 测年	285±11	李勇等，2007
沙井子开派兹雷克组玄武岩	LA-ICP-MS	287±20	李曰俊，2005
巴楚辉绿岩墙	Ar-Ar 测年	292.0±0.5	陈汉林，1997
沙井子库普库兹满组玄武岩	LA-ICP-MS	294±21	李曰俊，2005
瓦基里塔格岩浆岩	U-Pb 测年	295±21	李勇等，2007
顺 8 井二叠系花岗闪长岩	(U-Th)/He 测年	320.06	邱楠生，2008
巴楚一间房闪长岩	U-Pb 测年	321.2±8.2	赵锡奎，2010
顺 1 井二叠系凝灰岩	(U-Th)/He 测年	334.74	邱楠生，2008
和 4 井辉长岩	^{40}Ar-^{39}Ar 测年	493.3±2.4	赵锡奎，2010
方 1 井辉绿岩	^{40}Ar-^{39}Ar 测年	570.4±2	赵锡奎，2010
同 1 井震旦系安山岩	K-Ar 测年	701	赵锡奎，2010
塔参 1 井 Z 花岗闪长岩	^{40}Ar-^{39}Ar 测年	890.65±1.94	赵锡奎，2010
塔参 1 井 AnZ 花岗岩	Ar-Ar 测年	931.68±0.73	李曰俊，2005

周棣康在“七・五”期间从区域构造演化角度提出塔里木盆地早加里东期被动大陆边缘背景的认识；本书通过对柯坪—巴楚地区锆石 U-Pb 测年以及钻井岩屑分析，认为

研究区加里东早期表现为持续伸展背景，存在多期火山活动（以中、基性侵入岩为主（安山岩—辉绿岩））。李曰俊（1999）、宋文杰（2003）对瓦基里辉长岩采用全岩 ^{39}Ar-^{40}Ar 呈获得前震旦纪的同位素年龄值。赵锡奎（2010）也曾对塔参 1 井花岗闪长岩中角闪石样品进行 ^{40}Ar-^{39}Ar 同位素年代测定，等时年龄为（933.65±7.14）Ma，即岩体侵位时代为新元古宙中—早期，同时也对同 1 井的安山岩进行 K-Ar 测年，结果为 701Ma，应属前震旦纪火山活动产物，与李曰俊等（2005）的测试结果相结合，可以证实塔里木盆地在前震旦纪存在伸展背景。另外赵锡奎(2010)对方 1 井 4665m 处的玄武岩进行 ^{40}Ar-^{39}Ar 测年，结果为（570.4±2）Ma，认为该套玄武岩属于晚震旦世末期—早寒武世火山活动的产物；对和 4 井、和 3 井辉长全岩样进行了 ^{40}Ar-^{39}Ar 快中子活化法同位素地质年龄分析，分别获得主坪年龄值为（493.3±2.4）Ma 和（515.7±1.8）Ma，属于晚寒武世—早奥陶世火山活动的产物，可见研究前震旦—早奥陶世处于一个持续拉张的伸展构造背景，发育多期热事件叠加。

另外巴楚地区二叠纪的岩浆作用遍布全区，火山岩分布与柯坪断隆南大断裂带、色力布亚—玛扎塔格断裂带、阿恰—吐木休克大断裂带、和田河大断裂关系密切。李勇等对小海子南闸辉绿岩采用激光—电感耦合—等离子质谱仪（LA-ICP-MS）进行了单颗粒锆石 U-Pb 测年，获得成岩年龄为（272±6）Ma，因此可以确定小海子南闸火成岩侵入成岩时代为早二叠世；李曰俊（2005）对瓦基里塔格杂岩体中辉长岩、闪长岩采用单晶锆石 LA-ICP-MS 原位 U-Pb 同位素年代测定，其测定的结果见辉长岩的加权平均年龄为（285±15）Ma；闪长岩的加权年龄为（295±21）Ma，与李昌年给出的 306Ma 基本一致；赵锡奎（2010）曾对小海子北闸的麻扎塔格杂岩体进行了单矿物 K-Ar 测年，主体（角闪正长岩）岩浆定位结晶年龄为（281.7±4.8）Ma，可见受海西晚期早幕运动的影响，研究区经历了短期的伸展张裂作用，同时也标志着塔里木盆地最后一次大规模岩浆热事件的结束。

5.1.1　阿克苏肖尔布拉克火成岩年代学特征

阿克苏肖尔布拉克火成岩主要表现为一套玄武岩组合。玄武岩发育于上震旦统苏盖特布拉克组地层中。据新疆岩石地层（1992），苏盖特布拉克组分为上、下两个亚组，下亚组主要为强氧化环境中形成的紫红色滨海—浅海相碎屑岩，上部夹有玄武岩，富含微古植物化石，厚度变化较大（108～758m）；上亚组为浅海相弱还原环境中形成的碳酸盐岩、细碎屑岩，含有海绿石和少量微古生物、叠层石化石，厚度为 61～160m 不等。

苏盖特布拉克组地层的上亚组发育了大量微古植物化石组合，与鄂西、川西等地陡山沱组和灯影组的古生物面貌相近。根据古生物组合特点，确定阿克苏肖尔布拉克火山岩形成的年代为晚震旦纪。

周清杰采用 ^{38}Ar 稀释法获得该套玄武岩年龄为 512Ma。陈汉林对肖尔布拉克地区玄武岩样品阶段加热分析同位素数据见表 5-2，年龄谱图（图 5-1）反映出样品在高温阶段（750～1320℃）释放出的 ^{39}Ar 接近总量的 80%，坪年龄值稳定在（460.2±2.2）～（484.5±2.2）Ma，但是这一年代与古生物资料所获得的年代相差很大。因此，这一坪谱年龄值事实上反映的是岩石形成以后一次强烈热事件的时间，具有重要的地质意义。而中—低温加热阶段 500～650℃也释放出占总量 20.9%的 ^{39}Ar，获得两个坪年龄值（300.3±2.4）Ma 和（100.9±3.4）Ma。中—低温加热阶段所释放的较多的 ^{39}Ar 也应该具有地质意义。它们反映后期有两次热事件的叠加。

表 5-2　晚震旦世玄武岩 ^{40}Ar/^{39}Ar 阶段加热分析同位素数据

加热阶段	加热温度/℃	^{39}Ar/%	^{40}Ar/^{39}Ar	^{39}Ar/^{37}Ar	年龄/Ma
1	500	12.6	14.16	7.45	100.9±3.4
2	650	8.3	17.04	9.22	300.3±2.4
3	750	13.4	18.65	11.53	483.3±2.2
4	900	14.3	18.91	14.58	484.5±2.2
5	1050	12.3	18.44	20.86	481.8±2.2
6	1200	15.5	17.85	18.54	463.7±2.1
7	1320	23.6	18.28	6.32	460.2±2.2

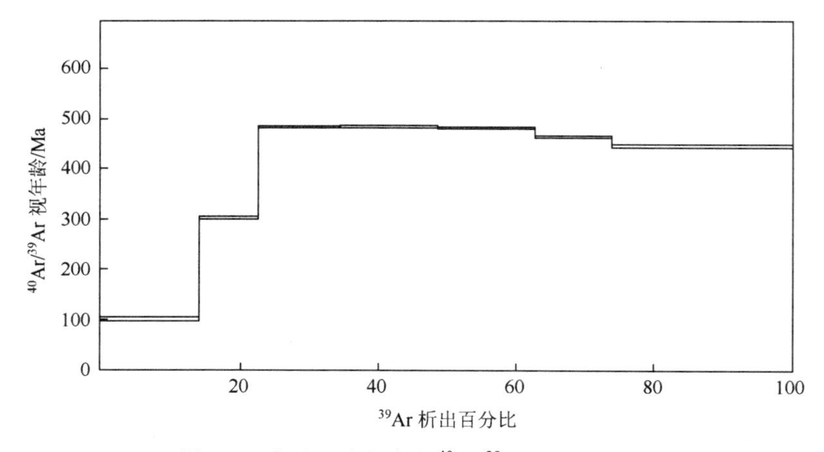

图 5-1　晚震旦世玄武岩 ^{40}Ar/^{39}Ar 坪年龄谱图

综上所述，肖尔布拉克玄武岩夹层为晚震旦世形成，其后经历了多次构造热事件的影响，使玄武岩早期积累的放射成因 Ar 相继逸散殆尽。其中在奥陶纪所受到的热事件的影响最为显著和剧烈，此后 K-Ar 计时重新封闭，开始计时，从而给出了稳定的坪年龄值为（460.2±2.2）～（484.5±2.2）Ma。后期又受到晚石炭世—早二叠世和白垩纪的两次热事件影响，坪年龄纪录分别为（300.3±2.4）Ma 和（100.9±3.4）Ma。

5.1.2　阿克苏沙井子四石场火成岩年代学特征

阿克苏沙井子四石场位于柯坪山山前带，以一套基性火山岩组合广泛发育为特征，是塔中地区火山岩出露最好的地区，呈层状整合发育于库普库兹满组和开派兹雷克组内。周志毅等（2001）对柯坪库普库兹满组和开派兹雷克组的化石进行了详细研究，开派兹雷克组碎屑岩中产大化石 *Autunia conferta-Pecopertis-Cordaites* 组合和 *Sphenophyllum verticillatum-"Noeggerathiopsis" subangusta* 组合，可以确定时代为中二叠世早期。库普库兹满组灰岩中产介形类 *Whiphlella-Darwinula* 组合，大植物化石 *Autunia conferta-Pecoprtis-Cordaites* 组合和 *Dichophyllum flabellifera* 组合，属于中二叠统栖霞组。

对阿克苏沙井子一带的玄武岩，李曰俊（2005）对其进行了 LA-ICP-MS 锆石 U-Pb 测年。这些分析测试均是在环带状岩浆锆石上进行的，分析数据在谐和线上构成了一致的年龄组（图 5-2、图 5-3），加权平均年龄分别为（287±20）Ma 及（294±21）Ma，基本代表了玄武岩的形成年龄。对柯坪地区一间房的辉绿岩中 10 颗锆石 10 次分析（表 5-3），分析结果在谐和线上（图 5-4）构成了一致的年龄组，给出的加权平均年龄为（283±1）Ma。代表了柯坪地区辉绿岩侵入的年龄。

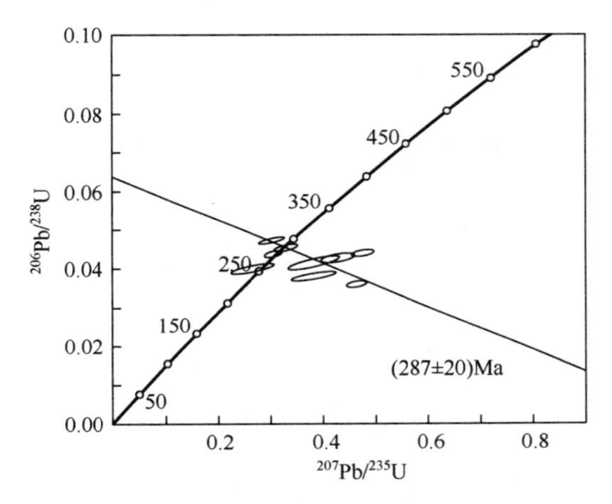

图 5-2　柯坪地区开派兹雷克组玄武岩（04-B03）LA-ICP-MS 锆石 U-Pb 年龄谐和图

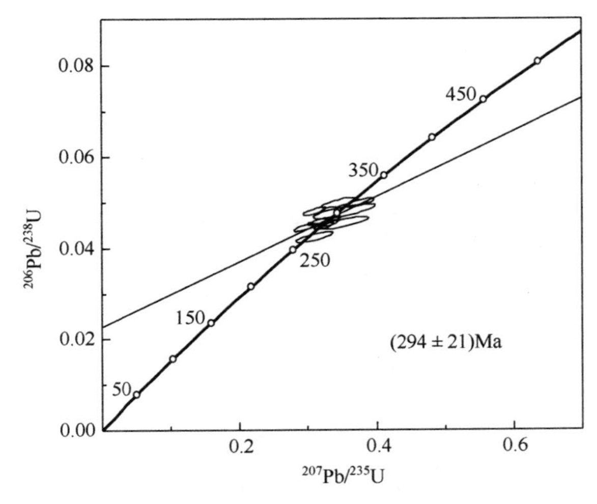

图 5-3　柯坪地区库普库兹满组玄武岩 LA-ICP-MS 锆石 U-Pb 年龄谐和图

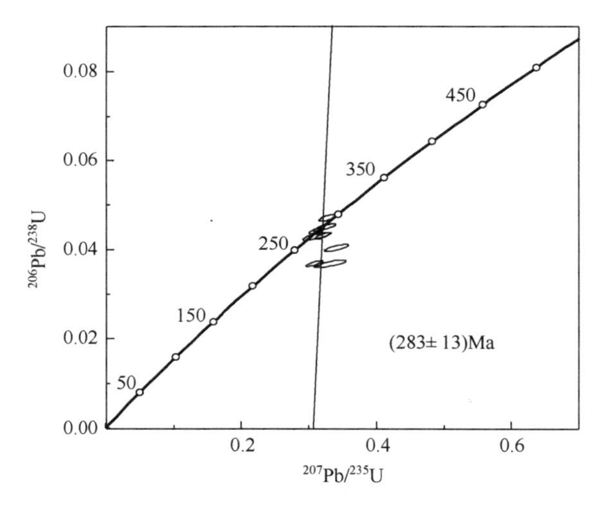

图 5-4　柯坪地区一间房辉绿岩 LA-ICP-MS 锆石 U-Pb 年龄谐和图

表 5-3　柯坪地区一间房辉绿岩单晶锆石 LA-ICP-MS 原位 U-Pb 法分析结果

测点	$^{207}Pb/^{206}Pb$	1σ	$^{207}Pb/^{235}U$	1σ	$^{206}Pb/^{238}U$	1σ	年龄			
							$^{207}Pb/^{235}U$	1σ	$^{206}Pb/^{238}U$	1σ
29a354	0.0611	0.00167	0.30864	0.00815	0.03664	0.00042	273.1	6.32	232	2.63
29a355	0.06598	0.00316	0.33216	0.01541	0.03652	0.00057	291.2	11.75	231.2	3.54
29a356	0.05097	0.00159	0.33019	0.01	0.04698	0.00055	289.7	7.63	296	3.41
29a360	0.05245	0.00181	0.32348	0.01088	0.04473	0.00055	284.6	8.35	282.1	3.39
29a361	0.0514	0.00126	0.31197	0.00746	0.04402	0.00048	275.7	5.78	277.7	2.95
29a362	0.05438	0.00134	0.32149	0.00768	0.04287	0.00047	283	5.9	270.6	2.89
29a363	0.06168	0.00217	0.3414	0.01166	0.04014	0.00051	298.2	8.83	253.7	3.16
29a364	0.05295	0.0024	0.31233	0.01379	0.04278	0.0006	276	10.67	270	3.7

综上所述，柯坪塔格地区火山岩为早二叠世火山作用的产物。杨树锋、陈汉林、李曰俊、贾承造、李勇等分别在该地区做过测年分析（表 5-4）。从测试结果来看，可以认定开派兹雷克组、库普库兹及一间房等地区火山岩为早二叠世岩浆活动的产物。

表 5-4　塔中早二叠世火成岩年代统计表

采样地点	地层	岩性	方法	年龄/Ma	资料来源
四石场	库普库兹满组	玄武岩	K-Ar	292±0.5	王廷印，1988
四石场	开派兹雷克组	玄武岩	K-Ar	278.0	贾承造，1995
开派兹雷克	开派兹雷克组	玄武岩	K-Ar	259±0.9	王廷印等，1988
开派兹雷克	开派兹雷克组	玄武岩	^{39}Ar-^{40}Ar	278±1.4	杨树锋，1998
开派兹雷克	库普库兹满组	橄榄玄武岩	^{39}Ar 稀释法	295±7.1	周清杰等，1990
沙井子	开派兹雷克组	玄武岩	LA-ICP-MS	275±13	李勇等，2007
沙井子	库普库兹满组	凝灰岩	LA-ICP-MS	291±10	李勇等，2007
沙井子	库普库兹满组	玄武岩	LA-ICP-MS	294±21	李曰俊等，2005
沙井子	开派兹雷克组	玄武岩	LA-ICP-MS	287±20	李曰俊等，2005

5.1.3　巴楚小海子南闸火成岩年代学特征

辉绿岩脉不仅在小海子南闸发育，在整个巴楚地区也极其发育，出露的主要岩石类型有辉绿岩、橄榄辉石玢岩、辉绿玢岩、石英正长斑岩等，产状都比较陡，呈岩墙状产出，侵入于志留系、泥盆系、石炭系和下二叠统中。由于该地区火成岩均呈侵入产状，查明区内火成岩形成地质年龄的方法只能借助于同位素年代学的研究。

根据小海子地区火成岩的产状和野外产出关系，本次测年选采样品有小海子南闸的辉绿玢岩（XN001-2）、小海子北闸的石英云闪二长玢岩（XB002-2）和辉绿玢岩（XB007-3）各 1 件。由于区内这 3 件中性和基性岩墙样品未能分选出锆石和磷灰石，改选斜长石，此对这 3 件样品采用了新一代 K-Ar 测年方法，其测试分析结果见表 5-5，测得小海子南闸的 XN001-2 辉绿玢岩脉的成岩年龄为（195±6.8）Ma。李勇等对小海子南闸辉绿岩采用 LA-ICP-MS 进行了单颗粒锆石 U-Pb 测年，获得成岩年龄为（272±6）Ma。该方法可信度高，因此可以确定，小海子南闸火成岩侵入成岩时代为早二叠世。

表 5-5　小海子南闸、北闸火成岩中长石 K-Ar 测年结果

样品编号	质量/g	年龄/Ma	年龄(±)/Ma	K 的质量分数/%	$^{40}Ar/^{38}Ar$	$^{40}Ar/^{38}Ar(\pm)$	$^{36}Ar/^{38}Ar$	$^{36}Ar/^{38}Ar(\pm)$	$^{40}Ar^*/^{40}K$	$^{40}Ar^*/^{40}K(\pm)$
XN001-2	0.06	195.5447	6.752558	1.28	1.590153	0.022424	0.001035	2.25E-05	0.012	0.000437
XB007-3	0.061	214.5570	5.428562	1.152	1.611561	0.002617	0.001066	4.86E-05	0.013237	0.000355
XB002-2	0.0599	264.3461	0.660513	2.53	3.069207	0.001315	−0.00152	0.000141	0.016541	4.44E-05

5.1.4　巴楚小海子北闸火成岩年代学特征

小海子北闸的火成岩主要为麻扎塔格碱性杂体以及发育于其中和区域地层中的中—基性岩脉（墙）。本次研究采取石英云闪二长玢岩（岩脉，XB002-2）和辉绿玢岩（岩墙，XB007-3）各 1 件，分离出斜长石进行了单矿物 K-Ar 测年（表 5-6），获得石英云闪二长玢岩的 K-Ar 同位素年龄为（264.35±0.66）Ma，辉绿玢岩 K-Ar 同位素年龄为（214.56±5.43）Ma。

麻扎塔格碱性杂体是巴楚县小海子水库北闸地区出露面积最大的小岩株状火成侵入体，主体岩相为肉红色角闪正长岩，边部为暗灰绿色至黄灰色辉石正长岩，晚期浅肉红色细粒花岗岩呈小岩墙、岩脉状穿侵前二者。围岩地层为志留系和泥盆纪红色砂岩，呈穹状构造特征。李曰俊等（2005）曾对该岩体的主体岩相—肉红色角闪正长岩采用 LA-ICP-MS 锆石 U-Pb 测年法进行了同位素年代学研究，获得成岩年龄为（281.7±4.8）Ma。但断代及不同岩相成岩年龄的确定尚显不足。

表 5-6　小海子碱性杂岩体锆石 LA-ICP-MS U-Pb-Th 分析结果

点号	Th/ppm①	U/ppm	Pb/ppm	$^{238}U/^{232}Th$	同位素比值			$^{207}Pb/^{206}Pb$ /Ma	$^{207}Pb/^{235}U$ /Ma	$^{206}Pb/^{238}U$ /Ma
					$^{207}Pb/^{206}Pb$	$^{207}Pb/^{235}U$	$^{206}Pb/^{238}U$			
01-1-01	53.40	76.85	4.09	1.44	0.0525±0.0026	0.3160±0.0153	0.0436±0.0007	308±82	279±12	275±4
01-1-02	143.54	308.21	15.53	2.15	0.0516±0.0014	0.3127±0.0085	0.0440±0.0006	267±39	276±7	277±4
01-1-05	41.29	74.05	3.98	1.79	0.0525±0.0027	0.3312±0.0169	0.0458±0.0007	306±86	291±13	289±5
01-1-06	357.64	535.11	28.46	1.50	0.0506±0.0011	0.3088±0.0067	0.0442±0.0006	224±28	273±5	279±3
01-1-08	211.41	291.34	16.03	1.38	0.0517±0.0013	0.3229±0.0080	0.0453±0.0006	271±33	284±6	286±4
01-1-11	31.85	64.23	3.23	2.02	0.0518±0.0028	0.3177±0.0168	0.0445±0.0007	276±92	280±13	281±4
01-1-17	77.95	84.30	4.79	1.08	0.0537±0.0025	0.3240±0.0149	0.0437±0.0007	359±76	285±11	276±4
01-1-19	71.44	96.77	5.40	1.35	0.0564±0.0025	0.3577±0.0156	0.0460±0.0007	468±69	310±12	290±4
01-1-20	56.01	68.53	3.86	1.22	0.0577±0.0030	0.3575±0.0183	0.0449±0.0007	519±84	310±14	283±5
01-1-21	48.80	68.02	3.74	1.39	0.0555±0.0031	0.3464±0.0193	0.0453±0.0008	432±93	302±15	285±5
01-1-31	17.91	45.37	2.34	2.53	0.0544±0.0033	0.3453±0.0206	0.0460±0.0008	389±103	301±16	290±5
01-2-01	37.12	59.26	3.12	1.60	0.0538±0.0029	0.3300±0.0175	0.0445±0.0007	361±90	290±13	281±5
01-2-03	41.49	58.43	3.19	1.41	0.0526±0.0030	0.3241±0.0182	0.0447±0.0008	309±97	285±14	282±5
01-2-05	92.63	94.78	5.46	1.02	0.0514±0.0023	0.3185±0.0139	0.0449±0.0007	261±72	281±11	283±4
01-2-06	37.02	51.62	2.83	1.39	0.0518±0.0029	0.3251±0.0182	0.0455±0.0008	278±98	286±14	287±5
01-2-07	44.33	65.44	3.61	1.48	0.0521±0.0027	0.3283±0.0166	0.0457±0.0007	288±86	288±13	288±5
01-2-08	35.27	49.53	2.70	1.40	0.0520±0.0032	0.3187±0.0195	0.0445±0.0008	285±108	281±15	280±5
01-2-09	160.41	163.45	9.56	1.02	0.0516±0.0018	0.3205±0.0111	0.0451±0.0006	266±53	282±9	284±4
01-2-11	152.38	169.30	9.66	1.11	0.0518±0.0022	0.3205±0.0132	0.0449±0.0007	276±67	282±10	283±4
01-2-12	40.97	52.18	2.87	1.27	0.0523±0.0030	0.3208±0.0182	0.0445±0.0008	297±99	283±14	281±5
01-2-13	47.87	66.20	3.67	1.38	0.0525±0.0029	0.3244±0.0178	0.0449±0.0008	306±95	285±14	283±5
01-2-14	33.88	53.12	2.85	1.57	0.0520±0.0029	0.3237±0.0178	0.0451±0.0008	287±95	285±14	284±5
01-2-15	60.34	93.94	5.05	1.56	0.0530±0.0023	0.3278±0.0138	0.0449±0.0007	328±68	288±11	283±4
01-2-16	83.58	95.15	5.49	1.14	0.0539±0.0026	0.3396±0.0160	0.0457±0.0007	365±78	297±12	288±4
01-2-17	70.29	89.24	4.94	1.27	0.0540±0.0025	0.3326±0.0151	0.0447±0.0007	369±74	292±12	282±4
01-2-18	74.41	79.09	4.55	1.06	0.0542±0.0025	0.3335±0.0150	0.0446±0.0007	380±73	292±11	281±4
01-2-19	26.85	55.13	2.87	2.05	0.0561±0.0030	0.3470±0.0185	0.0449±0.0008	455±89	302±14	283±5
01-2-20	38.94	54.53	2.97	1.40	0.0528±0.0030	0.3264±0.0186	0.0449±0.0008	318±98	287±14	283±5
01-2-23	42.66	59.41	3.27	1.39	0.0521±0.0029	0.3234±0.0178	0.0450±0.0008	291±95	285±14	284±5
01-2-24	88.88	105.59	5.92	1.19	0.0513±0.0025	0.3167±0.0150	0.0447±0.0007	256±80	279±12	282±4
01-2-25	33.49	49.44	2.67	1.48	0.0543±0.0034	0.3328±0.0204	0.0444±0.0008	384±105	292±16	280±5
01-2-26	155.27	149.71	8.72	0.96	0.0519±0.0020	0.3150±0.0120	0.0440±0.0006	281±60	278±9	278±4
01-2-27	61.80	73.36	4.18	1.19	0.0556±0.0028	0.3461±0.0174	0.0451±0.0008	436±82	302±13	285±5

注：①1ppm=1mg/L

本次研究对前人未做工作的岩相带进行了系统的年龄测定，采用 LA-ICP-MS 单颗粒锆石 U-Pb 测年法，测试样品为晚期浅肉红色细粒花岗岩（XB001）和相对最早形成的暗灰绿色至黄灰色辉石正长岩（XB001-02）进行了同位素定年研究。补充完善了麻扎塔格杂岩体的定年资料，为塔里木地区石炭—二叠纪地幔柱岩浆活动研究以及金刚石、石油天然气等相关矿产找矿方向研究提供了重要证据。

1. 测试条件及分析方法

锆石分选采用常规浮选+电磁选方法将样品中重矿物富集分离，随后在双目显微镜下人工挑选获得锆石（选样单位：四川区调队测试中心）。在北京离子探针中心将锆石颗粒粘在直径 25mm 环氧树脂靶上，磨至近一半并抛光后待测。锆石的阴极荧光图像分析在北京大学物理学院电镜室的阴极荧光分析系统（FEI 公司生产的 Quatan 200F 型场发射环境扫描电镜+Gatan 公司 Mono CL3 阴极荧光谱仪）上完成。

锆石 U-Th-Pb 年龄分析在中国地质大学地学实验中心元素地球化学研究室完成，分析仪器为由美国 New Wave Research Inc.公司生产 193nm 激光剥蚀进样系统（UP 193SS）和美国 AGILENT 科技有限公司生产的 Agilent 7500a 型四级杆等离子体质谱仪联合构成的 LA-ICP-MS。本次分析 193nm 激光器工作频率为 10Hz，剥蚀物质载气为高纯度 He 气，流量为 0.7L/min；Angilent 等离子质谱仪工作条件：冷却气（Ar）流量 1.2L/min；测试点束斑直径为 36mm，剥蚀采样时间为 45s。元素含量以国际标样 NIST612 为外部标准，Si 为内部标准计算；锆石 U-Pb 年龄用澳大利亚 Glitter 4.4 数据处理软件计算获得，分析及计算选用的外部标准锆石为国际标准锆石 91500（Michael W2006），单个数据点误差均为 1σ，加权平均值误差为 2σ，平均年龄值选用 $^{206}Pb/^{238}U$ 年龄。

2. 测试分析结果

1）锆石晶体

锆石多呈自形—半自形柱状，无色透明，内部见有磷灰石等矿物包裹体，且晶体边部及沿晶体裂隙处颜色变为灰黑色（图 5-5）。阴极荧光（CL）图像分析揭示，锆石主要为内部结构清晰显示出岩浆结晶振荡环带的岩浆锆石（图 5-6），CL 图像分析揭示该样品中锆石结晶后发生明显的挤压破裂，并伴有痕量元素丰度的显著改变，特别是 U、Th 含量显著明显增高，改变了其阴极荧光发光性。

(a)

(b)

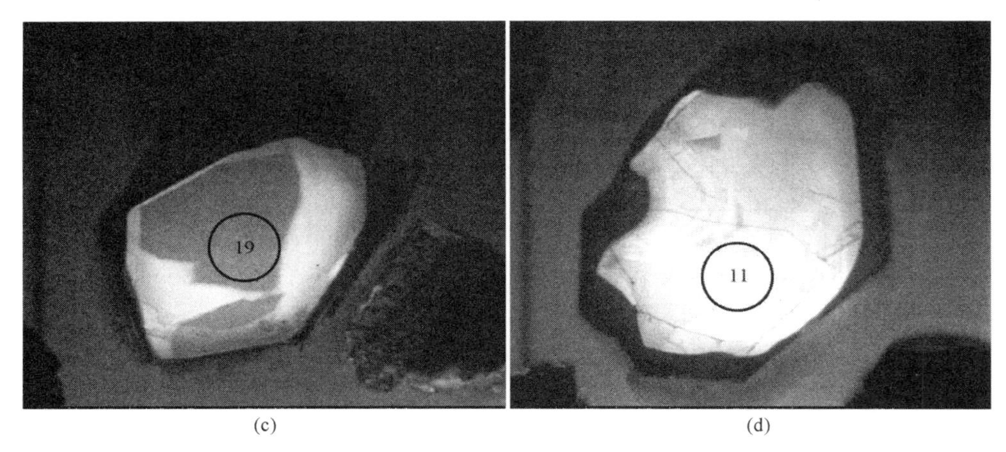

图 5-5　XB001-01 中锆石 CL 图像

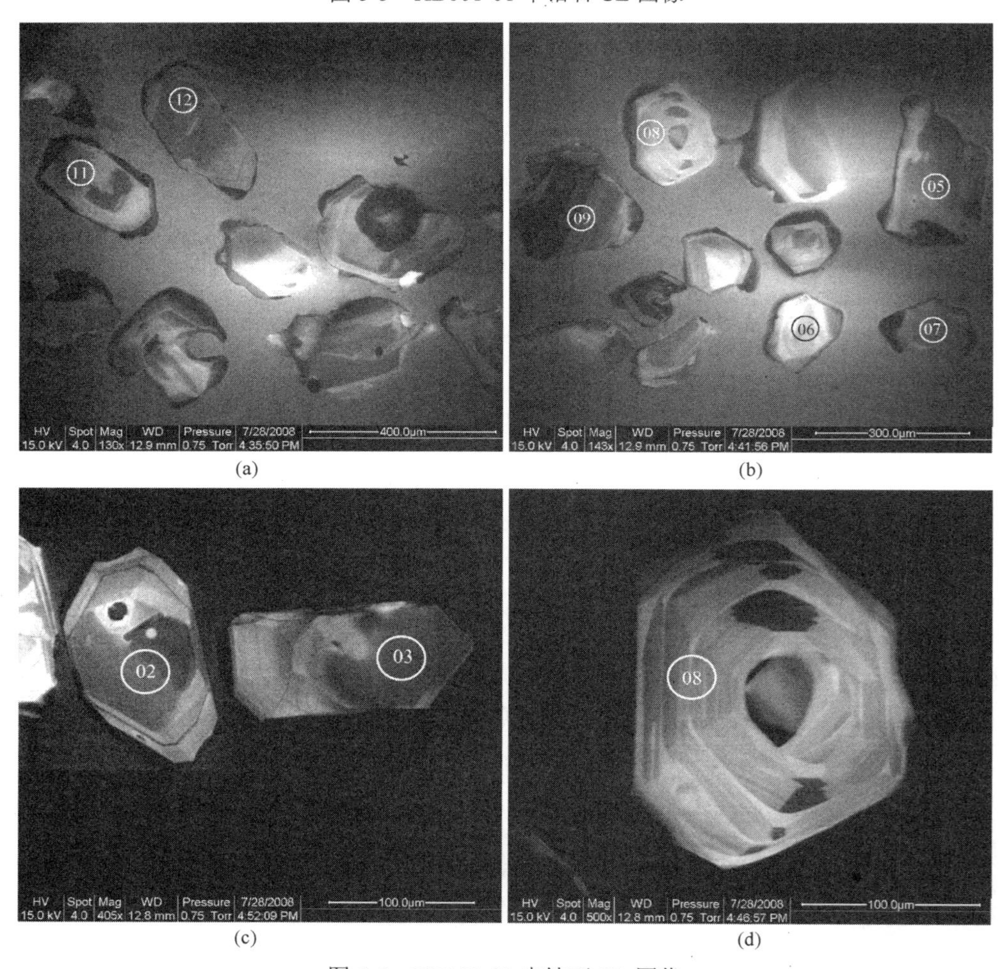

图 5-6　XB001-02 中锆石 CL 图像

2）锆石 LA-ICP-MS U-Pb 年龄

采用 LA-ICP-MS 进行锆石 U-Pb 年龄测定，用澳大利亚 Glitter 4.4 软件计算其结果

（表 5-5）。样品 XB001-01 所测定的 11 颗锆石核部年龄在谐和图上集中于很小的区段，$^{206}Pb/^{238}U$ 平均年龄为（281.2±3.7）Ma（图 5-7），应代表该样品（细粒花岗岩）的形成年龄。样品 XB001-02 在锆石 U-Pb 年龄谐和图上，所有测定集中于很小区域（图 5-8），^{206}Pb-^{238}U 平均年龄为（283.3±1.8）Ma，代表了碱性杂岩体中辉石正长岩相的结晶年龄。

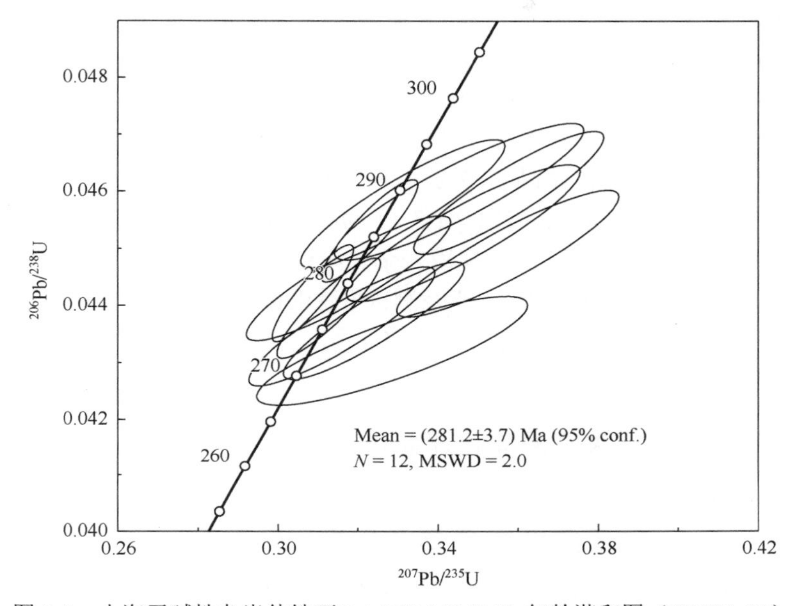

图 5-7　小海子碱性杂岩体锆石 LA-ICP-MS U-Pb 年龄谐和图（XB001-01）

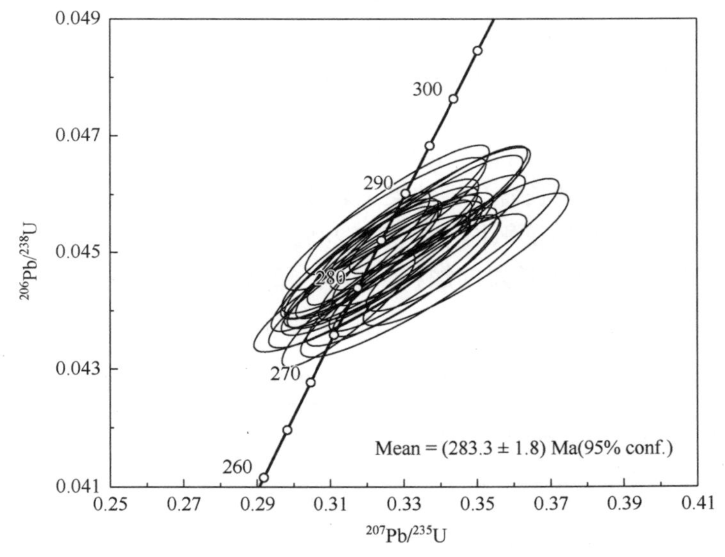

图 5-8　小海子碱性杂岩体锆石 LA-ICP-MS U-Pb 年龄谐和图（XB001-2）

3. 成岩年龄讨论

近些年对巴楚小海子麻扎塔格碱性杂岩体形成年龄的研究主要集中在肉红色中粗粒角闪正长岩岩相内，包括 ^{39}Ar-^{40}Ar 定年（277.7±1.3）Ma（贾承造等，1996），锆石 Shrimp

U-Pb 年龄（277±4）Ma（杨树锋等，2006），锆石 LA-ICP-MS U-Pb 年龄（281.7±4.8）Ma（李曰俊，2005）及（281±4）Ma 和（282±3）Ma（李勇等，2007）。

本研究实地考察发现，角闪正长岩总体位于岩株中部，呈涌动侵切粗粒辉石正长岩，粗粒辉石正长岩分布于杂岩体的边部，而且残留体状特征明显，浅肉红色细粒钾长花岗岩呈脉状穿侵于辉石正长岩和角闪正长岩之中，具有空间上相伴相切，成分上的同源特征；经 LA-ICP-MS 颗粒锆石 U-Pb 定年，辉石正长岩为（283.3±1.8）Ma，细粒钾长花岗岩为（281.2±3.7）Ma。所获得年龄数据与杂岩体实际产状完全吻合。

综上可以认为，麻扎塔格杂岩体早期（辉石正长岩）岩浆侵位结晶年龄为（283.3±1.8）Ma，主体（角闪正长岩）岩浆定位结晶年龄为（281.7±4.8）～（282±3）Ma，晚期（细粒钾长花岗岩）岩浆侵位结晶年龄为（281.2±3.7）Ma；反映它们为同源岩浆演化序列的分异产物，标志着塔里木盆地最后一次大规模岩浆热事件的结束。

通过本次研究及前人采用不同种手段及测试方法的研究可以确定，小海子北闸火成岩的成岩年龄基本一致，属早二叠世无疑。但较柯坪地区玄武岩（287±20）～（294±21）Ma 略晚。

5.1.5 巴楚瓦基里塔格火成岩年代学特征

瓦基里塔格地区出露的火成岩为一杂岩体，该杂岩体主要由三个部分组成：①深层状铁镁质-铁质岩体，该层状岩体主要由辉橄岩、辉石岩、辉长岩、正长岩组成，为杂岩体的主要部分；②隐爆角砾岩岩筒，岩石类型主要为角砾云母橄辉岩，占杂岩体比例最少；③晚期岩脉，分布广泛，在杂岩体中所占比例仍少于层状岩体。李昌年（2001）对其层状岩石全岩 Rb-Sr 和锆石 U-Pb 测定层状岩体形成的年龄为 306～357.9Ma，利用金云母 Ar-Ar 坪年龄方法测定隐爆角砾岩形成的年龄为 252.7Ma，利用全岩 K-Ar 测得晚期岩脉的年龄为 231.3Ma。

李曰俊（2005）对瓦基里塔格杂岩体中辉长岩、闪长岩采用单晶锆石 LA-ICP-MS 原位 U-Pb 同位素年代测定，辉长岩分析结果见表 5-7，单晶锆石 U-Pb 年龄谐和图（图 5-9），其测定的结果见辉长岩的加权平均年龄为（285±15）Ma；闪长岩分析单晶锆石 U-Pb 年龄谐和图（图 5-10），其闪长岩的加权年龄为（295±21）Ma，与李昌年给出的 306～357.9Ma 基本一致。

表 5-7 瓦基里辉长岩单晶锆石 LA-ICP-MS 原位 U-Pb 法分析结果

测点	$^{207}Pb/^{206}Pb$	1σ	$^{207}Pb/^{235}U$	1σ	$^{206}Pb/^{238}U$	1σ	年龄			
							$^{207}Pb/^{235}U$	1σ	$^{206}Pb/^{238}U$	1σ
29a78	0.04529	0.00315	0.28347	0.01931	0.0454	0.00078	253.4	15.28	286.2	4.82
29a79	0.0567	0.00389	0.33734	0.02248	0.04316	0.00082	295.2	17.07	272.4	5.06
29a81	0.05228	0.00286	0.26196	0.01394	0.03635	0.00057	236.2	11.22	230.2	3.53
29a82	0.05288	0.00353	0.35383	0.023	0.04855	0.00088	307.6	17.25	305.6	5.43
29a84	0.05196	0.00251	0.31486	0.01483	0.04397	0.00063	277.9	11.45	277.4	3.91
29a85	0.05196	0.00381	0.30358	0.02169	0.0424	0.00081	269.2	16.9	267.7	5.03

续表

测点	$^{207}Pb/^{206}Pb$	1σ	$^{207}Pb/^{235}U$	1σ	$^{206}Pb/^{238}U$	1σ	年龄			
							$^{207}Pb/^{235}U$	1σ	$^{206}Pb/^{238}U$	1σ
29a86	0.05411	0.00688	0.32451	0.04023	0.04353	0.00134	285.4	30.84	274.6	8.27
29a87	0.09066	0.00434	0.60933	0.02794	0.04878	0.00083	483.1	17.63	307	5.07
29a88	0.05085	0.00377	0.2766	0.01998	0.03948	0.00076	248	15.89	249.6	4.69
29a90	0.05243	0.00222	0.32064	0.01324	0.04439	0.00059	282.4	10.18	280	3.65
29a94	0.05384	0.00707	0.30824	0.03947	0.04157	0.00133	272.8	30.64	262.5	8.21
29a98	0.06691	0.00625	0.34291	0.03103	0.03722	0.00096	299.4	23.46	235.6	5.99
29a99	0.05182	0.00237	0.30074	0.01338	0.04215	0.00058	267	10.44	266.2	3.61

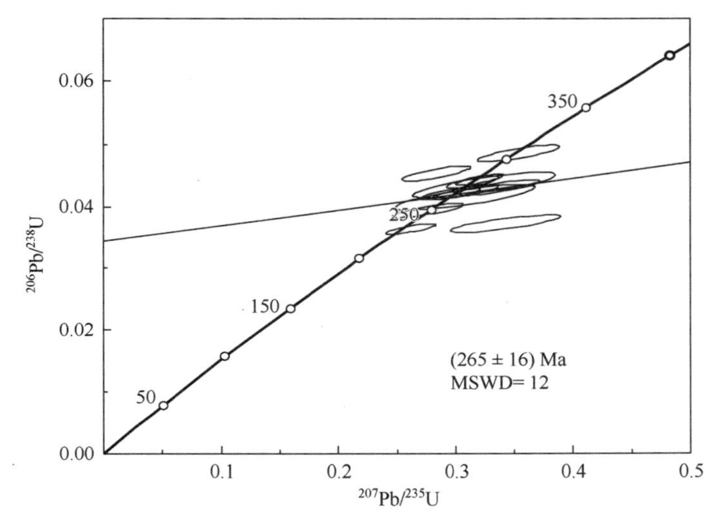

图 5-9　瓦基里辉长岩 LA-ICP-MS 单晶锆石 U-Pb 年龄谐和图

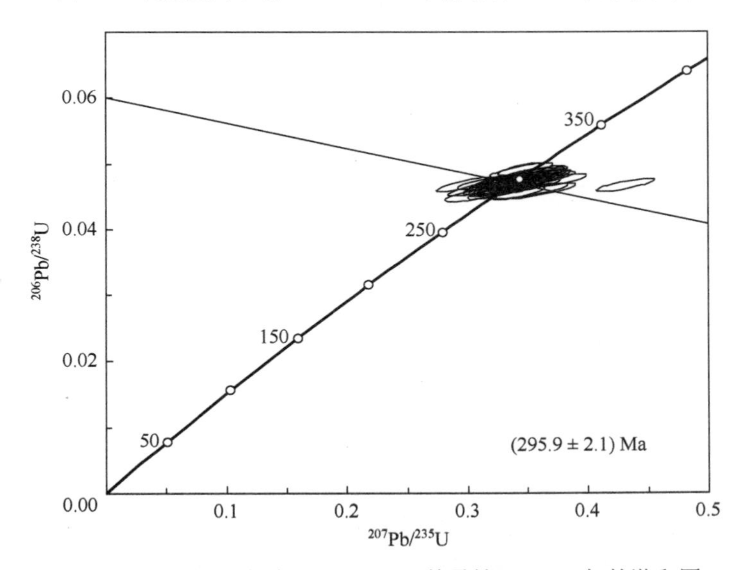

图 5-10　瓦基里闪长岩 LA-ICP-MS 单晶锆石 U-Pb 年龄谐和图

至于李曰俊（1999）、宋文杰（2003）对区内辉长岩采用全岩 ^{39}Ar-^{40}Ar 获得前震旦纪的同位素年龄值，其方法应用是值得商榷的，因此未采纳。综上所述，瓦基里塔格火山岩形成年代为早二叠世。

5.2　隐伏区火成岩年代学特征

塔中地区除柯坪山及巴楚小海子麻扎塔格、瓦基里塔格外，其他广阔区域都被第四系所覆盖，基岩样本只有有限的油气勘探井所取部分岩心。由于钻井目的及研究目标层等诸多因素限制，多数钻遇火成岩钻孔对火成岩未取心，仅有钻孔岩屑样品。所以对塔中基岩隐伏地区火成岩年代学的研究，主要是通过几个全取心（或取有火成岩岩心）钻孔的火成岩同位素年代学研究，或据火山岩上覆及下伏沉积岩围岩或火山岩层间沉积岩夹层予以推断。

5.2.1　塔参 1 井同位素年代学特征

塔参 1 井底部的岩浆岩共取心 2.23m，其上部和下部均为浅紫灰色中粒花岗闪长岩，中部为 0.20m 的灰黑色细粒闪长岩。李曰俊等（2005）对其进行了 ^{40}Ar-^{39}Ar 定年，样品 TC1-1、TC1-3 和 TC1-5 分别取自岩心的上、中、下段（图 5-11）。

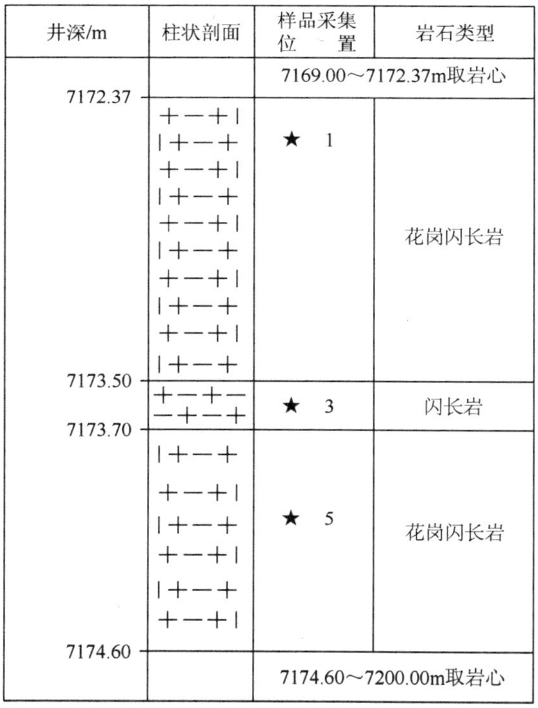

井深/m	柱状剖面	样品采集位置	岩石类型
		7169.00～7172.37m取岩心	
7172.37		★ 1	花岗闪长岩
7173.50		★ 3	闪长岩
7173.70		★ 5	花岗闪长岩
7174.60		7174.60～7200.00m取岩心	

图 5-11　TC1 井底部岩浆岩采样位置

1，3，5 分别代表测试样品 TC1-1，TC1-3 和 TC1-5 的采样位置

TC1-1 角闪石样品取自岩心上段的花岗闪长岩，实验中对该样品进行了 12 个阶段的加热分析。样品照射时由于核反冲的影响，最低温度段的视年龄通常不具地质意义，中温区（3～5 阶段）视年龄呈阶梯状上升，^{39}Ar 释放量约为 13%，可能反映了有（后期）热事件的影响。在中—高温（980～1500℃）七个阶段 ^{39}Ar 析出的总量为 80.3%，其坪年龄为（932.68±0.73）Ma（图 5-12）；对组成这个坪年龄的七个视年龄数据进行了（^{40}Ar/^{36}Ar）-（^{39}Ar/^{36}Ar）等时线处理，得到拟合很好的等时年龄为（933.65±7.14）Ma（图 5-13），(^{40}Ar/^{36}Ar)$_i$ 为 288.7±7.92，坪年龄和等时年龄在误差范围内基本一致，表明无过剩 Ar 存在，所得的年龄值基本代表了样品的形成年龄，即岩体侵位时代。测试结果表明该花岗闪长岩的侵入时代为新元古宙中—早期。3～6 加热阶段，随加热温度的升高，视年龄也呈阶梯状上升，显示出较典型的受后期热扰动年龄谱特征。低温阶段（660℃）得到了（464.9±6.91）Ma 的视年龄，可能反映该区存在加里东期构造热事件的影响。

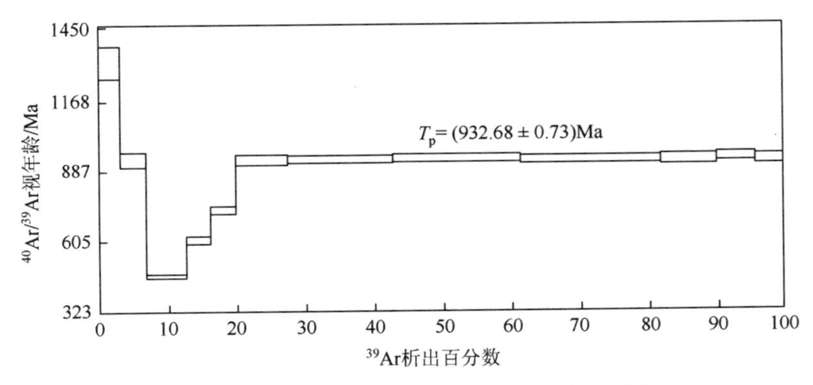

图 5-12　TC1-1 角闪石单矿物 Ar-Ar 坪年龄谱图

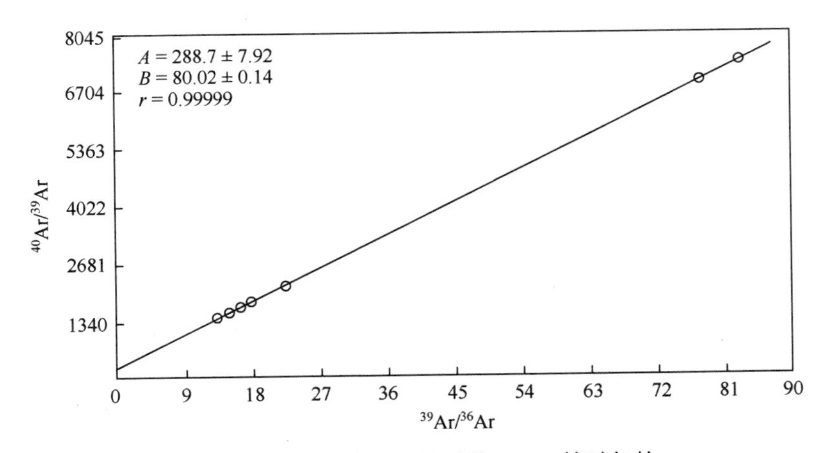

图 5-13　TC1-1 角闪石单矿物 Ar-Ar 等时年龄

TC1-3 角闪石单矿物自井深 7173.5～7173.7m 处的闪长岩样品分离得到。该样品在 980～1300℃五个加热阶段 ^{39}Ar 析出的总量达 53.1%，得到的坪年龄为（1194.96±1.43）Ma（图 5-14）；等时年龄为（1199.63±8.13）Ma，(^{40}Ar/^{36}Ar)$_i$ 为 277.3±8.06（图 5-15），代表了角闪石的形成年龄，即闪长岩捕虏体原岩的侵入时代。年龄谱的中低温阶段（2～6 阶段）随着加热温度的升高，视年龄的变化由小增大；温度升至 980℃时，视年龄达到稳定而形成年龄坪；这是一条较典型的受过热扰动的年龄谱；低温阶段（530℃）得到了（541.76±8.43）Ma 的视年龄，表明该地区可能存在加里东早期构造热事件的影响。

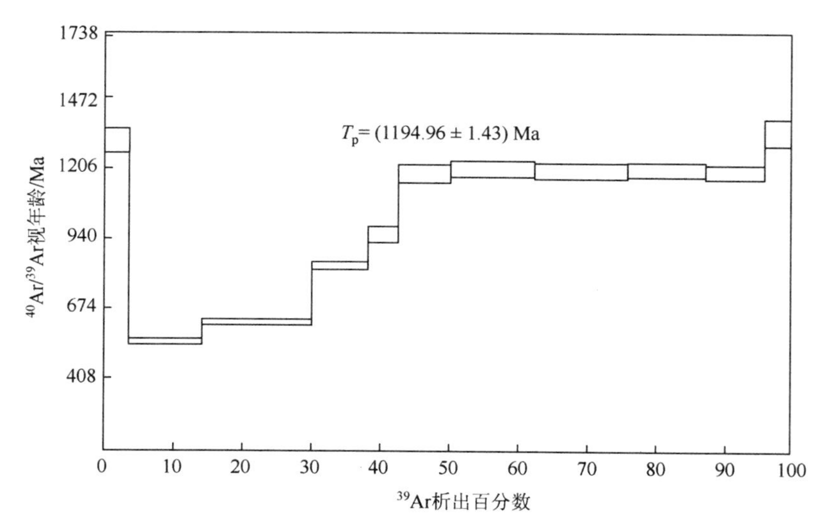

图 5-14　TC1-3 角闪石单矿物 Ar-Ar 坪年龄谱图

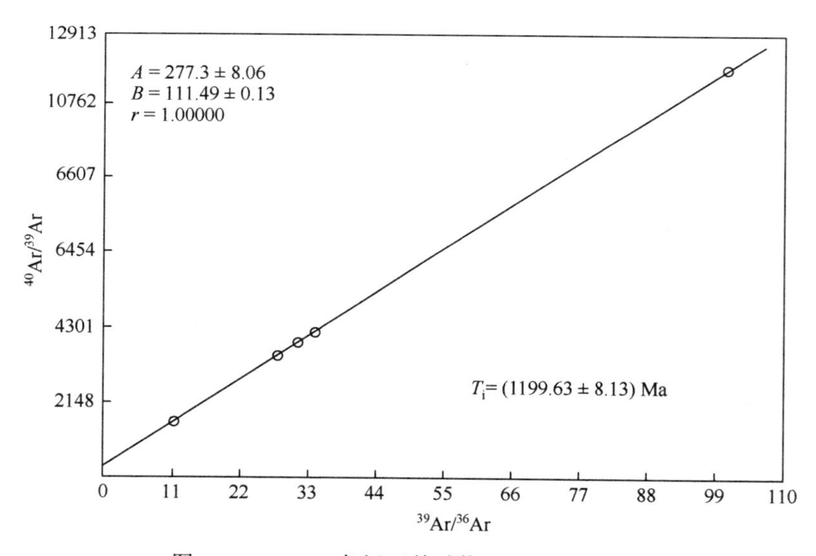

图 5-15　TC1-3 角闪石单矿物 Ar-Ar 等时年龄

TC1-5 角闪石采自岩心下段的花岗闪长岩。该样品在中—高温（780～1300℃）六个加热阶段析出的 ^{39}Ar 总量为 79.4%，得到一个稳定的坪年龄为（890.65±1.94）Ma（图 5-16）；与之相对应的等时年龄为（891.88±32.72）Ma（图 5-17）。$(^{40}Ar/^{36}Ar)_i$ 为 291.3±20.13，基本代表了岩石的形成年龄，即岩体侵位结晶时代。测试结果同样表明该花岗闪长岩的侵入时代为新元古宙早期。与 TC1-1 的情况相似，其 2～4 加热阶段，也显示出较典型的受后期热扰动年龄谱特征。低温阶段（540℃）得到了（578.72±10.02）Ma 的视年龄，同样反映该地区可能存在加里东期构造热事件的影响。

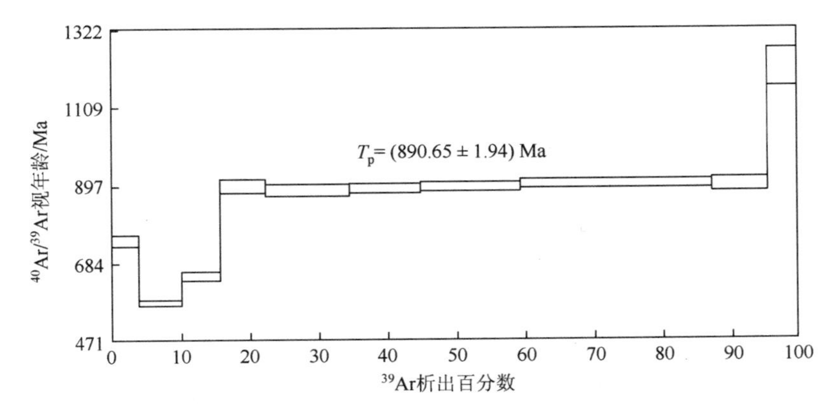

图 5-16　TC1-5 角闪石单矿物 Ar-Ar 坪年龄谱图

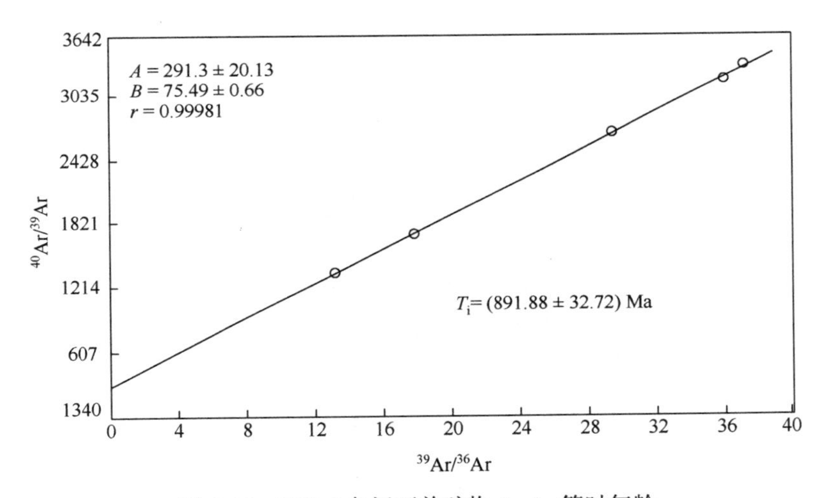

图 5-17　TC1-5 角闪石单矿物 Ar-Ar 等时年龄

讨论和结论：

李曰俊等（2005）的研究结果表明，TC1 井 3 个样品获得的 ^{40}Ar-^{39}Ar 坪年龄和相应的等时线基本吻合，TC1-1 和 TC1-5 两个角闪石样品的年龄值比较接近。它们基本代表了花岗闪长岩的形成时代。TC1-3 角闪石的年龄代表的是闪长岩的形成时代。因此，塔参 1 井底部钻遇的花岗闪长岩体形成时代为新元古代中期；闪长岩是花岗闪长岩中的捕虏体，其原岩形成时代为中元古代中—晚期。

TC1 井钻井剖面显示，底部花岗岩可能是不整合于寒武系碳酸盐岩之下的前寒武纪基底。该花岗闪长岩体的同位素年龄，除李曰俊所得的 3 个 ^{40}Ar-^{39}Ar 年龄外，还有胡云杨等（1998），杨文静等（1999）分别对 2 个花岗闪长岩样品和 2 个闪长岩样品进行了全岩 K-Ar 年龄测定（表 5-8），这 4 个 K-Ar 年龄普遍偏新，可以认为这个年龄是受后期热扰动而略偏新的年龄，通常可以作为岩浆岩形成时代上限的参考。

表 5-8　TC1 井底部花岗闪长岩和闪长岩的同位素年龄

测试对象		方法	年龄/Ma	来源	备注
花岗闪长岩	全岩	K-Ar	578	胡云杨等，1998	内部资料
	全岩	K-Ar	649	杨文静等，1999	
	角闪石	^{40}Ar-^{39}Ar 坪年龄	931.68±0.73 933.65±7.14	李曰俊等，2005	括弧内为相应的等时年龄
	角闪石	^{40}Ar-^{39}Ar 坪年龄	890.65±1.94 891.88±32.72	李曰俊等，2005	
闪长岩	全岩	K-Ar	892	胡云杨等，1998	内部资料
	全岩	K-Ar	659	杨文静等，1999	
	角闪石	^{40}Ar-^{39}Ar 坪年龄	1194.96±1.43 1199.63±8.13	李曰俊	括弧内为相应的等时年龄

就 TC1 井的花岗闪长岩及其中的闪长岩捕虏体来说，形成时代一般不应晚于其 K-Ar 年龄值。因此，对该花岗闪长岩形成于前寒武纪的认识是一致的。但据资料显示，李曰俊等 2006 年后的研究报告不再使用该花岗闪长岩 8.06～9.32 亿年的年龄值。

综上所述，塔参 1（TC1）井井底的花岗闪长岩侵位成岩时代属震旦纪早期，578～649Ma。

5.2.2　方 1 井火山岩同位素年代学特征

方 1 井 4630.55～4748.41m 岩心段为一套深灰色玄武岩、蚀变玄武岩及熔结凝灰岩，顶部夹薄层泥岩、含膏云岩；4748.41m 以下灰绿色辉绿岩。对 4665m 处的玄武岩样品分别做了 K-Ar 和 Ar-Ar 测年，K-Ar 测年结果为（239.8±6.2）Ma，^{40}Ar-^{39}Ar 测年结果为（570.4±2）Ma（图 5-18）。鉴于同样的原因，^{40}Ar-^{39}Ar 法测年代表了玄武岩的成岩年龄，因此，该套玄武岩属于晚震旦世末期—早寒武世火山活动的产物。

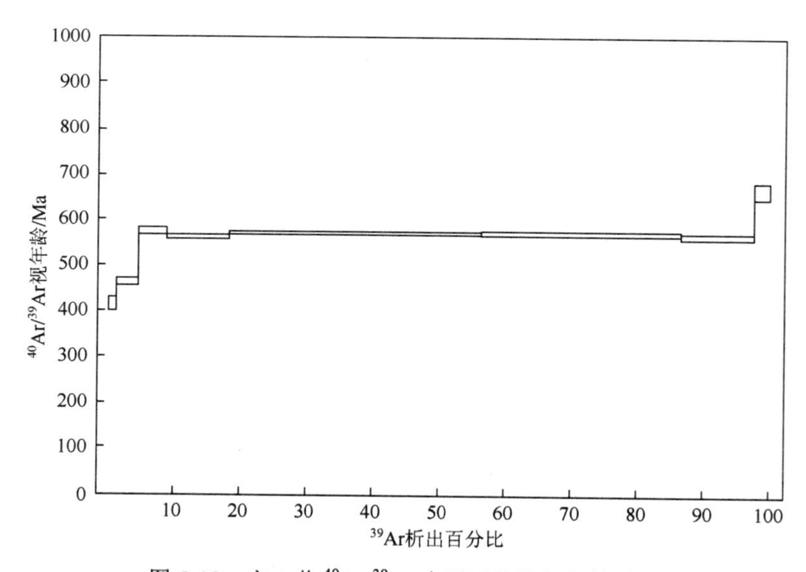

图 5-18　方 1 井 ^{40}Ar-^{39}Ar 中子活化法坪年龄谱图

方 1 井 4749m 辉绿岩全岩 K-Ar 法测年，成岩年龄为（311±0.6）Ma。

5.2.3　和 3 井火山岩年代学特征

和 3 井 4092.0～4102.50m 钻遇辉长岩，取 4100m 处的辉长岩，全岩样送北京大学进行全岩 K-Ar 法同位素年龄测定，为（282.7±1.6）Ma，属于早二叠世。用同一样品送中国科学院地质与地球物理研究所（以下简称中科院地质所）进行 ^{40}Ar-^{39}Ar 快中子活化法同位素地质年龄分析，样品分析结果见表 5-9，获得主坪年龄值为（515.7±1.8）Ma（图 5-19），属晚寒武世。

表 5-9　和 3 井 ^{40}Ar-^{39}Ar 快中子活化法定年数据

井深：4092.0～4102.50m		样品名称：辉长岩					样品质量：W=0.35g		照射参数：J=0.009529		
加热阶段	加热温度/℃	(^{40}Ar/^{39}Ar)/m	(^{36}Ar/^{39}Ar)/m	(^{37}Ar/^{39}Ar)/m	(^{38}Ar/^{39}Ar)/m	^{39}Ar/(×10^{-12}mol	(^{40}Ar*/$^{39}Ar_k$)±1σ	$^{39}Ar_k$%	视年龄/±1σ/Ma	(^{40}Ar/^{36}Ar)/m	(^{39}Ar/^{36}Ar)/m
1	480	64.444	0.1407	3.6598	0.1370	0.31	23.4±0.21	2.23	36.2±18.5		
2	650	38.745	0.0443	2.8129	0.2251	0.63	26.0±0.15	4.52	398.7±14.3		
3	800	40.298	0.0328	3.2447	0.2448	0.78	30.9±0.13	5.60	465.9±10.6		
4	900	39.184	0.0194	6.8277	0.3489	1.14	34.1±0.12	8.18	508.1±8.4	2021	51.5
5	1000	38.667	0.0150	4.3055	0.1317	1.39	34.7±0.10	9.97	514.9±7.1	2577.8	66.7
6	1100	37.619	0.0109	5.6600	0.2029	2.39	34.9±0.10	17.1	518.5±6.5	3434.8	91.3
7	1200	36.103	0.0073	7.4425	0.1003	4.15	34.7±0.09	29.8	515.6±5.4	5040	139.6
8	1350	36.983	0.0095	7.6667	0.1129	2.69	34.9±0.10	19.3	518.5±6.5	3900	105.5
9	1500	65.152	0.0758	7.9137	0.3383	0.46	43.7±0.23	3.29	627.8±21.7	A=287.5±2.9 B=34.2±0.23 r=0.99982 T_i=(508.6±7.4)Ma	

注：主坪年龄 T_p=(515.7±1.8) 百万年，T_i=(508.6±7.4)Ma（与 T_p 对应的等时年龄，4～8 阶段数据）

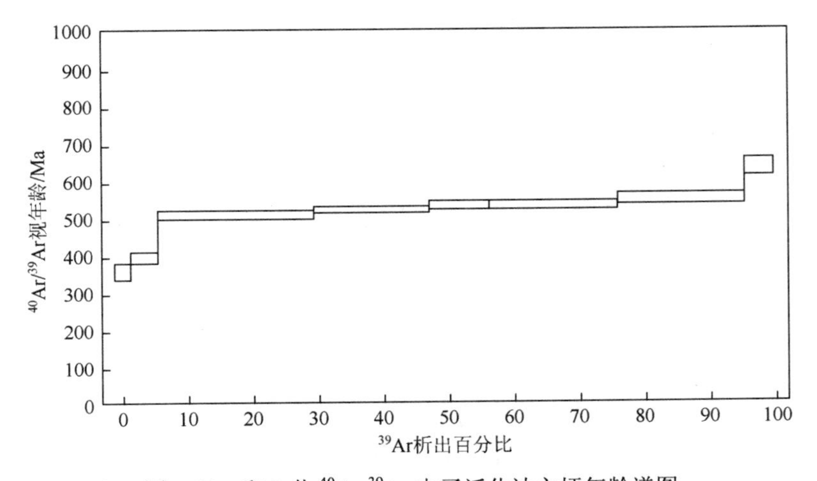

图 5-19　和 3 井 ^{40}Ar-^{39}Ar 中子活化法主坪年龄谱图

5.2.4　和 4 井火山岩年代学特征

和 4 井钻遇中酸性岩体，对其未做同位素年龄分析，但其岩石地层组合可以作为年代分析的证据之一。在该套中酸性岩体之上，钻遇 29m 厚的浅紫红色硅藻岩，见有小壳化石、硅藻目及中心硅藻目的硅藻化石，与柯坪地区玉尔吐斯组地层类似，属于早寒武世硅藻岩，由古代的硅藻遗体（硅藻壳）组成。根据硅藻生物生存习性研究，硅藻生物的特别繁盛及 4 井下寒武统底部硅藻土的成因可能与其下伏中酸性火山岩体有一定的联系，由此推断该岩体形成时代在震旦纪晚期，这与方 1 井 ^{40}Ar-^{39}Ar 测年结果相吻合。

和 4 井井深 3365.05～3370.15m 钻遇辉长岩，取 3365m 处的辉长岩样品，全岩样送北京大学进行了 K-Ar 法同位素年龄测定，其同位素年龄为（233.7±0.5）Ma 属于早二叠世。同一样品送中科院地质所进行 ^{40}Ar-^{39}Ar 快中子活化法同位素地质年龄分析，分析结果见表 5-10，获得主坪年龄值为（493.3±2.4）Ma（图 5-20），属于奥陶纪早期。

表 5-10　和 4 井 ^{40}Ar-^{39}Ar 快中子活化法定年数据

井深：3365.05～3370.15m				样品名称：辉长岩			样品重量：W=0.35g		照射参数：J=0.009529		
加热阶段	加热温度/℃	($^{40}Ar/^{39}Ar$)/m	($^{36}Ar/^{39}Ar$)/m	($^{37}Ar/^{39}Ar$)/m	($^{38}Ar/^{39}Ar$)/m	$^{39}Ar/(\times 10^{-12}$mol)	($^{40}Ar^*/^{39}Ar_k$)±1σ	$^{39}Ar_k$/%	视年龄±1σ/Ma	($^{40}Ar/^{36}Ar$)/m	($^{39}Ar/^{36}Ar$)/m
1	480	49.304	0.0913	2.3760	0.4435	0.27	22.6±0.15	2.21	32.3±12.2		
2	650	34.769	0.0359	1.2811	0.2410	0.46	24.3±0.13	3.76	375.7±10.1		
3	800	38.966	0.0414	2.0459	0.1345	0.67	26.9±0.12	5.48	412.5±9.5		
4	900	36.449	0.0140	5.6181	0.9065	2.48	32.9±0.11	20.3	491.4±6.6	1895.6	49.6
5	1000	35.368	0.0157	5.5059	0.0916	2.03	32.5±0.12	16.6	486.5±7.5	3054.5	86.4
6	1100	35.586	0.0110	3.3705	0.9379	1.68	32.6±0.10	13.7	488.7±5.3	325	90.6
7	1200	35.035	0.0084	8.2438	0.0483	3.32	33.4±0.09	27.2	498.0±4.0	4175	119.2
8	1300	41.795	0.0307	9.1482	0.0948	0.91	33.6±0.13	7.44	501.5±14.5	1358.3	32.3
9	1480	63.243	0.0703	2.1944	0.1784	0.41	42.8±0.12	3.35	616.8±21.2	A=290.4±2.4 B=34.4±0.24 Y=0.9978 T_i=(485.3±8.2)Ma	

注：主坪年龄 T_p=(493.3±2.4)百万年，T_i=(485.3±8.2)Ma（与 T_p 对应的等时年龄，4～8 阶段数据）

综上所述，前人对塔中基岩隐伏地区钻遇火成岩的同位素年代学的研究成果显示，塔中基岩隐伏地区有不同期次的火成岩发育，包括震旦纪早期、晚震旦晚期、晚寒武—早奥陶世以及二叠纪，尤其以二叠纪时期的火成岩发育最为广泛。

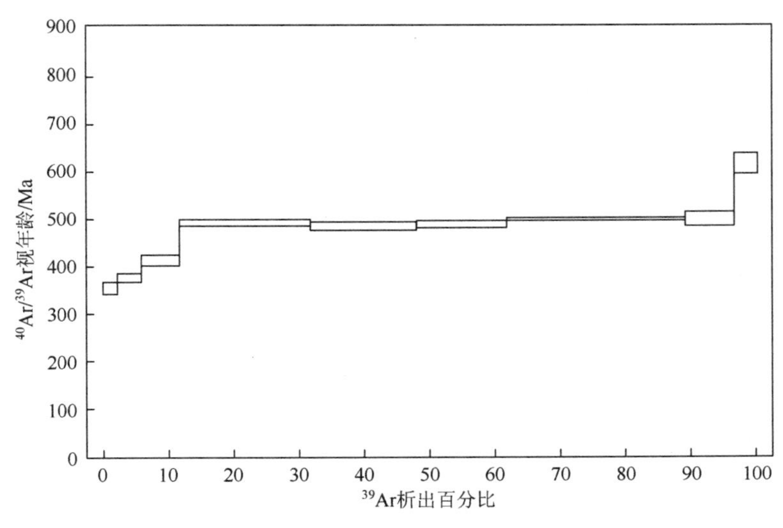

图 5-20　和 4 井 ^{40}Ar-^{39}Ar 中子活化法主坪年龄谱图

5.3　岩浆活动期次

关于塔中地区岩浆活动期次的研究已有很多说法，概括起来有如下观点：

（1）二期说：（李曰俊等，2005），柯坪—巴楚地区岩浆活动主要为前寒武纪和早二叠世；而在个别锆石中测出的（102±2.7）～（110.9±5.9）年龄，可能反映了本区在白垩纪存在构造热事件的影响。

（2）三期说：（长衡，2003），震旦纪晚期—寒武纪早期、寒武纪晚期—奥陶纪早期、早二叠世晚期，此外中晚奥陶世、志留纪和石炭纪也发生过小规模的火山活动。

（3）四期说：（张传林，2003），二叠纪（TZ22，TZ18，TZ21，TZ47）、石炭纪—志留纪、奥陶纪（TZ49，TZ18，TZ33，He3，He4）、寒武纪—震旦纪（He4，Tc1），另外一观点为：震旦纪（He4）、寒武纪（He4，Tc1）、奥陶纪、二叠纪早期。

（4）六期说：（刘春晓等，2003），二叠纪、石炭纪（TZ46，TZ21，TZ18）、志留纪（AM1，TZ47，He4，TZ22）、中奥陶世晚期、寒武纪晚期—奥陶纪早期（TZ33，TZ49，He4，Bd4）、震旦纪晚期—寒武纪早期（He4）。

根据前述各不同地区的火成岩形成年代的古生物地层学、同位素年代学研究成果，结合本次 LA-ICP-MAS 单晶锆石测年数据、单矿物长石 K-Ar 法测年数据，及前人研究获得的同位素数据的综合分析，认为塔中地区岩浆活动期次主要为五期（图 5-21）：①震旦纪早期；②震旦纪晚期—寒武纪早期；③寒武纪晚期—奥陶纪早中期；④志留纪；⑤早二叠世。

1. 震旦纪早期（初次活动期）

胡云杨等（1998），杨文静（1999）、李曰俊（2005）对塔参 1 井的研究结果表明，塔中隐伏区发育有新元古代早期闪长岩和花岗闪长岩侵入相岩石，花岗闪长岩侵位成岩时代为 578～649Ma，属震旦纪早期，闪长岩是花岗闪长岩中的捕虏体，其原岩形成时代早于 659Ma。

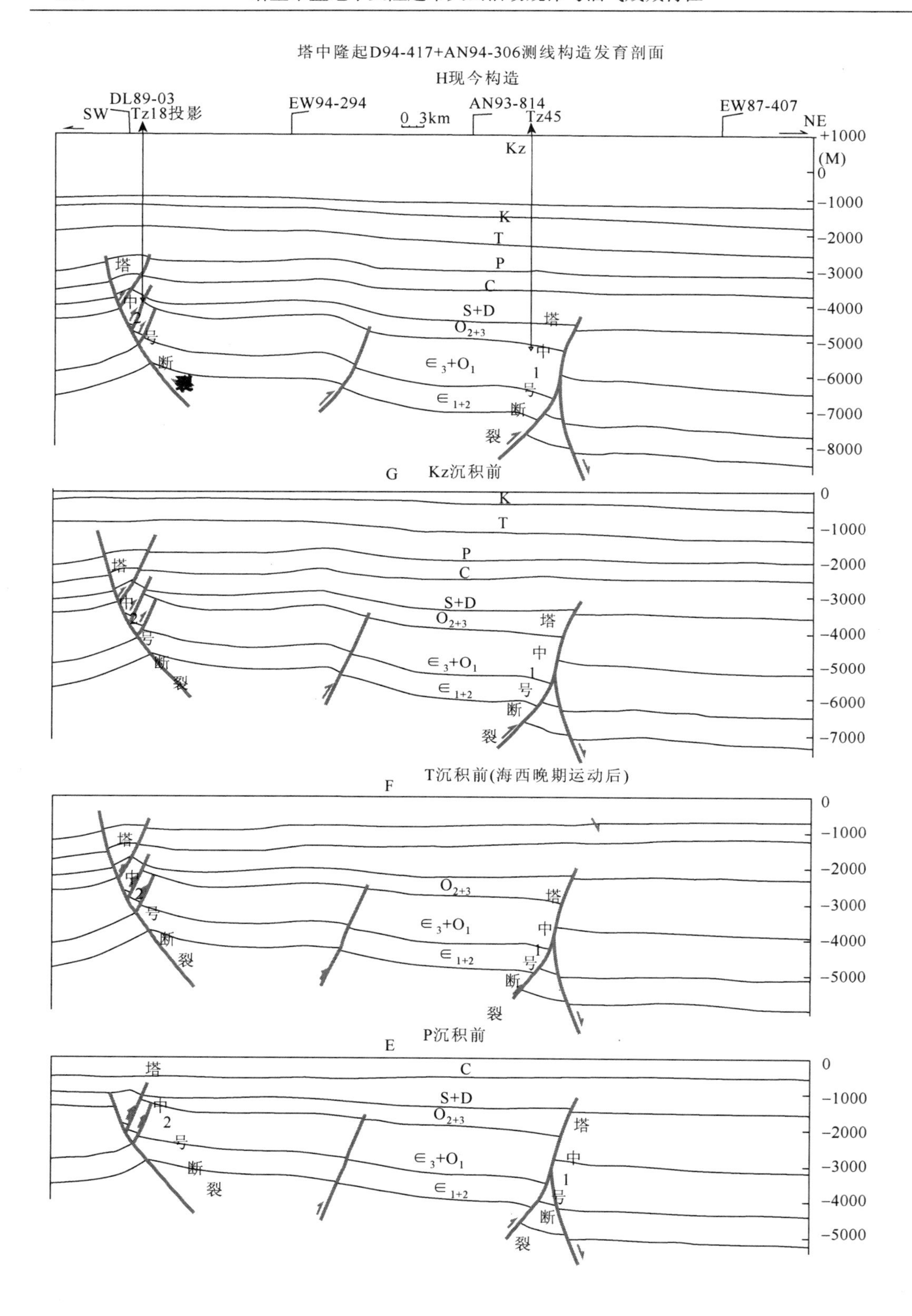

塔中隆起D94-417+AN94-306测线构造发育剖面
H现今构造
DL89-03
SW
Tz18投影
EW94-294
0 3km
AN93-814
Tz45
EW87-407
NE
+1000
(M)
0
-1000
-2000
-3000
-4000
-5000
-6000
-7000
-8000
Kz
K
T
P
C
S+D
O2+3
∈3+O1
∈1+2
塔中2号断裂
塔中1号断裂
G　Kz沉积前
F　T沉积前(海西晚期运动后)
E　P沉积前

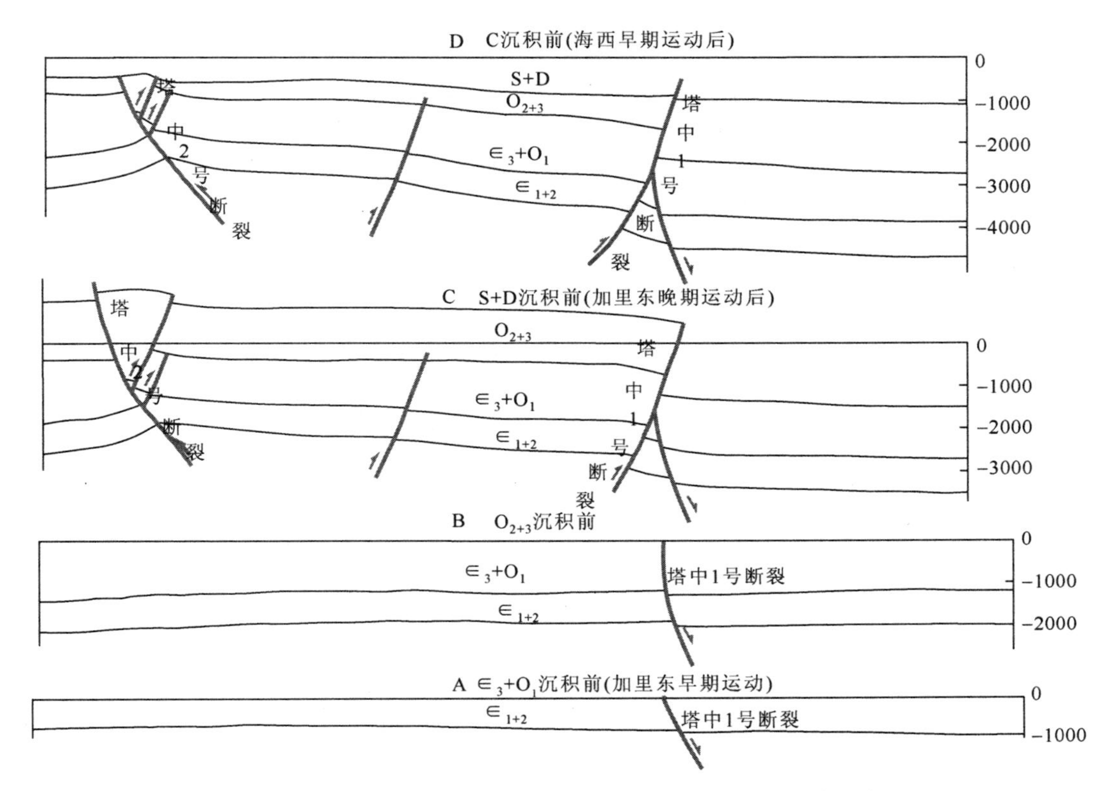

图 5-21　塔中地区火成岩发育模式图（图中火成岩位置仅为示意）

2. 震旦纪晚期—寒武纪早期（第二次活动期）

震旦系仅在方 1 井、和 4 井、塔参 1 井钻遇，方 1 井在 4665m 取玄武岩样品以 ^{40}Ar-^{39}Ar 法测年为准，其结果为（570.4±2）Ma，属于震旦纪晚期或寒武纪早期（寒武纪与震旦纪的分界年龄为 570Ma）。同时，从和 4 井岩石地层组合来看，中酸性岩体在下寒武统底部钻遇到 29m 浅紫红色硅藻岩，这种生物具有从水中吸取 SiO_2 组成它们自身躯壳的能力，火山喷发可以从地壳深部带出大量火山热液注入盆地，另外酸性火山熔岩和火山碎屑岩在海水中分解向黏土矿物转变时也可释放出大量 SiO_2，这都有利于硅质生物大量繁殖，必然产生大量的硅质生物遗体堆积，由此推断该火成岩体形成时代应为震旦纪晚期。

3. 寒武纪晚期—奥陶纪早中期（第三次活动期）

塔中 33 井在奥陶系中统钻遇玄武岩，从和 4 井钻遇的基性辉长苏长岩、橄榄苏长岩、辉长岩同位素年龄谱图中可以看出，其年龄均值约 493.3Ma（测试单位：中科院地质研究所 Ar-Ar 定年实验室），应属寒武纪晚期或奥陶纪早期（罗俊成，1999），再与钻遇的地层年代结合起来对比可知其应属于奥陶纪早期。

4. 志留纪（第四次活动期）

据钻井报告的论述，有中 16 井、中 1 井、塔中 18 井、塔中 22 井、塔中 47 等井钻遇志留系火山岩。其中，中16井钻井报告表述发育多层火山岩，经取样鉴定，中16井中主要为碎屑岩与碳酸盐岩，发育有英安质中酸性岩屑和少量凝灰岩岩屑，没有真正的凝灰岩。中1H井在4840m克孜尔塔格中为玄武岩，在5160m塔塔埃尔塔格族为玄武岩（岩屑），因此说明志留纪存在零星的火山活动，但没有达到区域活动的程度。该时期的火山活动可能与天山洋、昆仑洋的关闭有关。

5. 二叠纪早期（大规模活动期）

塔中地区由于受海西晚期运动的影响出现了短期的张裂作用，使得该区域发生了强烈的基性火山喷发和岩浆侵入活动。取得的同位素资料主要有巴楚小海子地区辉绿岩（225±15）Ma（锆石 LC-ICP-MS 测年，李曰俊等，2005）；麻扎塔格辉长岩（283±3）Ma、正长岩（279±5）Ma；瓦基里塔格辉长岩（285±15）Ma、闪长岩（295±21）Ma；柯坪地区一间房辉绿岩（283±1）Ma、沙井子玄武岩（287±20）Ma；顺1井井深3463.1～3463.2m英安斑岩的锆石 LC-ICP-MS 年龄（285±11）Ma等。说明此次岩浆活动是塔中地区最为重要、分布最广、影响最大的，该期岩浆活动对中央隆起带的沉积、成岩和油气成藏有着重要的影响。

第6章　中央隆起带火成岩地球化学特征及成因分析

6.1　火成岩岩石地球化学特征

6.1.1　微量元素地球化学

1. 早震旦世火成岩微量元素特征

早震旦世火成岩微量元素丰度值列于表6-1。经原始地幔标准化后，其分布形式特征如图6-1所示，与Poli等（1984）花岗岩微量元素分配形式相比较发现，微量元素丰度变化较大，主要表现为Ba、Ta、Sm、Tb较富集，Sr、P、Ti等元素亏损，且Nb强烈亏损，花岗闪长岩的Rb/Sr为0.051～0.079，平均为0.063；闪长岩的Rb/Sr为0.031～0.047，平均为0.039，反映该花岗岩更具大陆壳的特征，说明前震旦纪花岗岩为造山花岗岩类的正常大陆弧花岗岩。过渡元素丰度见表6-1，经球粒陨石标准化后，其分布不具明显的"W"形态（图6-2），表现为Ni强烈亏损，而V、Cr轻微亏损，从而表明前震旦纪花岗岩不是来自于地幔。

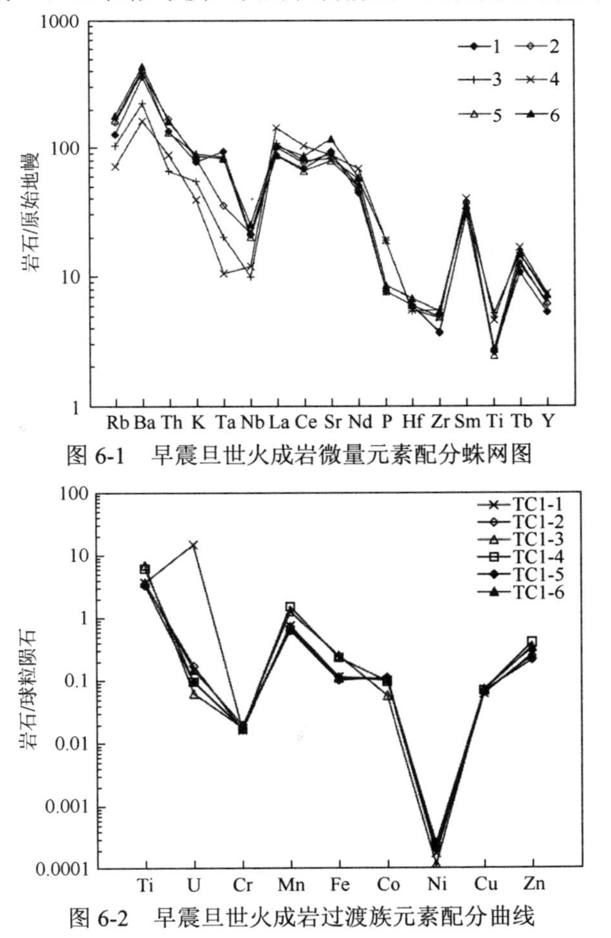

图6-1　早震旦世火成岩微量元素配分蛛网图

图6-2　早震旦世火成岩过渡族元素配分曲线

表 6-1　塔中及周边地区火成岩微量元素 ICP-MS 分析结果（$\times 10^{-6}$）

时代	样品号	岩性	Rb	Sr	Ba	Y	Zr	Hf	Nb	Ta	Th	U	Ni	Co	V	Cr	Sc	Cu	Zn
Z_1	TC1-1	花岗闪长岩	109.4	2156.5	2754.8	25.889	40.29	2.12	12.49	3.99	13.11	238	2.14	54.94	—	57.04	—	8.658	119.22
	TC1-2		137.88	2071.9	2990.5	30.13	41.22	2.1	13.13	1.52	16.32	2.72	3.09	58.76	—	57.58	—	9.072	113.16
	TC1-3	闪长岩	88.47	1893	1708.6	34.111	60.57	1.91	6.11	0.86	6.36	0.99	1.42	31.46	—	62.65	—	10.159	152.94
	TC1-4		61.64	2018.1	1228	36.296	53.04	1.92	7.38	0.45	8.44	1.51	3.11	53.33	—	60.41	—	9.738	185.45
	TC1-5	花岗闪长岩	142.14	1805.6	3132.7	30.972	54.04	2.11	12.45	3.63	12.65	1.53	2.56	61.15	—	62.05	—	9.602	98.121
	TC1-6		155.05	2716.8	3300.3	35.078	59.61	2.38	15.35	3.57	15.59	2.37	3.06	57.3	—	68.29	—	9.854	157.2
Z_2—$\in_1$	X1	玄武岩	—	308	161	33.9	—	—	18.1	—	7.9	—	54.3	46	351	61.9	28.2	90.8	166
	X2		—	541	526	38.6	—	—	29.4	—	7.7	—	87.8	54.6	214	35.4	17.7	54.4	159
	X3		—	544	548	24.4	—	—	29.4	—	7.7	—	87.8	54.6	214	35.4	17.7	54.4	159
	X4		—	555	585	33.2	—	—	29.8	—	7.4	—	89.7	56.4	212	35.3	17.3	54.8	160
$\in_3$—O_1	和 3		27.52	406	405.8	40.98	205.8	6.15	28.36	3.82	30.46	—	77.89	50.71	207	102	29.89	82.94	266.5
	和 4		25.18	370.7	385.25	33.56	182.7	6.14	28.36	3.827	31.38	—	99.28	58.48	172.9	86.42	28.54	107	131.7
P_1	S01-3	致密块状玄武岩	33.8	488	552	35.9	250	5.76	23.6	1.68	5.76	1.22	9.82	37.2	225	37.6	19.2	32.63	166
	S01-5		22.7	468	508	33.3	222	4.74	22	1.43	4.74	1.22	44	45.8	267	106	25.2	51.16	221
	S01-15		3.41	199	91.8	34.8	224	5.17	22.2	1.60	5.17	1.03	10.1	34	245	7.44	18.6	21.65	235
	S01-20	凝灰岩	191	158	958	63.8	185	5.3	16.9	1.56	5.3	3.7	11.8	5.12	32.5	17.6	8.07	14.57	57.6
	S01-23	橄榄玄武岩	36.8	296	533	36.3	270	6.19	26.4	1.89	6.19	1.01	16.2	41.8	248	19.7	21	26.36	169
	S02-2	块状玄武岩	21.3	461	917	56.3	365	8.96	35.2	2.27	8.96	0.97	12.4	35.6	157	15.9	21.1	54.85	199
	S02-7	橄榄玄武岩	38.8	305	796	55.1	368	9.25	36.3	2.37	9.25	0.98	19.2	38.5	169	29.4	21.7	56.96	213
	S02-10	块状玄武岩	33.1	307	731	45.2	306	7.71	33.1	2.20	7.71	0.84	38.8	46.3	215	51.3	22.8	37.59	198
	S02-15		46.3	259	2280	45.3	319	7.98	35.8	2.44	7.98	0.9	41.6	46.2	159	66	23.5	51.59	204
	S02-16		32.4	278	700	50.9	378	7.92	37	2.20	7.92	0.95	41.1	50.2	266	62.1	31.5	145.31	291

续表

时代	样品号	岩性	Rb	Sr	Ba	Y	Zr	Hf	Nb	Ta	Th	U	Ni	Co	V	Cr	Sc	Cu	Zn
	S02-19		27	328	657	39.7	269	6.72	28.8	197	6.72	0.67	62.3	50.2	229	73.6	22.1	46.71	195
	S02-20	橄榄玄武岩	16.7	381	860	42.3	300	7.7	30.8	2.05	7.7	0.81	43.7	46.7	229	47.6	23.8	58.02	188
	S02-22		26.8	324	724	40.5	281	7.08	29.3	1.99	7.08	0.75	47.9	47.3	237	47.2	23.7	44.19	182
	S02-24		24.9	505	617	35.8	271	5.98	26.1	1.78	5.98	0.65	63.5	52	237	61.5	228	60.46	189
	中 1-3	火山细砾岩	28.5	330	564	32.9	225	5.24	21	1.51	4.13	0.88	37.6	37.1	154	36.4	16.4	27.10	156
	中 1-7	凝灰砾岩	62.1	447	449	28.3	229	5.5	19.8	1.46	6.53	1.41	33.1	27	122	54.9	13.6	13.27	126
	中 1-9	火山细砾岩	18.4	644	431	29.1	206	4.49	19.6	1.39	3.25	0.46	42.4	15.7	132	67.4	17.3	21.89	76.2
	中 1-12		40.5	1100	753	32.1	228	5.08	21.1	1.47	3.26	0.63	54.6	32.7	157	52.1	16.2	23.03	112
	中 1-15	块状玄武岩	10.3	240	511	29.8	236	5.75	23	1.70	4.02	0.81	28.8	26.1	168	40.7	15.3	44.27	95.8
	中 16-3		34.6	441	1110	33	230	5.48	19.4	1.45	3.01	0.66	50.2	42.1	178	54.4	20.7	52.40	161
P_1	中 16-4	角岩	29.1	302	455	30.1	241	5.38	21.7	1.53	3.42	1.24	76	41.6	113	35.4	14.8	72.02	163
	中 16-8	块状玄武岩	23.8	830	601	33.1	230	5.56	21.3	1.54	3.28	0.96	44.6	46.2	159	39.1	17.4	54.11	129
	中 16-11	火山细砾岩	6.61	389	378	35.9	257	5.71	23.4	1.69	3.5	0.80	36.2	37	166	37.6	17.7	34.91	136
	中 16-17	块状玄武岩	11.2	835	1200	35.6	281	6.29	25.5	1.81	4.08	0.88	50.2	46.9	183	48.4	19.2	30.52	111
	顺 1-3	品屑凝灰质流纹安山岩	180	157	916	50.5	317	8.83	29.7	2.14	20.9	3.84	1	5.94	17.8	35.7	6.89	20.01	97.7
	顺 1-4		179	161	960	45.1	338	9.03	29.3	2.13	20.4	3.77	2.59	5.91	19.8	79.3	6.91	9.93	112
	顺 2-1	凝灰熔岩	123	161	1030	36.5	354	9.88	50.2	3.14	13.8	1.70	3.46	5.39	26	7.84	6.12	13.10	132
	同 1-1	霏细岩	65.8	206	2850	17.3	158	4.17	12.2	0.92	10.7	2.74	2.14	2.79	18.4	123	3.4	26.69	77.3
	XB001-1	含石英二长岩	138	50.2	131	61.7	225	8.64	191	11.89	32.1	9.13	12.2	1.73	5.66	140	4.08	24.42	83.2
	XB001-2	含橄云辉二长岩	23.6	997	823	47.6	224	6.34	89.3	5.90	4.93	0.99	0.844	11.3	71	30.9	11.9	12.04	211
	XB002-2	云闪二长岩	75.3	625	808	29.4	366	10.3	82.6	5.70	18	3.66	20.3	8.76	51.7	55.8	4.7	39.30	125

续表

时代	样品号	岩性	Rb	Sr	Ba	Y	Zr	Hf	Nb	Ta	Th	U	Ni	Co	V	Cr	Sc	Cu	Zn
P_1	XB002-4	含橄云辉二长岩	48.3	767	758	42.6	210	5.4	88	6.02	3.62	0.89	6.75	22	116	2.9	12.1	9.60	197
	XB002-6	花岗细晶岩	105	115	322	36	376	13	110	9.68	42	4.55	1.55	2.32	7	122	2.81	7.99	57.2
	XB003-2	云闪二长岩	80.5	823	1060	25.4	281	7.29	67.7	4.43	10.5	1.79	17.6	10.5	51.7	45.2	6.17	12.12	168
	XB005-1	中粒石英角闪正长岩	50.2	781	1440	31.3	227	5.87	82.3	5.41	9.16	1.67	7.85	6.4	26.4	8.78	6.35	14.97	123
	XB005-3		75.8	50.4	161	34.9	357	10.4	80.7	5.55	13.7	293	2.8	1.79	6.92	117	7.69	7.38	57.8
	XB007-3	辉绿玢岩	19.5	661	564	28.2	262	6.76	43.2	3.15	6.08	1.23	15.4	32.7	222	18.9	18.7	65.02	147
	XN001-1		36.2	533	825	29.8	261	7.06	44.7	3.11	7.09	1.34	24.9	38.2	173	20.2	21	55.82	185
	XN001-2		31.6	638	603	23.3	215	5.19	31.9	2.22	4.65	0.83	99.4	47.7	192	208	21.1	65.67	140
	XN001-6	橄榄辉绿玢岩	7.85	156	65.8	11.6	91.8	2.38	13.5	1.00	1.57	0.29	566	112	238	1160	30.1	64.53	101
	XN005-1	辉绿玢岩	43.1	614	613	27.6	256	6.11	36.8	2.64	4.37	0.82	32.5	37.5	197	23	23.4	87.88	148
	W002-1	角砾云母橄榄岩	23.4	1620	921	54	300	5.99	117	6.32	22	4.83	566	73.4	161	1010	20.2	85.44	139
	W002-2		24.1	1570	1260	54.8	304	6.01	108	6.00	21.1	4.48	557	73.9	173	975	22.3	92.77	138

2. 晚震旦世—早寒武世火成岩微量元素特征

晚震旦世—早寒武世玄武岩类的微量元素分丰度值列于表6-1，经原始地幔标准化后（图6-3），可见玄武岩的Cr、Ni、Cu等亲石元素相对于世界基性岩平均值亏损；而Ti、V、Co、Pb、Zn、Li、Be、Ba、Nb、Th、Y等相对富集，Sr、Sc、Ga、Yb等与世界玄武岩（基性岩类）的平均值相近，过渡族元素经球粒陨石标准化，其分布形式呈“W”形，在Cr、Ni处为最低点，Ti、V的丰度值高于球粒陨石（图6-4）；Ti、V是不相容元素，在地幔岩部分熔融时易进入熔体，在地幔岩中亏损，在玄武岩质熔体总富集，所以本地区地幔表现出亏损地幔性质（地幔岩经部分熔融后所残留的地幔），玄武岩浆则来自原始地幔的部分熔融。

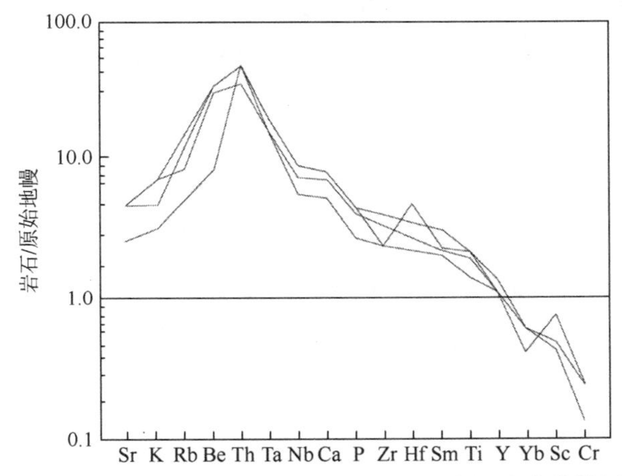

图6-3　晚震旦世—早寒武世火山岩微量元素配分曲线蛛网图

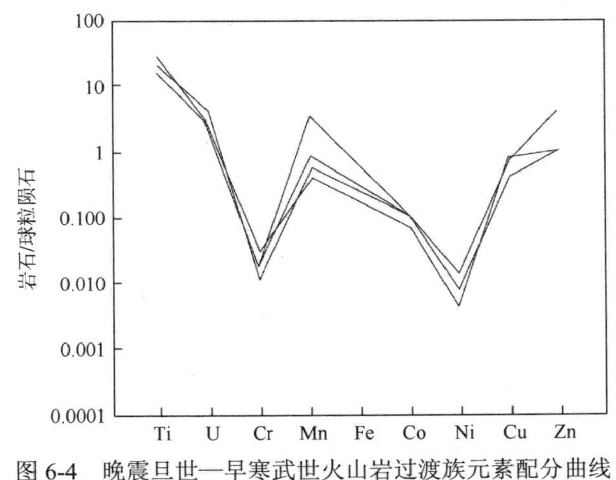

图6-4　晚震旦世—早寒武世火山岩过渡族元素配分曲线

3. 寒武世—早奥陶世火成岩微量元素特征

晚寒武世—早奥陶世玄武岩类微量元素丰度值列于表6-1。经洋中脊玄武岩标准化后，其分布形成“单驼峰状”（图6-5），与Pearce标准的玄武岩微量元素分配形式对比后发现，其分布形式与过渡的玄武岩形极为相似，并接近碱性玄武岩，表现为Rb、Ba、Th、Ta的强烈富集，Sr、K、Nb、Ce的中等富集，Zr、Hf、Sm轻微富集，Ti、Y、Yb、Sc、Sr不富集。过渡族元素经球粒陨石标准化后，其分布形式呈“W”形（图6-6），在Cr、Ni最低，Ti、V值高于球粒陨石。

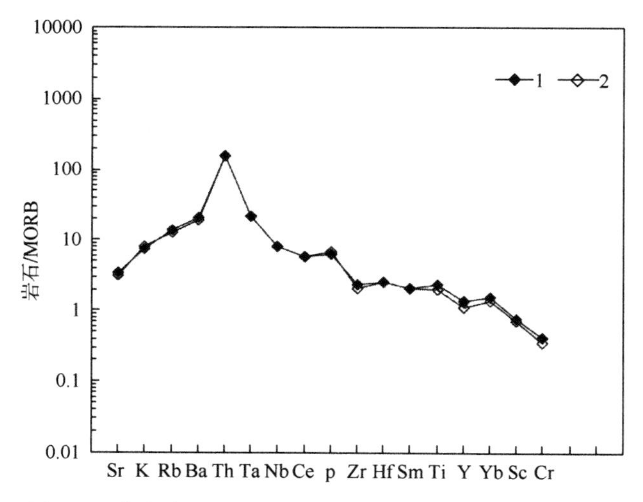

图6-5　晚寒武世—早奥陶世火山岩微量元素比值蛛网图

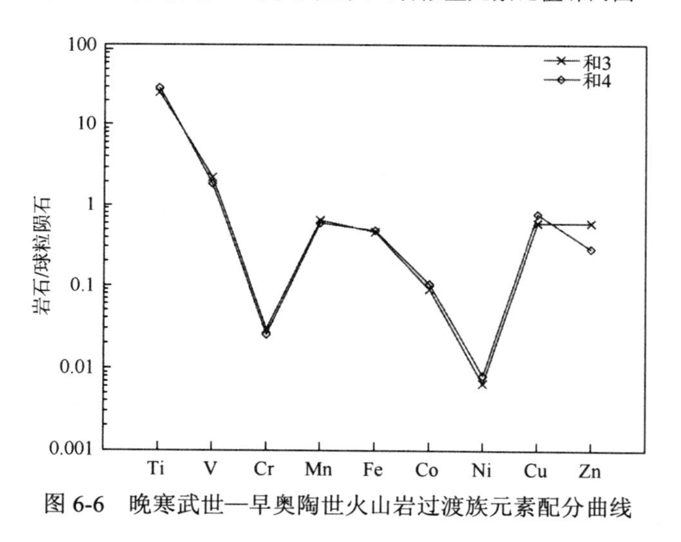

图6-6　晚寒武世—早奥陶世火山岩过渡族元素配分曲线

4. 早二叠世火成岩微量元素特征

1）火山岩

早二叠世火山岩在塔中地区发育的范围很大，既有野外露头能观察的，也有石油钻井钻遇的，元素丰度值列于表6-2。采用原始地幔标准化（Sun et al.，1989）后，其分布形状特征如图6-7、图6-8所示，从蜘蛛网图中，发现塔中隐伏地区基性火山岩亏损Th、Sr，富集Ba、P、Ti，而酸性火山岩与基性火山岩配分曲线的形态不同，曲线较基性岩曲线更倾斜，富集Nb、La、Nd、Zr、Hf，亏损Sr、Ba、P、Ti。从配分曲线的形态来看，柯坪地区的基性火山岩（除S01-5）与塔中隐伏地区的基本相同，S01-15为安山质凝灰岩，为柯坪玄武岩的一夹层。过渡元素的丰度值见表6-1，过渡元素经球粒陨石标准化后，其分布形式呈“W”形（图6-9、图6-10），在Cr、Ni最低，Ti、V值高于球粒陨石。

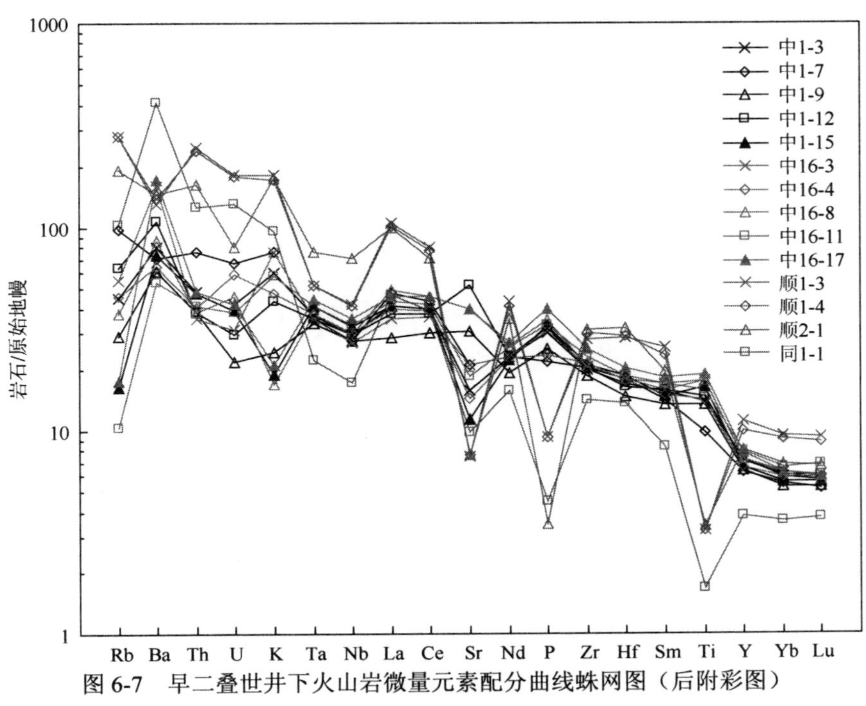

图6-7 早二叠世井下火山岩微量元素配分曲线蛛网图（后附彩图）

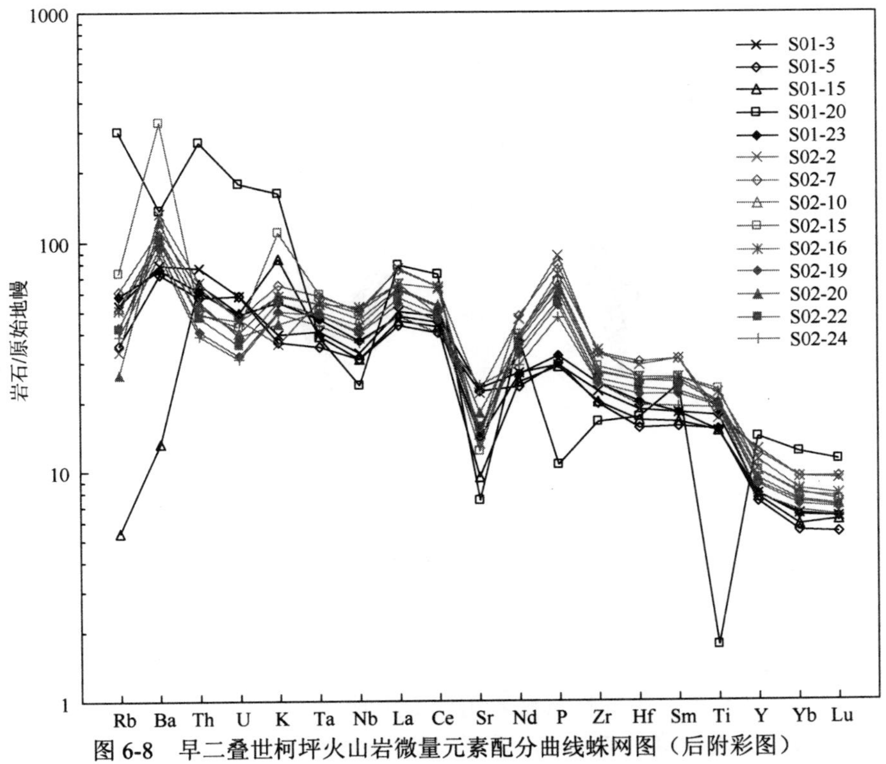

图6-8 早二叠世柯坪火山岩微量元素配分曲线蛛网图（后附彩图）

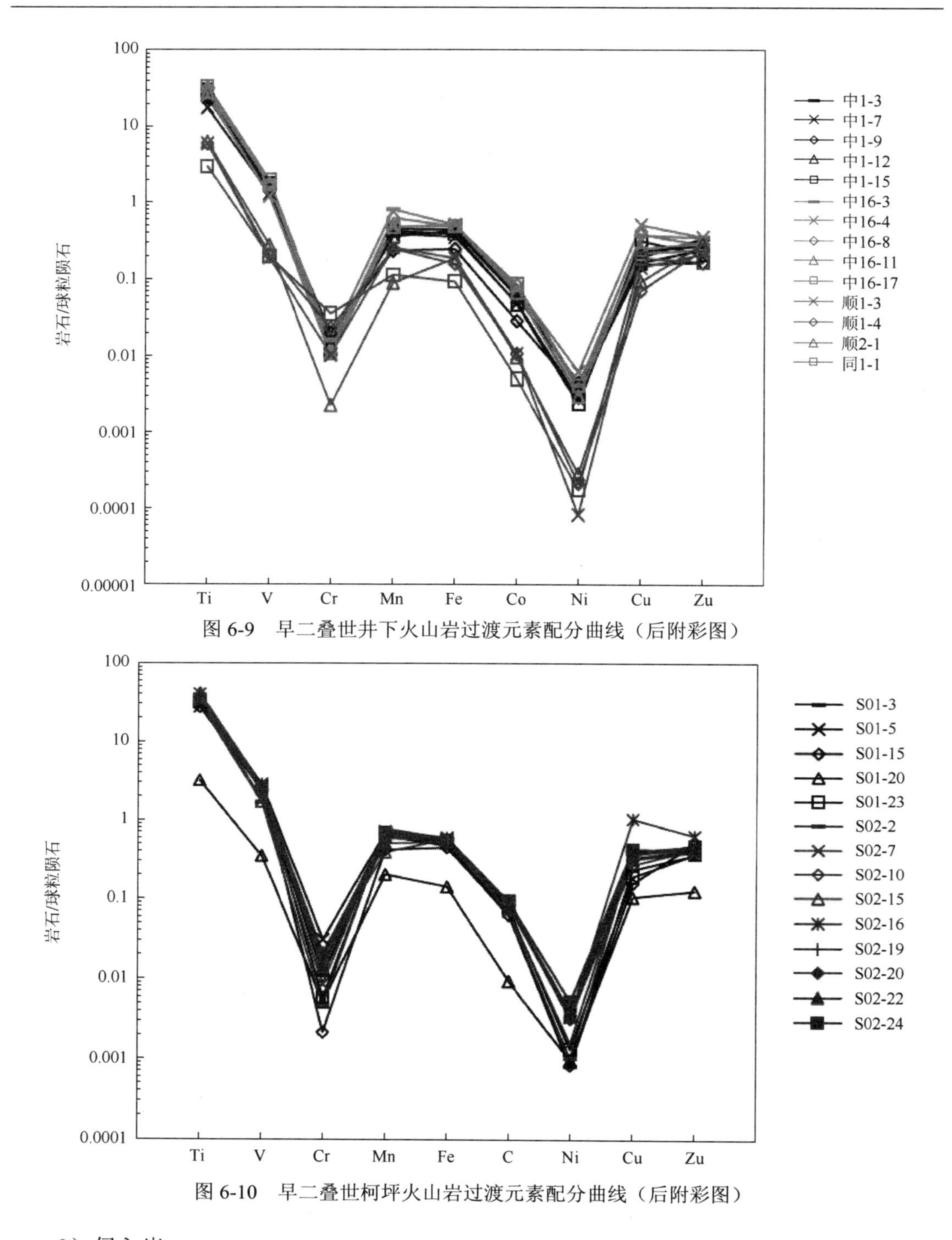

图 6-9　早二叠世井下火山岩过渡元素配分曲线（后附彩图）

图 6-10　早二叠世柯坪火山岩过渡元素配分曲线（后附彩图）

2）侵入岩

早二叠世侵入岩岩石类型中，基性—中酸性岩均有分布，其基性侵入岩主要为辉绿岩，在塔中地区分布较为广泛，中酸性岩浆岩主要为正长岩，目前发现于小海子北闸地区。早二叠世基性岩微量元素丰度见表 6-2，采用 Thompson（1982）球粒陨石标准化后，微量

表 6-2　塔中及周边地区火成岩稀土元素 ICP-MS 分析结果（$\times10^{-6}$）

时代	样品号	岩性	La	Ce	Pr	Nd	Sm	Eu	Gd	Tb	Dy	Ho	Er	Tm	Yb	Lu	Y	ΣREE	LREE/HREE	$(La/Yb)_N$	δEu	δCe
Z_1	TC1-1	花岗闪长岩	37.50	71.00	8.35	31.50	5.79	1.35	5.32	0.79	4.47	0.88	2.72	0.41	2.85	0.44	25.20	173.37	8.70	8.77	0.73	0.87
	TC1-2		33.30	64.70	7.73	29.30	5.53	1.34	5.11	0.76	4.32	0.84	2.63	0.39	2.71	0.42	24.90	159.08	8.26	8.19	0.76	0.88
	TC1-3	闪长岩	35.40	67.90	7.97	30.10	5.68	1.45	5.17	0.78	4.40	0.85	2.65	0.39	2.61	0.41	24.90	165.76	8.60	9.04	0.81	0.88
	TC1-4		26.90	53.30	6.35	24.40	4.64	1.10	4.14	0.60	3.43	0.68	2.10	0.32	2.20	0.35	19.80	130.51	8.44	8.15	0.75	0.89
	TC1-5	花岗闪长岩	308.00	322.00	14.40	26.90	3.06	0.56	4.89	0.52	2.56	0.46	1.38	0.19	1.23	0.19	13.80	686.34	59.10	166.94	0.44	0.70
	TC1-6		8.74	15.70	1.76	6.99	1.56	0.38	1.54	0.25	1.34	0.25	0.75	0.11	0.69	0.10	7.73	40.16	6.98	8.44	0.74	0.86
Z_2—$\in_1$	X1	玄武岩	23.1	48.1	6.9	27.4	6.6	2.3	6.2	1	5.7	1.2	3.2	0.4	2.5	0.4		135.00	5.55	6.63	1.08	0.92
	X2		24.5	54	7.8	33.8	7.1	2.5	6.1	1	6	1.2	3.2	0.4	2.5	0.5		150.60	6.21	7.03	1.13	0.95
	X4		36.5	78.5	10.6	41.3	9.6	2.6	7.9	1.3	7.4	1.6	4.3	0.6	3.5	0.5		206.20	6.61	7.48	0.89	0.97
$\in_3$—O_1	和 3		24.96	57.29	7.03	30.31	6.73	2.1	7.77	1.25	6.27	1.33	3.42	0.52	3.5	0.61		153.09	5.21	5.12	0.89	1.04
	和 4		22.65	51.81	6.13	27.28	6.69	2.27	7.11	1.15	5.58	1.15	3.3	0.5	2.95	0.51		139.08	5.25	5.51	1.00	1.06
P_1	S01-3	致密块状玄武岩	34.30	84.00	8.90	36.40	7.94	2.27	8.13	1.22	6.72	1.39	3.64	0.49	3.19	0.46	35.90	199.06	6.88	7.17	0.86	1.06
	S01-5		30.01	71.20	7.49	31.50	6.91	2.06	7.14	1.06	5.77	1.21	3.18	0.42	2.68	0.40	33.30	171.03	6.83	7.47	0.89	1.04
	S01-15	橄榄玄武岩	31.00	76.40	8.01	33.20	7.30	2.17	7.56	1.15	6.12	1.35	3.44	0.46	2.87	0.45	34.80	181.47	6.76	7.20	0.89	1.07
	S01-23		32.60	79.80	8.53	35.70	8.00	2.54	8.17	1.26	6.76	1.42	3.71	0.49	3.16	0.47	36.30	192.60	6.57	6.88	0.95	1.05
	S02-2	块状玄武岩	52.80	114.00	14.60	62.90	13.80	3.50	13.80	1.98	10.50	2.18	5.60	0.72	4.66	0.69	56.30	301.72	6.52	7.55	0.77	0.91
	S02-7	橄榄玄武岩	52.00	114.00	14.90	64.40	13.70	3.57	13.90	1.99	10.50	2.21	5.76	0.74	4.66	0.70	55.1	303.03	6.49	7.44	0.79	0.91
	S02-10	块状玄武岩	43.50	94.20	12.20	52.30	11.20	3.30	11.40	1.61	8.67	1.79	4.77	0.62	3.88	0.57	45.2	250.02	6.50	7.47	0.89	0.90
	S02-15		45.10	86.00	12.80	53.80	11.40	3.50	12.00	1.68	8.84	1.80	4.69	0.62	3.97	0.55	45.3	246.75	6.23	7.57	0.91	0.79
	S02-16	橄榄玄武岩	45.46	111.00	12.20	52.60	11.40	3.28	11.40	1.71	9.01	1.87	4.73	0.62	4.08	0.59	50.9	269.95	6.94	7.43	0.88	1.04
	S02-19		37.30	80.70	10.50	44.10	9.68	2.87	10.00	1.38	7.44	1.57	4.12	0.54	3.50	0.51	39.7	214.21	6.37	7.10	0.89	0.90
	S02-20		42.80	93.00	11.90	50.50	10.90	3.19	11.20	1.52	8.26	1.67	4.36	0.57	3.69	0.52	42.3	244.08	6.68	7.73	0.88	0.91
	S02-22		39.60	85.30	10.90	46.80	9.92	2.97	10.30	1.46	7.89	1.66	4.30	0.57	3.63	0.52	40.5	225.82	6.45	7.27	0.90	0.91

续表

时代	样品号	岩性	La	Ce	Pr	Nd	Sm	Eu	Gd	Tb	Dy	Ho	Er	Tm	Yb	Lu	Y	ΣREE	LREE/HREE	$(La/Yb)_N$	δEu	δCe
P_1	S02-24		32.50	71.00	9.22	39.30	8.55	2.72	9.17	1.31	6.95	1.42	3.88	0.49	3.30	0.47	35.8	190.29	6.05	6.57	0.94	0.91
	中 1-3	火山细砾岩	28.50	70.60	7.60	31.40	6.91	2.03	7.10	1.05	5.78	1.26	3.24	0.45	2.89	0.42	32.90	169.23	6.63	6.57	0.88	1.06
	中 1-7	凝灰砾岩	32.60	77.60	7.96	31.00	6.25	1.66	6.60	0.97	5.17	1.10	2.97	0.40	2.70	0.39	28.30	177.37	7.74	8.05	0.79	1.06
	中 1-9	火山细砾岩	19.70	53.30	6.04	26.20	5.95	1.75	6.40	0.95	5.31	1.15	3.06	0.40	2.63	0.39	29.10	133.23	5.57	4.99	0.86	1.08
	中 1-12		25.60	66.50	7.25	31.20	7.04	2.12	7.41	1.12	6.03	1.29	3.37	0.46	2.98	0.45	32.10	162.82	6.05	5.73	0.89	1.08
	中 1-15	块状玄武岩	28.50	70.00	7.45	30.30	6.55	2.00	6.77	1.01	5.63	1.21	3.24	0.42	2.78	0.42	29.80	166.28	6.74	6.83	0.91	1.06
	中 16-3		24.60	64.50	7.16	31.20	6.97	2.18	7.41	1.12	6.13	1.32	3.45	0.46	3.06	0.45	33.00	160.01	5.84	5.36	0.93	1.08
	中 16-4	角岩	27.40	69.30	7.37	30.80	6.58	1.99	6.97	1.02	5.72	1.26	3.20	0.44	2.91	0.44	30.10	165.41	6.53	6.28	0.90	1.08
	中 16-8	块状玄武岩	33.80	81.90	8.68	35.40	7.48	2.37	7.60	1.13	6.14	1.33	3.41	0.46	3.00	0.42	33.10	193.11	7.22	7.51	0.95	1.05
	中 16-11	火山细砾岩	29.70	74.00	8.24	34.70	7.55	2.33	7.95	1.18	6.47	1.42	3.70	0.51	3.26	0.51	35.90	181.52	6.26	6.07	0.92	1.05
	中 16-17	块状玄武岩	31.70	80.90	8.91	36.90	8.10	2.40	8.35	1.22	6.64	1.43	3.56	0.47	3.05	0.44	35.60	194.07	6.71	6.93	0.89	1.07
	顺 1-3	晶屑凝灰质	72.40	143.00	16.10	59.20	11.40	1.75	11.30	1.66	8.77	1.97	5.23	0.73	4.71	0.69	50.50	338.90	8.67	10.25	0.47	0.91
	顺 1-4	流纹安山岩	69.90	137.00	15.40	55.20	10.40	1.70	10.20	1.51	8.23	1.76	4.81	0.67	4.47	0.65	45.10	321.90	8.97	10.43	0.50	0.91
	顺 2-1	凝灰溶岩	68.40	125.00	13.70	48.30	8.63	1.99	7.77	1.13	6.32	1.41	3.82	0.52	3.37	0.50	36.50	290.86	10.71	13.53	0.73	0.88
	同 1-1	霏细岩	32.30	69.40	6.21	21.40	3.73	0.83	3.68	0.52	2.79	0.63	1.79	0.25	1.78	0.28	17.30	145.60	11.42	12.10	0.68	1.05
	XB007-3	辉绿玢岩	44.10	90.60	11.20	44.80	9.24	2.88	9.07	1.18	6.11	1.21	3.06	0.37	2.29	0.30	28.	226.41	8.60	12.84	0.95	0.90
	XN001-1		44.60	92.60	11.30	45.10	9.44	2.87	9.26	1.27	6.40	1.26	3.16	0.40	2.38	0.32	29.8	230.26	8.42	12.49	0.93	0.91
	XN001-2		34.70	71.30	8.77	35.30	7.18	2.38	7.33	1.00	5.01	0.94	2.42	0.30	1.87	0.24	23.3	178.74	8.35	12.37	1.00	0.90
	XN005-1		38.10	89.40	9.59	40.50	8.52	2.69	8.31	1.19	6.00	1.14	2.82	0.36	2.06	0.30	27.6	210.98	8.51	12.33	0.97	1.03
	XB001-1	石英二长岩	40.05	81.80	8.40	29.80	7.36	0.63	7.58	1.49	9.45	2.05	5.39	0.77	4.48	0.57	61.7	199.83	5.29	5.96	0.26	0.96
	XB001-2	含橄云辉二长岩	86.50	157.00	22.10	90.60	18.50	5.80	17.40	2.28	10.80	1.98	4.67	0.56	3.27	0.44	47.6	421.90	9.19	17.64	0.98	0.79
	XB002-4		75.50	135.00	18.60	73.10	14.80	4.48	14.40	1.92	9.50	1.78	4.48	0.53	3.29	0.43	42.6	357.81	8.85	15.30	0.93	0.79

续表

时代	样品号	岩性	La	Ce	Pr	Nd	Sm	Eu	Gd	Tb	Dy	Ho	Er	Tm	Yb	Lu	Y	ΣREE	LREE/HREE	$(La/Yb)_N$	δEu	δCe
P_1	XB002-2	中粗粒云闪二长岩	60.00	105.00	13.90	52.20	10.00	2.82	9.65	1.24	6.15	1.17	3.01	0.38	2.44	0.34	29.4	268.30	10.01	16.39	0.87	0.79
	XB003-2		68.50	112.00	14.30	53.30	9.82	3.60	9.35	1.17	5.60	1.05	2.61	0.32	1.96	0.26	25.4	283.84	11.72	23.30	1.14	0.77
	XB005-1	中粒石英角闪正长岩	71.30	120.00	16.10	60.50	11.20	5.13	10.70	1.42	6.97	1.32	3.26	0.41	2.41	0.33	31.3	311.10	10.60	19.72	1.43	0.77
	XB005-3		96.10	159.00	20.00	72.10	12.20	1.19	11.70	1.50	7.41	1.47	3.80	0.48	2.94	0.40	34.9	390.29	12.14	21.79	0.30	0.78
	XB002-6	花岗细晶岩	53.50	88.40	11.30	38.30	8.01	1.28	8.23	1.25	6.75	1.37	3.68	0.51	3.29	0.45	36	226.33	7.86	10.84	0.48	0.78
	XB001-6	橄榄辉绿玢岩	12.50	26.70	3.51	14.40	3.36	1.13	3.54	0.51	2.65	0.51	1.24	0.15	0.92	0.12	11.6	71.23	6.40	9.05	1.00	0.89
	W001-1	角砾云母橄榄岩	170	393	46.6	185	33.4	9.3577	30.2	3.39	13.7	2.24	4.93	0.478	2.58	0.324	54	173.37	8.70	6.70	0.73	0.94
	W001-2		166	385	45.5	183	33.3	9.1664	30	3.39	13.8	2.23	5.06	0.508	2.76	0.339	54.8	159.08	8.26	6.39	0.76	0.95

元素的分配形式特征如图 6-11 所示，由图可发现 Ba、P 等元素强烈富集，Nb、La、Sm 等轻微富集，K、Sr 等较为亏损，$(Rb/Yb)_N$ 大于 1。过渡元素丰度见表 6-1，经球粒陨石标准化后，其形态呈“W”状特征（图 6-12），Ni、Cr 亏损，除 XN001-6 微量元素总量较低外，其他岩石的微量元素形态基本相同，从以上元素的富集与亏损特征，可以看出早二叠世基性侵入岩为富集地幔。

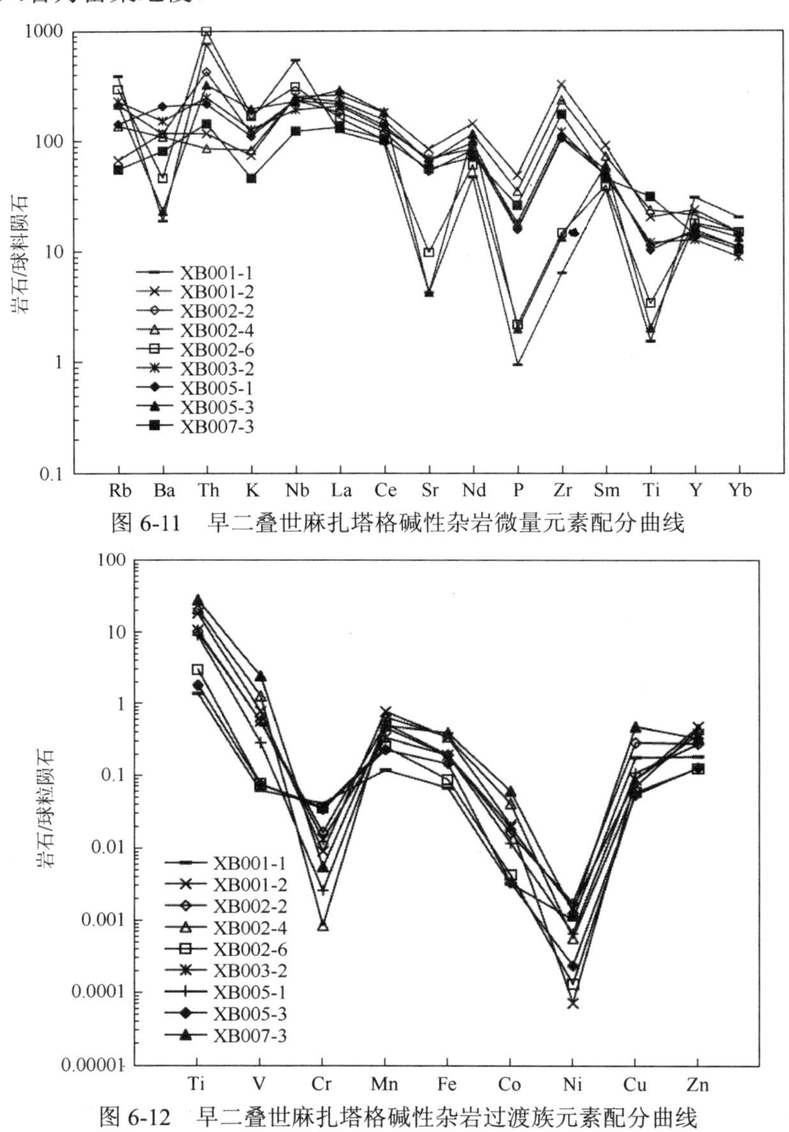

图 6-11　早二叠世麻扎塔格碱性杂岩微量元素配分曲线

图 6-12　早二叠世麻扎塔格碱性杂岩过渡族元素配分曲线

小海子北闸麻扎塔格侵入杂岩微量元素丰度见表 6-1，经球粒陨石标准化后，微量元素配分形式特征如图 6-13 所示。从图可见，小海子北闸中酸性侵入岩轻微富集 Th、Ta、Nb、P，而 Sr、P、Ti 强烈亏损，但不同的岩性其亏损程度不同。过渡元素丰度见表 6-2，经球粒陨石标准化后，配分曲线的形态大致呈“W”形（图 6-14），元素 Ni、Cr 强烈亏损，但其亏损程度随不同的岩性变化而不同。

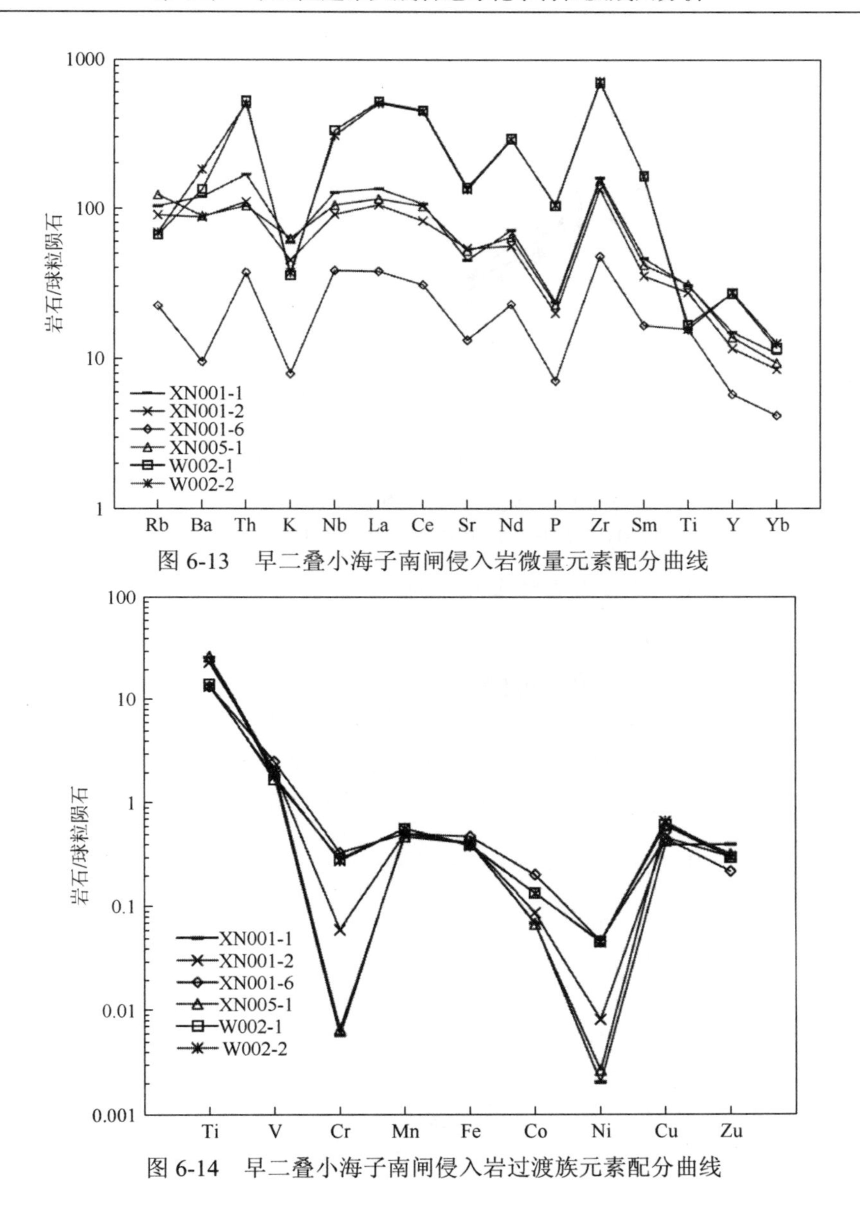

图 6-13　早二叠小海子南闸侵入岩微量元素配分曲线

图 6-14　早二叠小海子南闸侵入岩过渡族元素配分曲线

6.1.2　稀土元素特征

1. 早震旦世火成岩稀土元素特征

早震旦世花岗闪长岩和闪长岩的稀土元素丰度及有关参数见表 6-2，该期火成岩的稀土总量总体来说均较高，除 4 号样品∑REE=460.80，一般含量为∑REE=302.95～381.32ppm。轻重稀土比值（LREE/HREE）=11.00～12.11，$(La/Yb)_N$=14.53～16.43，显示轻重稀土分异明显，轻稀土富集；δEu=0.75～0.95，平均为 0.88。样品的球粒陨石标准化（Sun et al.，1989）稀土配分图非常相似，均表现为较平滑的右倾配分曲线（图 6-15），无明显的铕异常，与我国东部燕山期中酸性岩浆岩（葛小月等，2002）相似。

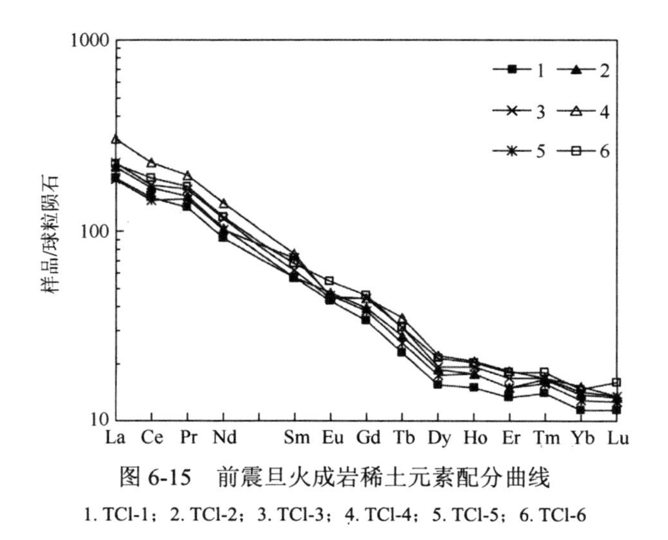

图 6-15 前震旦火成岩稀土元素配分曲线

1. TCl-1；2. TCl-2；3. TCl-3；4. TCl-4；5. TCl-5；6. TCl-6

2. 晚震旦世—早寒武世火成岩稀土元素特征

晚震旦世—早寒武世火成岩为玄武岩，其稀土元素丰度及有关参数见表 6-2，玄武岩的稀土总含量∑REE=134.73～206.16ppm，轻重稀土比值（LREE/HREE）=5.59～6.44，δEu=0.9～1.12，平均为 1.03，δEu 一般无明显异常，$(La/Yb)_N$=5.42～6.14，轻稀土富集，样品的球粒陨石标准化（Sun et al.，1989）稀土配分图非常相似，均表现为较平滑的右倾配分曲线（图 6-16），其总体形式与克拉通裂谷碱性玄武岩的稀土配分形式类似。

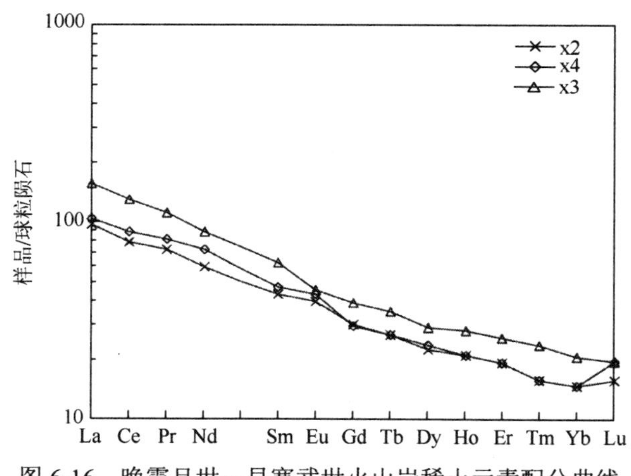

图 6-16 晚震旦世—早寒武世火山岩稀土元素配分曲线

3. 晚寒武世—早奥陶世火成岩稀土元素特征

晚寒武世—早奥陶世基性岩的稀土元素丰度及有关参数见表 6-2。表中数据显示，稀土总含量为∑REE=139.08～153.09ppm，轻重稀土比值（LREE/HREE）=5.21～5.25，$(La/Yb)_N$=5.12～5.51，δEu=0.89～1.00，平均为 0.95，轻稀土富集，样品的球粒陨石标准化稀土配分图非常相似，均表现为较平滑的右倾配分曲线（图 6-17），无明显的铕异常，与各类大陆玄武岩的稀土元素分布形式相比较，更接近于裂谷碱性玄武岩。

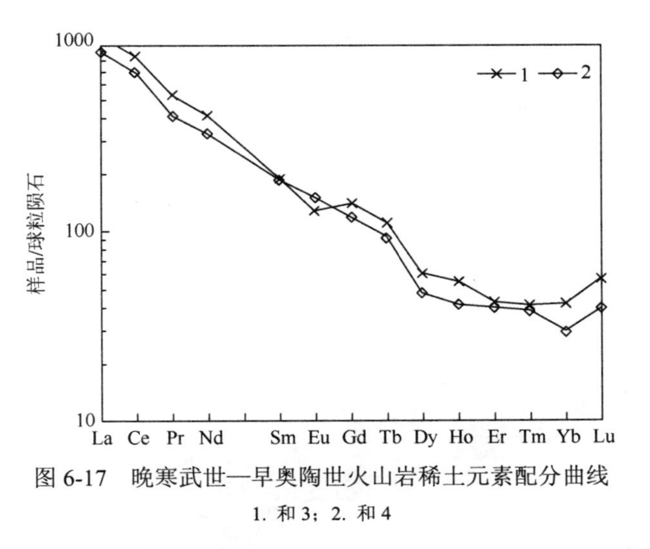

图 6-17　晚寒武世—早奥陶世火山岩稀土元素配分曲线

1. 和 3；2. 和 4

4. 早二叠世火成岩稀土元素特征

1）火山岩类

早二叠世火山岩包括库普库兹满组玄武岩系、开派兹雷克组玄武岩系，以及塔中隐伏地区顺 1-1、顺 1-3、顺 2-1 的火山岩。早二叠世基性火山岩稀土元素丰度及相关参数见表 6-2，其中，库普库兹满组玄武岩的稀土元素总量∑REE=171.03～199.06ppm，δCe 大于 1；开派兹雷克组玄武岩稀土总量∑REE=225.82～301.72ppm，δCe 小于 1；基岩隐伏地区火山岩的稀土总量∑REE=160.82～194.07ppm，δCe 大于 1。可见塔中基岩隐伏地区火山岩与库普库兹满组玄武岩稀土总量极为相近，而开派兹雷克组玄武岩稀土总量明显较高。δCe 值的特征也明显不同，反映塔中基岩隐伏地区火山岩与库普库兹满组玄武岩可能属相同岩浆来源深度、同期火山喷发的产物。早二叠世基性火山岩稀土元素其他特征，没有多大变化，轻、重稀土比值（LREE/HREE）=5.54～8.97，δEu=0.79～0.95，$(La/Yb)_N$=5.36～7.73。酸性火山岩稀土总量∑REE=290.86～338.90ppm，轻重稀土比值（LREE/HREE）=8.67～10.71，δEu=0.43～0.73，$(La/Yb)_N$=10.25～13.54。

早二叠世稀土元素球粒陨石标准化稀土元素配分形式见图 6-18，其配分形式非常类似，均表现为平滑的右倾配分曲线。只不过酸性火山岩稀土元素总量要比基性火山岩高，负 Eu 异常更明显。与各类大陆玄武岩的稀土元素分布形式相比较，早二叠世基性火山岩的特征更接近于大陆碱性玄武岩。

2）侵入岩

早二叠世侵入岩主要岩石类型为基性—中酸性岩类，基性侵入岩主要为辉绿岩，在研究区分布十分广泛，中酸性侵入岩主要为小海子地区麻扎塔格正长岩类。其中，基性侵入岩稀土元素丰度及参数见表 6-2，除样品 XN001-6 暗色橄榄辉石玢岩外，其他样品的稀土元素配分形式基本相同，稀土总含量∑REE=210.98～230.36ppm，轻重稀土比值（LREE/HREE）=8.35～8.60，$(La/Yb)_N$=12.10～12.84，无明显 Eu 异常；中酸性侵入岩与基性侵入岩相比较其稀土总量稍高，稀土配分形式如图 6-19 所示，除有 Eu 异常之外，其稀土配分曲线的基本形态大致相同。

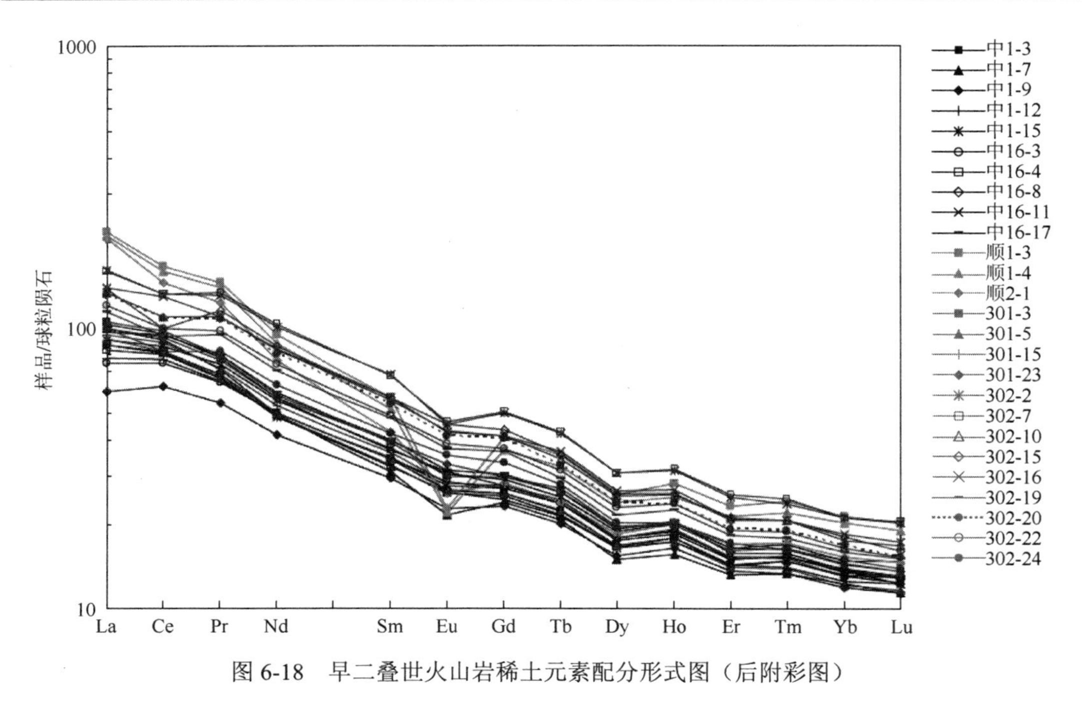

图 6-18　早二叠世火山岩稀土元素配分形式图（后附彩图）

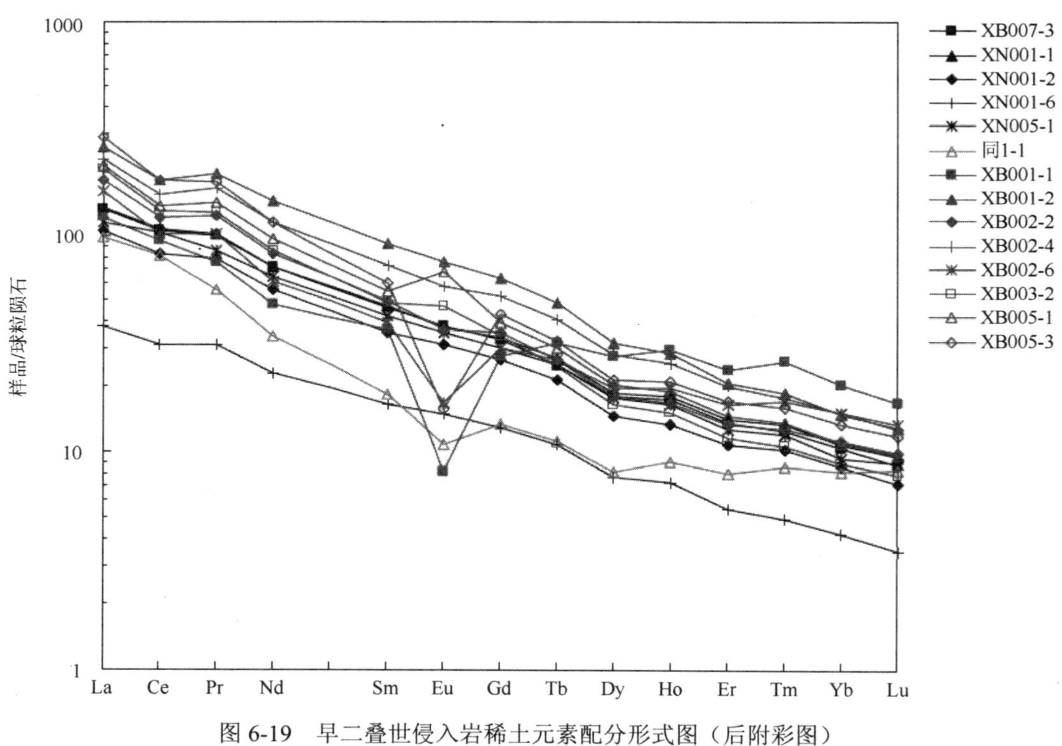

图 6-19　早二叠世侵入岩稀土元素配分形式图（后附彩图）

6.2　火成岩发育成因分析

6.2.1　主量元素对火成岩成因的约束

据 AFM 图解（图 6-20），塔中地区不同类型火成岩（包括侵入岩）的投点也主要位于拉斑玄武岩区域，并靠近拉斑玄武岩与钙碱性岩的分界线附近。但自偏超基性的暗色橄榄辉石玢岩—玄武岩—碱性火山岩及侵入岩的投点连结形成一条由拉斑玄武火成岩演化组成的由富镁→富铁→富碱变化的较规则的曲线，进一步说明本区火成岩的火成岩属性以拉斑玄武火成岩的结晶或演化产物为主。

AFM 图解特征还表明岩石成因上的另一特性，即不同赋存条件的岩石都呈集团状分布（图 6-20（b））。如二叠纪玄武岩、辉绿岩及辉石正长岩至角闪正长岩及酸性火山岩等都具有明显的集团性和不整合连续性，即柯坪山二叠纪玄武岩、隐伏区钻遇基性火山岩及小海子辉绿岩等岩性相近，但在分布上仍有明显的集团性，投点分布的这种不连续性可能表明它们并非同一火成岩的结晶和分异产物，而可能形成于相同火成岩源的不同熔融程度的产物。由于板内构造条件及强度不同引起同一地幔柱来源重融程度的差异，形成不同成分的火成岩，由于火成岩规模较小，结晶较快，因此一般都不发生明显分异。因此，岩石类型的变化较小。据某些惰性组分与 SiO_2 的关系作图（图 6-21），可见不同单元的岩石类型在图上的投点有明显连续性演变特征，但同样具较明显的集团性，表明不同单元火成岩的起源具同源性，但并非同源火成岩的分异产物，而可能由多次火成岩活动形成。

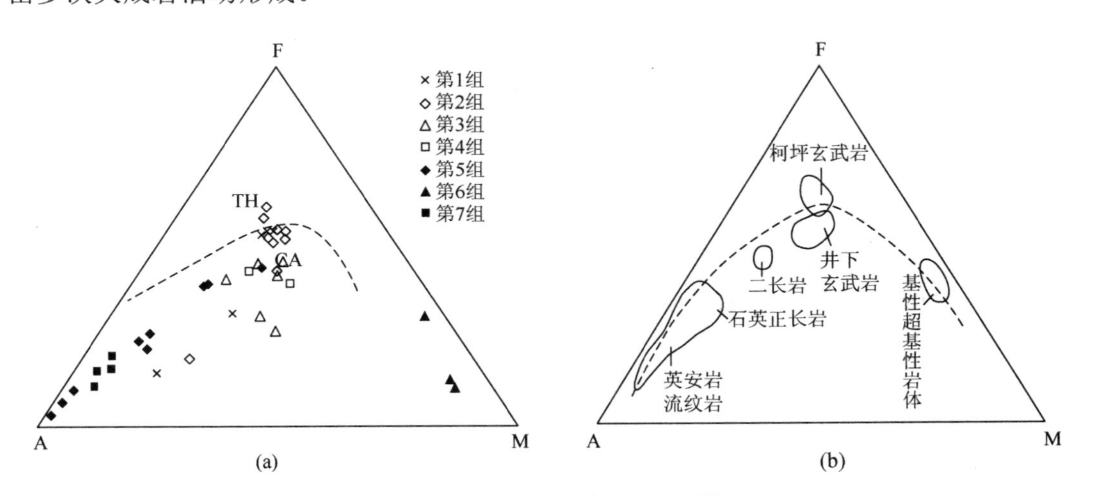

图 6-20　塔中火成岩的 F-A-M 图解

第 1 组. 柯坪—阿克苏开派兹雷克组玄武岩；第 2 组. 柯坪—阿克苏库普库兹满组玄武；第 3 组. 基岩隐伏区基性火山岩；第 4 组. 小海子辉绿岩脉；第 5 组. 麻扎塔格正长岩体；第 6 组. 橄榄辉石玢岩及角砾云母橄榄岩；第 7 组. 基岩隐伏区酸性岩

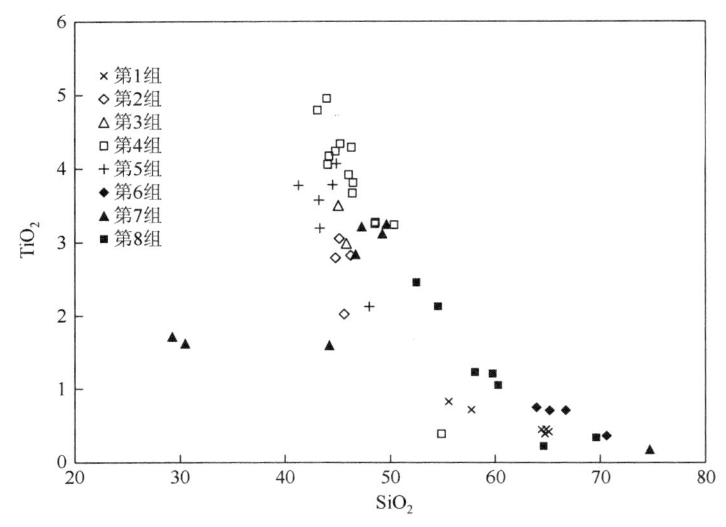

图 6-21　塔中火成岩的 SiO_2-TiO_2 关系图

第 1 组. 早震旦世；第 2 组. 晚震旦—早寒武；第 3 组. 晚寒武—早奥陶世；第 4 组. 柯坪—阿克苏早二叠世开派兹雷克玄武岩；第 5 组. 钻遇早二叠世玄武岩；第 6 组. 钻遇早二叠世下酸性岩；第 7 组. 麻扎塔格早二叠正长岩体；第 8 组. 小海子早二叠世基性侵入岩

6.2.2　稀土元素对火成岩成因的约束

根据稀土总量、轻重稀土的分异及 Eu 异常等特征数值分析，区内火成岩总体变化较大，且无规律，表明研究区不同期次基性岩石组合的火成岩来源及成因有一定的差异；如开派兹雷克组玄武岩与井下钻遇玄武岩两者的稀土总量差异较大，但轻重稀土比值及负 Eu 异常等特征则相近。大部分稀土配分的特征数值都不一致，且变化无规律。构造单元内部部分同岩石的配分曲线则较近似，曲线都较平行或仅有轻微变异，特别是 δEu 具有相似性，表明火成岩在源区或火成岩的结晶没有明显分异。开派兹雷克组不同玄武岩的稀土总量没有明显变化（∑REE 为 657～685ppm），但 δEu 的变化相对较大为 5.57～7.74，且由下而上呈由大到小的渐变趋势，表明在一定程度上火成岩岩的结晶作用存在一定的分异作用。侵入的辉绿岩墙在一定程度上也有类似的变化趋势。

库普库兹满组玄武岩局部夹英安质凝灰岩，显示不典型的双峰式火山岩组合特征，酸性端元岩石轻稀土富集的配分形式与玄武岩近似，但稀土总量明显增加。轻稀土比值也明显减少，并具较明显的负 Eu 异常，与玄武岩的配分曲线有明显差异。据其共生玄武岩的稀土配分形式的差异性及连续演化的特点，结合前述研究区中酸性岩成因属 I 型花岗岩类型，表明上述英安质火山碎屑岩的成因与玄武岩不具同源性。与辉绿岩近似并呈小型岩墙产出的偏基性橄榄辉石玢岩（XN001-6）的配分形式与辉绿岩近似，也以轻稀土富集为特征。但稀土总量较低（70.23ppm），轻重稀土比值达 6.40，表明重稀土含量稍高于辉绿岩。而本区大部分辉绿岩与玄武岩的比值相似，δEu≈1.0。稀土配分形式表明，该岩石的形成并非由玄武岩的分异形成，三者具同源性，但火成岩来源可能形成于亏损地幔的较高程度的局部熔融。因此，该岩石的组成特征更接近本区火成岩岩活动的源区岩石组分。

基岩隐伏区（井下）偏酸性火山岩岩性相似，产出的地质位置也基本上相同，稀土配分特征也基本相同，并与塔中玄武岩的配分特点相似，仅稀土含量稍高，轻重稀土比值稍偏大，平均在 9.5 左右，变化于 8.67～10.71，表明轻稀土富集程度有增加，重稀土亏损较强烈。但 Eu 负异常则相反，δEu＝0.47～0.73，平均达 0.57。表明重稀土丰度随 Eu 负异常的增加而增加的火成岩岩演化的富集规律。特别是同 1-1 号样，岩性偏碱性，具流纹岩特征，δEu 值仍大于平均值达 0.68，表明上述偏碱性火山岩并非玄武岩或上述任何基性岩类的同类火成岩分异产物，而由独立火成岩喷出形成，火成岩来源可能形成于上地壳的部分熔融或受上地壳物质的强烈混染形成。

据岩相学研究及前人资料的综合，小海子麻扎塔格碱性侵入杂岩由两种不同成因类型的岩石组成，呈先后侵入和具不同程度同化及交代。因此，岩石类型的变化较复杂，野外研究也表明具多期火成岩按不同规模侵入形成，据不同岩石类型稀土配分形式也反映了上述特征。由图 6-19 可见，不同代表性的岩石的稀土配分形式近似，仍以轻稀土富集型为主，但较玄武岩及辉绿岩具稀土总量大和右倾程度增加趋势。

系统综合分析认为，不同岩石类的稀土配分特征仍有较大变化，代表早期侵入形成的灰色含橄榄辉石正长岩（XB001-2，XB002-4），稀土总量偏高达 350～420ppm，轻稀土比值 9.0 左右，δEu≈0.95，稀土配分形式与板内玄武岩相似或近似两条右倾程度稍大的平行线，而且非常接近，表明由源区低程度重融的产物。中粒肉红色角闪正长岩（XB002-2，XB003-2）配分曲线的形式及分布与上述相似，但稀土含量偏低，稀土总量在 270～280ppm，轻重稀土比值介于 10.01～11.72，平均＜11.0。轻重稀土的分异程度稍大于基性岩，δEu≈1.0 介于 0.87～1.13，以轻微的 Eu 异常为特点，这样的稀土配分模式与本区偏碱性的火山岩的配分形式相似，显示与暗色辉石正长岩之间的同源火成岩的分异作用特点，即由同一原生火成岩、不同期次火成岩侵位形成。由正长岩演化形成的浅肉红色细粒正长花岗岩（XB001-1）稀土总量偏低（＜200），配分曲线呈“V”字形。轻重稀土比值为 5.29，$(La/Yb)_N$ 比值＜6.0，而负 Eu 异常较明显，δEu＝0.25，介于两者之间的过渡性岩石一般都具较明显钾化。并随着钾化程度的不同，岩性、特别是矿物成分和含量的变化极大，由含橄榄石近似辉长岩的云辉二长岩至二长正长岩的稀土含量及配分形式也有较明显变化，但基本上都介于上述两者之间，表明过渡性质与钾化程度有关。

区内瓦基里塔格隐爆作用形成的角砾云母橄榄岩，由于岩石成分较复杂，特别是外来成分较多，对岩石组分及微量元素含量都有明显的影响。但两个样品的稀土配分特征相同，主要表现为稀土含量较高。平均∑REE 达 830ppm 左右，轻稀土比值较大（平均达 14.30），δEu≈0.88，具较微弱的正 Eu 异常。表明其成因及物质来源不同于研究区所有岩石类型，但岩石组合显示幔源特点无疑。

6.2.3　微量元素对火成岩成因的约束

由微量元素配分图可见本区不同单元及不同岩石类型的配分形式基本相同。主要由于 Ti、Fe、Mn 的较明显富集和 Cr、Co、Ni 等强相容元素的强烈亏损，曲线都呈极明显的“W”形，表明它们都来自亏损地幔的局部熔融，并与板内火成岩起源的特点相似。特别是基性岩（玄武岩、辉绿岩及辉长二长岩等），偏基性火成岩的配分特征几乎完全相同，表明它们明显的同源性，偏酸性的火山岩或侵入岩（正长岩、石英正长岩及正长花岗岩等），配分形式也保持相似性，但含量偏低。表明在相同地质条件下的由同源岩石的较弱的局部熔融形成。不同形成单元的岩石组合内部，配分曲线相对较一般，曲线较密集，分异不明显。特别是强相容元素的分异不明显，但相对相容性偏低的 Co、Ni 等元素较 Cr 变异较大，并具渐变过渡现象。表明在部分岩体或火成岩包裹体内部如 SO_2（开派兹雷克组）及部分辉绿岩体，则表现有不太明显的结晶分异现象。小海子侵入杂岩体的过渡族元素配分曲线与上述相似，强相容性元素亏损更强烈，且由基性至酸性分异较大。据岩相学研究，主要由偏基性侵入岩被中酸性正长火成岩侵入和局部交代或同化形成。在过渡族元素的配分图上也可以看出三者大致形成三个不同的集团，并呈渐变过渡。但强相容元素 Cr 的亏损情况与岩石的基性程度呈反常变化，其原因不明，可能有两种解释，或者由正长火成岩受基性岩污染，特别是辉石及据橄榄石的被交代形成；或者表明正长火成岩的来源与基性火成岩并非同一系统。

本区比较少见的暗色橄榄辉石玢岩及角砾云母橄榄岩的过渡族元素配分曲线十分近似，曲线形式也与辉绿岩相似，但强相容元素 Cr、Co、Ni 的含量明显增加。表明来自同源火成岩的较强熔融形成。

综合可见，本区不同岩石单元及岩石类型的微量元素配分特征基本相同，较之原始地幔以富集型为主，微量元素总量相对偏高。低离子位的 Rb、Ba、Th 较富集，尤以 Ba 为主；由左向右有逐渐降低趋势，尤以 Sr 含量普遍偏低，而 P 则较明显富集。Ti 以后高电位的相容性元素则明显减小，形成由左向右呈缓倾斜的低分异趋势。酸性和基性岩的分异趋势相似，但酸性岩的亲石元素含量较高，Sr、P 的亏损更明显，而以 Ti 亏损为主。由于 Th、K、La、Sr、P、Ti 等的不规则变异。曲线呈锯齿形，而不是岛弧或褶皱带的驼峰形的三叠起特征。不同期次火成岩配分曲线的形态特征不完全相同，二叠纪火山岩特别是库普库兹满组玄武岩的配分曲线基本相同而且排列较紧密。开派兹雷克组火山岩的配分曲线稍微松散并具渐变特征，局部酸性火山岩（S01-20）配分曲线与玄武岩相似，但大离子亲石元素较富集，Sr、P、Ti 等亏损也较明显，曲线的右倾斜率增大，曲线的锯齿形更突出。表明成岩作用及火成岩房内部没有明显分异或分异较微弱。

井下的基性火山岩的配分曲线特征与上述玄武岩基本相同，但大离子亲石元素及部分低电位的微量元素含量有较明显而不规则变化，但可以看出，自 K 以后的微量元素变化较小，且趋向低离子位元素过渡，这种变异逐渐消失；表明这种变化可能与井下玄武岩热液交代蚀变程度较强及外来物质成分较多有关，而偏酸性火山岩的变化则与玄武岩中的酸性岩夹层及碱性杂岩体中的正长—花岗质岩石相同。

辉绿岩的配分特点虽与玄武岩相似，但以缓倾斜较平滑为特点，Ti 以后的相容性元素亏损较明显，其特点与共生的橄辉辉石岩相似。橄辉辉石岩的微量元素偏低，特别是大离子亲石元素含量更低，表明这两种岩石的形成与玄武岩同源但非同一原生火成岩形成。因规模小，岩脉内部没有发生明显分异，而只是重熔程度不同而已，偏超基性的暗色橄榄辉石玢岩重融程度较高，岩性更接近于源区岩石。

小海子碱性侵入杂岩体不同岩石类型的配分形式兼有上述玄武岩和酸性火山岩的配分特点，据曲线的分布形式，大体上分为三组，一组由深色含橄榄石的辉石正长岩

（XB001-2、XB002-4）组成，配分形式与玄武岩基本相同；第二组肉红色角闪正长岩—花岗正长岩（XB001-1、XB002-2、XB002-6、XB005-3），稀有元素含量偏高，特别是大离子亲石元素明显增多（但 Ba 较亏损），Sr、P、Ti 等元素亏损强烈。配分曲线形式与酸性火山岩相似，锯齿形特点较突出，其余部分介于上述两者之间。由于岩石类型变化较大，小海子侵入杂岩的稀有元素配分曲线变化也较复杂，具有同源火成岩分异及不同程度的混染交代成因。

6.3　火成岩形成的构造机制

本次研究力图结合塔里木盆地形成的动力学背景，通过对塔中地区火山岩岩石地球化学的综合分析，探讨塔中火山岩的形成机制和构造环境。

首先，火山岩系列是确定构造背景的重要标志，一般认为，碱性系列和拉斑玄武岩系列是洋隆或板内大陆裂谷系，而钙碱性系列形成于板缘消减带或板内大陆碰撞带（单玄龙，1997）。对塔中岩浆作用和火成岩的形成环境，据火成岩的形成时代及大地构造环境，前人都已有较明确的板内火山活动产物的结论，但研究基本都限于玄武岩，并认为是板内裂谷作用的产物，二叠系中基性、碱性系列岩石代表着拉张作用，并且应力状态主要表现为拉张和挤压相交替并具拉张持续时间相对较长的特点。

其次，根据 Loffler（1979）提出的 $\lg\tau$-$\lg\sigma_{25}$ 判别相关图解，对前述已知的所有岩石类型投点判别（图 6-22），发现玄武岩及相似岩石投点都位于板内稳定环境，偏碱性火山岩及花岗岩—正长岩类侵入岩的投点较分散，属上述岩石的不同演化产物。据它们在不同时代及不同构造环境的分布，变化较大，早震旦世花岗质岩石化学特征以 K 质为主，其构造属性多与消减带有关，早二叠世中酸性岩岩石化学特征以 Na 质为主，仍属板内区不同构造的演化产物。据早二叠世岩浆岩分异指数（DI）的频率曲线（图 6-23）可见，塔中

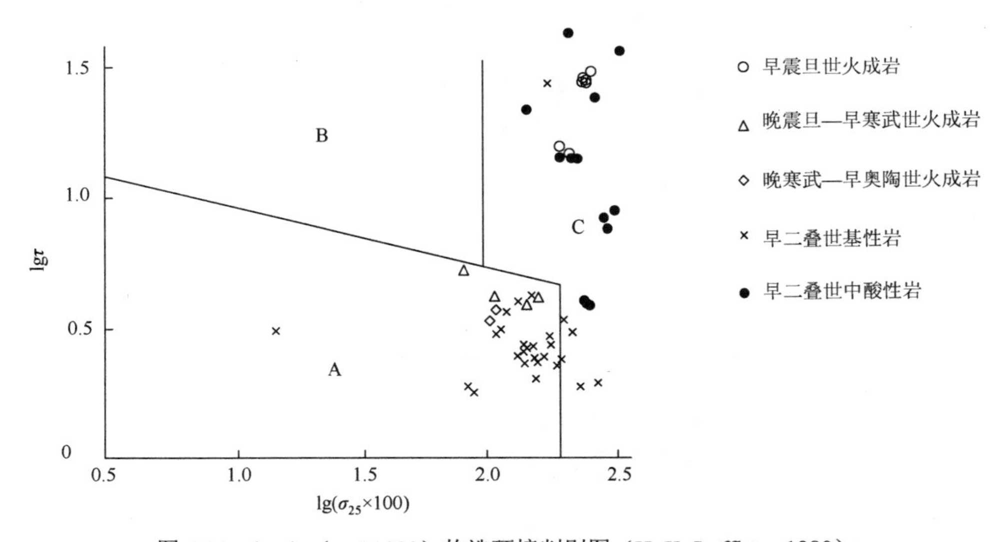

图 6-22　$\lg\tau$-$\lg$（$\sigma_{25}\times100$）构造环境判别图（H. K. Loffler，1980）

A. 板内稳定火山岩；B. 消减带火山岩；C. A、B 区演化的碱性火山岩，其中钾质者多与消减带有关，钠质者多与板内区有关

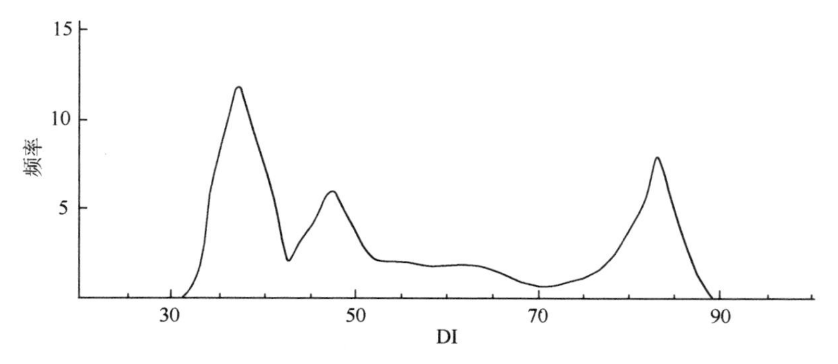

图 6-23　岩浆分异指数（DI）的频率曲线图

火成岩分布频率具大陆裂谷岩浆岩的双峰式组合特点，特别是偏酸性岩的频率和 DI 值与大陆裂谷近似，但中间过渡的岩石相对较多，分析认为不同频率岩石可能是形成于非典型或发育不完全的大陆裂谷环境的岩浆产物。

再次，根据 Rb-Sr 相关图（图 6-24）可见玄武质基性岩类投点较中—下地壳的平均值附近或更深的位置，中酸性岩类型则以接近地壳平均值为主，偏中酸性的火山岩及侵入岩的物质来源有可能部分来自上地幔的部分重熔，或受地壳物质的强烈污染形成；偏基性的橄榄辉石玢岩及角砾云母橄榄岩则较远离地壳的平均值而向地壳深部深入，表明本区岩浆物质的来源主要起源于亏损地幔或下地壳的局部熔融，并可能受上地壳物质不同程度的污染，暗色橄榄辉石玢岩因熔融程度较高，岩石更接近源区成分的产物，而角砾云母橄榄岩的形成受地壳物质的强烈污染，因此岩石组分有向地壳物质组成方向靠拢的趋势。

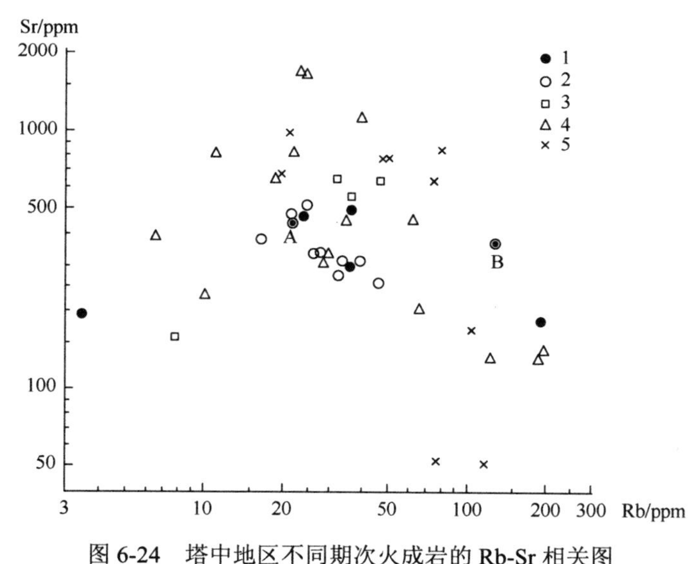

图 6-24　塔中地区不同期次火成岩的 Rb-Sr 相关图

1. 库普库兹满组火山岩；2. 开派兹雷克组火山岩；3. 小海子水库侵入岩；4. 井下火山岩；5. 麻扎塔格碱性杂岩体；A. 下地壳平均值；B. 地壳平均值

最后，前述火山岩的岩石化学和稀土元素地球化学特征表明，塔里木盆地二叠纪火山岩分别属于大陆钙碱性玄武岩和大陆碱性玄武岩系列，这种大陆拉斑玄武岩和碱性玄武岩与地幔羽或热点的活动相关，是大陆裂谷岩浆活动的物质表现。此外，在巴楚地区有含金刚石的金伯利岩侵入于寒武—奥陶纪地层之中，并有海西晚期的碱性花岗岩产出，在巴楚隆起的瓦里塔格地区尚有含钒钛磁铁矿的基性岩体产出，包括前述沙参一井下二叠统中的粗面岩和安粗岩及塔河地区碱性火山岩等均是典型的裂谷岩浆作用的表现。根据 La/Sm-La 关系图（Trewil，1975）可以发现（图 6-25），除开派兹雷克组玄武岩和辉绿岩是岩浆结晶分异系列，不同单元岩石都由独立的重融岩浆形成，小海子碱性侵入杂岩由同源碱性重熔岩浆不同期侵位形成并有明显交代作用影响。

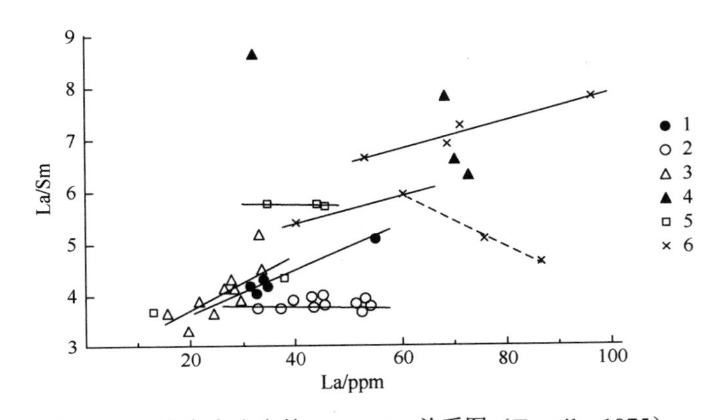

图 6-25　塔中火成岩的 La/Sm-La 关系图（Trewil，1975）

1. 库普库兹满组火山岩；2. 开派兹雷克组火山岩；3. 井下基性火山岩；4. 井下中酸性火山岩；5. 麻扎塔格碱性杂岩体；6. 小海子水库侵入岩

综上所述，结合本区岩浆岩的岩石岩相学、矿物学特征、岩石化学特征、稀土元素与微量元素地球化学特征、Nd、Sr、Pb 同位素组成和 AFC（漫源岩浆在壳内高位岩浆房中的同化混染和分离结晶）作用等特征：①橄榄石的 α 相在高压下向畸变的尖晶石结构（β 相）转变，其中的 Si 原子可由四次配位部分转变为六次配位，在超过 400km 不连续面以下高温、高压中才能发生。而瓦基里塔格高镁岩浆岩株的橄榄石大部分具六次配位 Si 原子，这可能意味着岩浆岩中的橄榄石在 400km 不连续面以下的下地幔已开始结晶；②暗色橄榄辉长岩中贫硅、高镁、富铁属亚碱性系列；大体代表了原生岩浆的化学组成，而辉绿玢岩、辉绿岩类代表了适度演化的岩浆的化学组成，即明显地贫硅、富钛，铁较富集、氧化钙明显偏高，属于碱性和亚碱性玄武岩系列的过渡型，显示了大陆溢流玄武岩区常见现象；③玄武岩具板内玄武岩的特征，富 Ti、Fe 和 P，LREE/HREE 分离的形式，富集 LILE，Th、Nb 和 Ta。其稀土元素和微量元素均具有板内拉张环境下玄武岩的特征，属拉斑玄武岩系列，可能是来自富集地幔的中等程度部分熔融形成的；④玄武岩中的 Th＞Ta，一般解释为陆壳混染。由于岩浆上侵与陆壳混染使 Th 增加，而 Ta 相对不变，所以 Th/Ta 比值略有增加；而岛弧或活动大陆边缘环境，应亏损 Nb、Ta（Ta＜0.2×10^{-6}）等 HRFS（高场强离子）。而本区岩浆岩中 Ta 含量很高，证明其源于富集地幔而非岛弧的亏损地幔，熔融温压较高；⑤与峨眉山玄武岩下部低钛拉斑玄武岩基本可对比（肖龙等，2003），原生岩浆的 MgO、TiO 和 FeO+Fe_2O_3 含量高，属富铁型高镁岩浆，表明岩浆作用可能同为地幔柱活动的产物，同时岩浆岩均具有原始地幔的 Nd、Sr、Pb 同位素组成特征，说明其同源。在此基础上，配套赵锡奎（七・五期间、八・五期间）对晚古生代塔里木盆地的火成岩总结为拉而未裂（内部大部地区）、裂而未陷（发育晚古生代火山岩，但无明显张性断层活动）和又裂又陷（周缘地区局部火山岩发育张性断层活动的地区）的认识，指出瓦基里塔格等地的早二叠世玄武岩岩浆岩源区应属于地幔（柱）岩浆源，早二叠世晚期，塔里木板块南缘由早期的被动大陆边缘转化为活动大陆边缘，南部的古特提斯洋的向北俯冲，形成南缘的岩浆弧，而在板内（板块的中西部）形成弧后克拉通内裂谷，故而诱发地幔上拱，以裂谷中心的基性岩侵入和喷发为特征，形成各层位基性侵入岩各类岩体和中二叠世上部的火山岩、火山碎屑岩。

第7章　中央隆起带火山活动与油气成藏关系

7.1　中央隆起带油气展布特征

自1989年塔中1井奥陶系油气藏发现以来，随着勘探的进展及众多油气藏的发现，对中央隆起区油气成藏特征的研究日益丰富，油气藏分布具有明显的分区性，受断裂构造带、沉积相带控制。

1. 纵向上多层系显示，多主力产层，多套储盖组合

塔里木盆地中央隆起区油气纵向分布呈现从寒武—二叠系多层油气显示，主要包括有寒武系、奥陶统、志留系、泥盆系、石炭系、二叠系六个层系。目前已发现的油气呈多主力产层特征，主要包括石炭系卡拉砂依砂岩段、巴楚组生屑灰岩段、泥盆系东河塘组、志留系下砂岩段，奥陶系良里塔格灰岩及下奥陶统，油气赋存于碳酸盐岩、碎屑岩两大领域（图7-1）。

（1）上泥盆统东河砂岩—石炭系：塔中地区油气显示主要集中于塔中10号构造带（TZ 16、TZ 40—TZ 41、TZ 10油田、Z1井油藏）及中央断垒带的东部地区（TZ4油田、TZ6凝析气田），沿Ⅰ号断裂构造带地区油气显示较差。巴楚地区主要分布色力布亚—玛扎塔格断裂构造带（巴什托油藏、和田河气藏），其他地区未见油气显示（和田1井石炭系见3m油迹细砂岩）。

（2）志留系：塔中地区以10号构造带油气显示最为丰富（TZ 11、TZ 47），塔中Ⅰ号断裂带下盘的北部围斜区次之，其他地区总体较弱。巴楚隆起南缘玛扎塔格断裂构造带缺失，北部吐木休克构造带见不同级别油气显示。

（3）上奥陶统良里塔格组：塔中地区Ⅰ号断裂带上盘从西端的TZ45井至东部的TZ26井160km内发现了8个油藏，是油气显示最为活跃的地区，次为塔中10号构造带。其他地区显示较弱。

（4）中下奥陶统：塔中地区以塔中Ⅱ号背冲构造带东部最好（TZ 1、TZ 4-1-38油气藏），塔中10号构造带次之（Z1井、TZ 16井气藏），塔中南斜坡地区再次。巴楚地区以玛扎塔格断裂为最好。

上述油气分布表明，油气富集于 T_7^4、T_7^0、T_6^0 三大区域不整合上下储层中，油气富集受区域不整合控制。

2. 区域上受色力布亚—玛扎塔格、塔中Ⅰ号、塔中10号、塔中Ⅱ号断裂带控制

中央隆起区西段巴什托油藏伴随着色力布亚断裂带的活动向东调整形成亚松迪次生油藏，鸟山气田受控于色力布亚断裂与玛扎塔格断裂带间的罗斯塔格断裂，和田河气田受控于玛扎塔格断裂带。中段的卡塔克隆起油气藏大致沿NE—SW向展布的塔中Ⅰ号、塔中10号、塔中Ⅱ号等断裂构造带内分布（图7-1）。

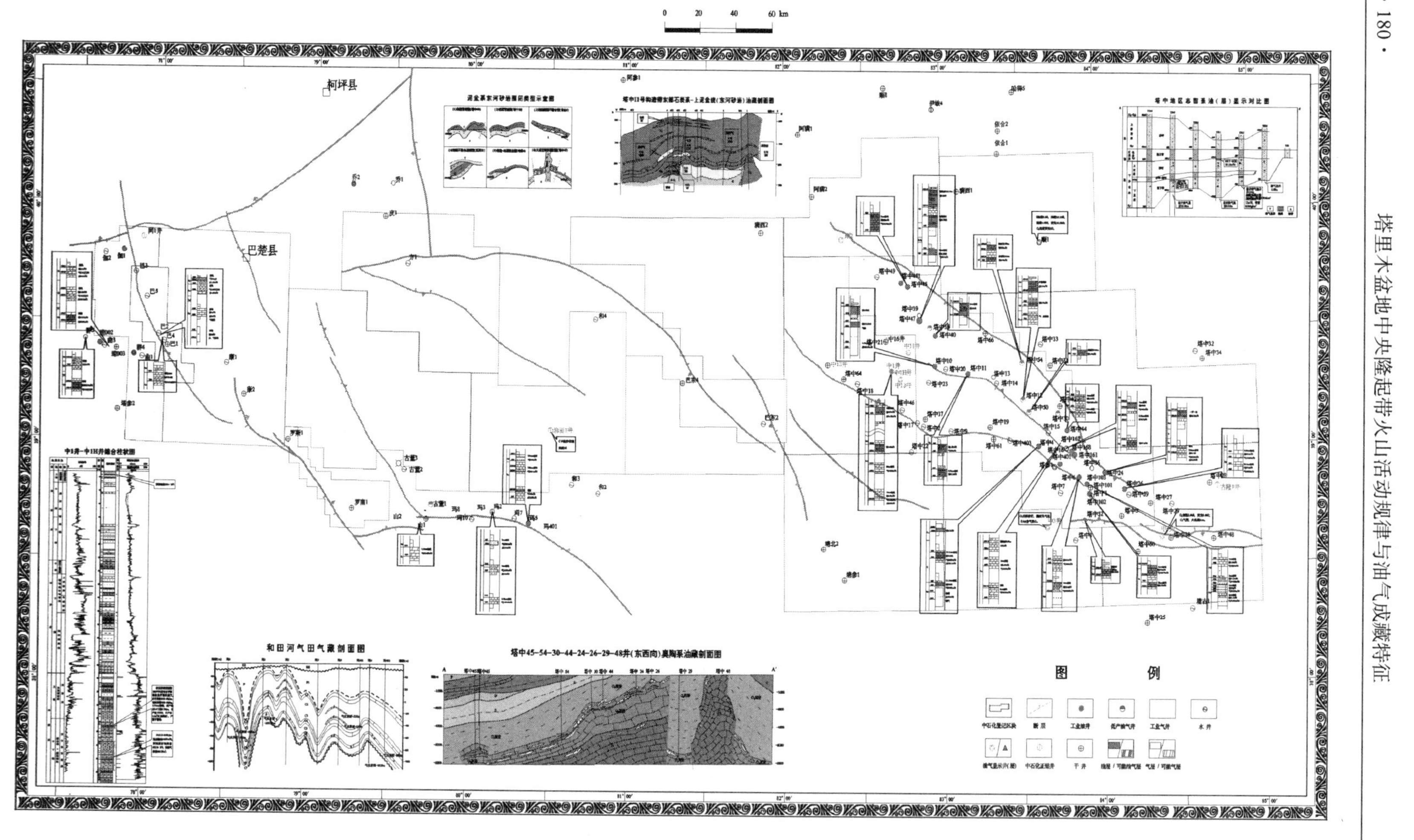

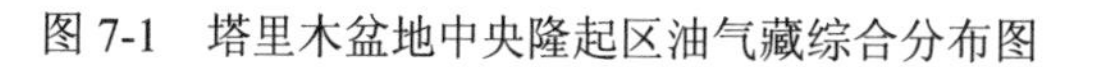

图 7-1　塔里木盆地中央隆起区油气藏综合分布图

3. 油气藏类型多，巴楚地区西油东气，塔中地区浅油深气

塔中地区油气藏类型多样，有黑油油藏、轻质油藏、凝析油气藏、气藏等。其分布在纵向上表现为“上油下气”的特征，即层位上从浅到深，逐渐从油藏演变至凝析气藏、再演变为气藏。相同层系在同一构造上，受深度的影响也存在这种特征。

（1）石炭系及东河砂岩油气藏：卡塔克隆起西部目前发现的 4 个均为油藏（TZ47、40、10、中 1），而东部有油有气（TZ4 为油和凝析气、TZ16 和 TZ24 为油、TZ6-101 为凝析气），但以油为主。

（2）志留系油气藏：目前发现的油气藏类型以油藏为主（TZ47、12、50、169、16 井区—162、16、168、161 等），中部 TZ11 井区则有油有气（上组合为凝析气，下组合为油），纵向以下组合成藏为主。

（3）奥陶系油气藏：从上向下又大体可分三个层组：①上奥陶统桑塔木组：尽管目前尚未取得较大油气突破，但在卡塔克隆起西部一系列井中见到较好油气显示（TZ45、TZ 35、TZ 10、TZ 12），从岩心所含油特征来看，以高成熟轻质原油为主。②上奥陶统良里塔格组：是卡塔克隆起主要含油气层位，已有多口井取得突破，TZ49 井见较好显示，主要分布在 I 号断裂带上盘和塔中 16 井区，油气藏类型以凝析气藏为主（TZ49、TZ 452、TZ 45、TZ 24、TZ 161），仅有 TZ16 井表现为油藏特征，目前认为油源来自良里塔格组自身，以晚期充注为主。③下奥陶统鹰山组及下覆地层：取得突破的井包括 Z1、TZ162、TZ 168、TZ1 等井，TZ35、12 在鹰山组内取心见良好油气显示。油气藏类型以气藏为主（Z1、TZ162、TZ1），TZ168 井表现为凝析气藏，TZ12 井中测为低产气层，综合解释油气同层，地质解释为凝析气藏。

层系上由上至下油气藏相态类型表现为由正常油藏至干气藏的演变，相同层系在同一构造上，受深度的影响也存在这种特征，如 TZ16 井区高部位的 TZ168 井鹰山组凝析气藏，至西翼的 TZ162 井则演变为气藏。

7.2　火山活动与烃源岩关系

中央隆起及其邻区烃源岩的分布受控于全盆烃源岩的分布，依据以往长期对塔里木盆地烃源岩分布的研究，塔里木盆地台盆区主要发育有寒武系—奥陶系烃源岩，按有机质丰度和分布范围的差异区分，则主要有中下寒武统、上寒武—下奥陶统、中上奥陶统、上奥陶统四套烃源岩。对于中央隆起区本身而言，则主要发育有中下寒武统、中上奥陶统两大套烃源岩。对其有成烃贡献的邻区，其东部满加尔坳陷区发育有中下寒武、上寒武—下奥陶统、中奥陶统（黑土凹组）烃源岩，阿瓦提断陷区发育有中下寒武统、中上奥陶统烃源岩，顺托果勒地区发育有中下寒武统、中奥陶统烃源岩、塘古巴斯—塔西南坳陷区发育有中下寒武统烃源岩。其中以中下寒武统源岩在塔里木盆地的分布范围最广，中央隆起区东部卡塔克隆起主体区，下寒武统为台地边缘浅滩夹台缘斜坡相，烃源岩相对不发育，中寒武统为蒸发泻湖相，以塔参 1 井为代表，其有机质丰度相对较低，有机碳含量一般为 0.2%～0.8%，平均达 0.51%，烃源岩厚度也仅累计 38m。卡塔克隆起西部至巴楚隆起区，中、下寒武统为局限—蒸发泻湖相，烃源岩发育，以和 4、方 1 井为代表，两井的有机质丰度相对

较高。和4井中寒武统烃源岩的TOC一般为0.21%～2.41%，平均0.81%，其中TOC＞0.5%的烃源岩厚度达173m，TOC＞1.0%的烃源岩厚度为108.5m，约占中、下寒武统地层的30%左右。方1井中、下寒武烃源岩的TOC一般为0.49%～2.43%，平均为0.91%，其中TOC＞0.5%的烃源岩厚度为195m。总体上，中央隆起区中下寒武统烃源岩中，以碳酸盐岩烃源岩最为发育，一般厚度为60～200m，分布于塔参1—塔中10—和4—方1—曲1—古董1—玛参1—塘参1井周围区。泥质岩烃源岩相对不发育，仅分布于巴楚隆起的西部康2井以北地区，厚度约为20m。另外，塔中卡塔克隆起区发育有上奥陶统良里塔格组烃源岩，是目前该区成藏的主力烃源岩，有两大厚度至少大于100m的生烃中心，最大厚度可达300m。推测在卡塔克隆起的南斜坡、巴楚隆起东部和3井区，亦发育上奥陶统良里塔格组烃源岩，烃源岩厚度约50m。在塔北沙雅隆起南部上奥陶统良里塔格组烃源岩分布局限，一般厚度20m。

烃源岩只有达到一定的热成熟度时才能大量生油、生气。烃源岩的热成熟度以及生烃演化史不仅受控于沉积盆地构造演化特征，而且也受异常热体制的影响。由于火山岩形成时常常具有异常高的温度和变高的热体制，能促使烃源岩进入更高的演化阶段，并促使油气生成，所以火山活动对烃源岩演化和油气生成影响重大。塔里木盆地加里东期和海西晚期火山作用是显生宙时期两次主要热事件，火山活动时高位流体会对围岩产生热影响，进而影响到生油岩的成熟度。不成熟的生油岩在火山作用下能较快进入生油门限，成熟生油岩在火山的作用下则加快转化为高成熟生油岩。塔里木盆地平均古地温梯度大多小于2℃/100m，而在二叠纪受火山活动的影响，中央隆起区寒武纪—早奥陶世地温梯度为3.3℃/100m；中晚奥陶世—泥盆纪平均地温梯度3.1～3.3℃/100m；石炭—二叠纪地温梯度相对较高，约为3.2℃/100m；进入中生代以来，地温梯度逐渐降低，由三叠纪的3.0℃/100m降至早第三纪的2.7℃/100m（图7-2）。另外，由表7-1可以看到，中央隆起区中卡塔克隆起、巴楚隆起与古城墟隆起的地质热历史虽然总体上具有一致性，但是由于二叠纪大规模喷发区域不同，整个中央隆起区由西向东古地温梯度有逐渐升高的趋势，塔中

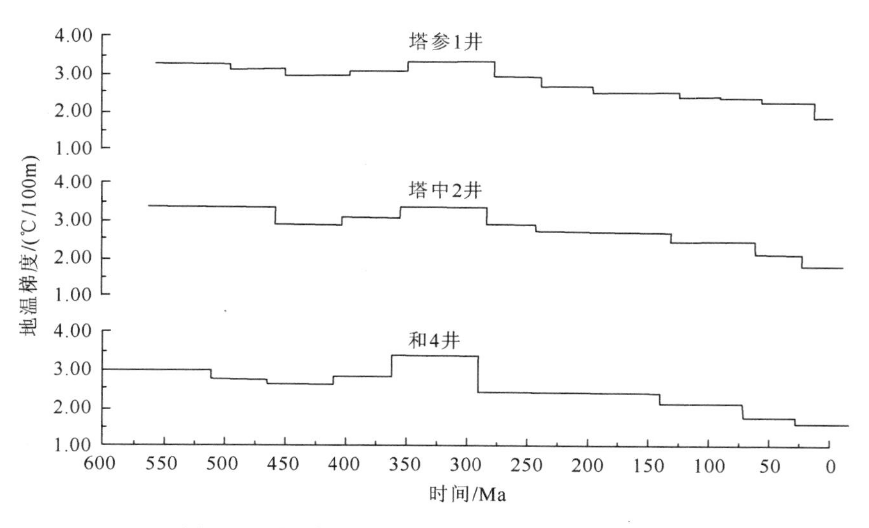

图7-2　地温梯度-时间演化图（苌衡等，2003）

地区火山活动最为明显，增加了火山岩所在凹陷的古地温梯度，高地温加速了有机质的裂解，并使其向烃类转化，使烃源岩提前进入生油门限。据国外地质学家研究，温度达 400℃时，液态烃可能转变成气态烃。当温度高于 250℃时，生烃时间可提前 500a，相应地会使生油门限深度提高 1000m 左右。例如塔中 45 井底部录井见一层 1m 厚的荧光粉砂岩，为自生、自储、自盖类型，说明二叠系下部暗色泥岩在火山喷发影响下，地温增高达到成熟，具备一定出油力。

表 7-1　塔里木盆地古地温梯度研究成果统计表（℃/100m）

<table>
<tr><th colspan="2">时代
井号</th><th>Q</th><th>N</th><th>E</th><th>K</th><th>J</th><th>T</th><th>P</th><th>C</th><th>D</th><th>S</th><th>O_{2+3}</th><th>O_1</th><th>∈</th><th>资料来源</th></tr>
<tr><td rowspan="4">满加尔坳陷</td><td>MX1</td><td>1.7</td><td>2.4</td><td>2.7</td><td>2.8</td><td>2.9</td><td>3</td><td>3.2</td><td>3.2</td><td></td><td></td><td></td><td></td><td></td><td rowspan="2">周中毅等（1994）</td></tr>
<tr><td>QK1</td><td>2</td><td>2.2</td><td>2.6</td><td>2.7</td><td>2.8</td><td>3</td><td>3.1</td><td>3</td><td colspan="3">2.85</td><td></td><td></td></tr>
<tr><td>MX1</td><td>1.7</td><td>2.4</td><td>2.7</td><td>2.8</td><td>2.9</td><td>3.0</td><td>3.2</td><td>3.2</td><td></td><td></td><td></td><td></td><td></td><td rowspan="2">王飞宇等（2004）</td></tr>
<tr><td>QK1</td><td>2.0</td><td>2.2</td><td>2.6</td><td>2.7</td><td>2.8</td><td>3.0</td><td>3.1</td><td>3.0</td><td>2.9</td><td>2.9</td><td>2.9</td><td></td><td></td></tr>
<tr><td rowspan="13">中央隆起带</td><td>H2</td><td>2</td><td>2.2</td><td>2.5</td><td colspan="4">2.6</td><td>3</td><td></td><td></td><td></td><td></td><td></td><td rowspan="3">周中毅等（1985）</td></tr>
<tr><td>TZ1</td><td>2.05</td><td>2.6</td><td>3</td><td>3.05</td><td>3.05</td><td>3.1</td><td>3.2</td><td>3.2</td><td colspan="3">2.9</td><td>3.5</td><td>3.5</td></tr>
<tr><td>TD1</td><td>2.25</td><td>2.65</td><td>3.05</td><td>3.1</td><td>3.1</td><td>3.15</td><td>3.2</td><td colspan="4">3.85</td><td>3.5</td><td>3.6</td></tr>
<tr><td>TZ12</td><td>2.2</td><td>2.5</td><td>2.8</td><td>3</td><td>3</td><td>3.1</td><td>3.2</td><td>3.2</td><td>3</td><td>3</td><td>3.35</td><td>3.5</td><td></td><td rowspan="3">解启来等（2002）</td></tr>
<tr><td>TAC1</td><td>2.2</td><td>2.6</td><td>2.7</td><td>2.8</td><td>2.9</td><td>3</td><td>3.15</td><td>3.15</td><td>3</td><td>3</td><td>3.4</td><td>3.45</td><td>3.45</td></tr>
<tr><td>H4</td><td>2</td><td>2.2</td><td>2.4</td><td>2.6</td><td>2.6</td><td>2.6</td><td>2.9</td><td>2.9</td><td>2.7</td><td>2.7</td><td>2.9</td><td>2.95</td><td>2.95</td></tr>
<tr><td>TZ12</td><td>2.2</td><td>2.5</td><td>2.8</td><td>3.0</td><td>3.0</td><td>3.1</td><td>3.5</td><td>3.2</td><td>3.0</td><td>3.0</td><td>3.4</td><td>3.4</td><td></td><td rowspan="4">王飞宇等（2003）</td></tr>
<tr><td>TAC1</td><td>2.2</td><td>2.6</td><td>2.7</td><td>2.8</td><td>2.9</td><td>3.1</td><td>3.5</td><td>3.2</td><td>3.0</td><td>3.0</td><td>3.0</td><td>3.1</td><td>3.3</td></tr>
<tr><td>H4</td><td>1.9</td><td>2.1</td><td>2.4</td><td>2.6</td><td>2.6</td><td>2.6</td><td>3.5</td><td>2.9</td><td>2.7</td><td>2.7</td><td>3.2</td><td>3.0</td><td>3.0</td></tr>
<tr><td>TD1</td><td>2.3</td><td>2.7</td><td>3.0</td><td>3.1</td><td>3.1</td><td>3.2</td><td>3.2</td><td>3.8</td><td>3.8</td><td>4.0</td><td>4.0</td><td>3.5</td><td>3.6</td></tr>
<tr><td>TZ1</td><td>2.0</td><td>2.5</td><td>2.6</td><td>2.7</td><td>2.8</td><td>2.9</td><td>3.1</td><td>3.0</td><td>3.0</td><td>3.0</td><td colspan="2">3.1</td><td>3.2</td><td rowspan="2">潘长春等（1996）</td></tr>
<tr><td>TD1</td><td>2.3</td><td>2.5</td><td>2.6</td><td>2.7</td><td>2.9</td><td>3.3</td><td>3.6</td><td>3.6</td><td>3.6</td><td>3.6</td><td colspan="2">3.7</td><td>3.8</td></tr>
<tr><td>TZ10</td><td></td><td>2.5</td><td>2.6</td><td>3.0</td><td>3.1</td><td>3.1</td><td>3.06</td><td>3.06</td><td>2.9</td><td>2.9</td><td>3.54</td><td></td><td></td><td>邱楠生（1997）</td></tr>
</table>

另外，火山活动时形成的火山灰及分解产物给湖盆提供了有利于微生物活动的矿物质，间接地提高了沉积物中有机质的含量，利于油气的生成。火山喷发而形成的火山玻璃、铁镁矿物、钙长石及沸石族等矿物与水接触蚀变成蒙脱石、伊利石及混合黏土等矿物，这些矿物赋存于生油层中成为表面活性很强的矿物，起到催化剂作用，有利于有机质向油气的转化。

此外，基性和超基性火山岩与生油岩相比富含 Ni、Co、Ti、Fe、Mn 等过渡金属元素，如超基性火山岩中的 Ni 为页岩的 300 倍，基性火山岩中的 Ni 是页岩的 2 倍多。火山岩中的过渡元素主要以类质同象的形式存在于橄榄石、辉石和角闪石等矿物中。在具有一定酸度和丰富的配阴离子的地下沉体中，这些过渡金属的迁移能力会大大增强。Mango 研究认为干酪根附近被活化的过镀金属是将石蜡转化为轻烃和天然气的催化剂，催化机理在于促使烯烃环烷化和 C—C 键的断裂，从而产生环烷烃和烷烃。干酪根分解产生的正构烯烃，在过渡金属催化作用下还原形成天然气。已发现纯过渡金属化合物与沉积岩中金属化合物二者的催化作用及其产物完全相同，并在有机质演化的各个阶段均起催化作用。过渡金属的催化作用是烃类天然气形成的主要途径。Ni 是过渡金属元素中较活泼的元素，生油岩中的 Ni 显示出很强的催化能力，使烃类气生成量增加（万从礼，2001）。

通过对研究区烃源岩热演化史和特定火成岩剖面的系统研究发现：石炭纪末，上奥陶统有机质成熟度状态的表征值 *Ro* 分布范围为 0.5%～1.0%，均值为 0.7%，塔中地区烃源岩有机质的成熟状态表现为低成熟阶段（*Ro* 为 0.5%～0.7%）。中—上寒武统，塔中低地区的烃源岩处于生油高峰状态；在巴楚东部地区的烃源岩有机质成熟度已进入高成熟阶段。二叠纪末，上奥陶统，中央隆起带上的有机质处于生油晚期和湿气阶段（*Ro* 为 1%～1.6%）。中—上寒武统烃源岩有机质 *Ro* 值介于 1%～3.6%，平均值为 2.3%。平面分布上，塔中低隆起带上烃源岩成熟度处于高成熟状态（*Ro*<2.0%），到巴楚隆起带间由一过成熟状态的区域分隔。总之，二叠纪期间与大规模的火山岩活动相伴的高热背景，导致地温梯度出现明显高值（图 7-2），是上奥陶统和中—上寒武统有机质在该时期发生跳跃性成熟的主要原因，进而形成了大量烃类（图 7-3）。同时针对成熟度研究可知，石炭系—二叠系烃源岩热演化程度 *Ro* 普遍达到 0.7%以上，进入了主力生油期，开始大量生油。若将寒武系—奥陶系和石炭系—二叠系两套烃源岩看成一个整体，那么，二叠系的高热异常事件使得它们同时进入生油窗，发生生烃作用。二叠系生烃作用开始后不久，由于二叠系末的抬升作用，使本区隆起遭受剥蚀风化作用，随着温度的下降，生烃也随之停止，生成的烃类产物也随之被破坏。直到第三系，本区才开始下降，接受新的沉积物，寒武系—奥陶系和石炭系—二叠系两套烃源岩被埋，开始新的埋藏热演化作用。

但是，高温岩浆在侵入生油岩后，对生油母质及生成的油气进行烘烤使之碳化，从而对生油层产生一定的破坏，局部可能使烃源岩受高温烘烤而失效，火山活动引起的围岩蚀变，尤其是小海子北部火山侵入的刺穿活动对古生界烃源岩破坏性大，不利于源岩保存。

7.3　火山活动与储集层关系

火山活动对储集层有利的作用主要分为：①改善原有岩石储集能力；②提供新储集空间。

7.3.1　改善原有岩石储集能力

二叠纪，塔里木盆地沿长期活动的深大断裂侵入或喷发的火山活动的发生，导致与相伴随的流体活动十分活跃，造成局部地区碳酸盐岩的破裂及改造作用非常强烈。大量事实

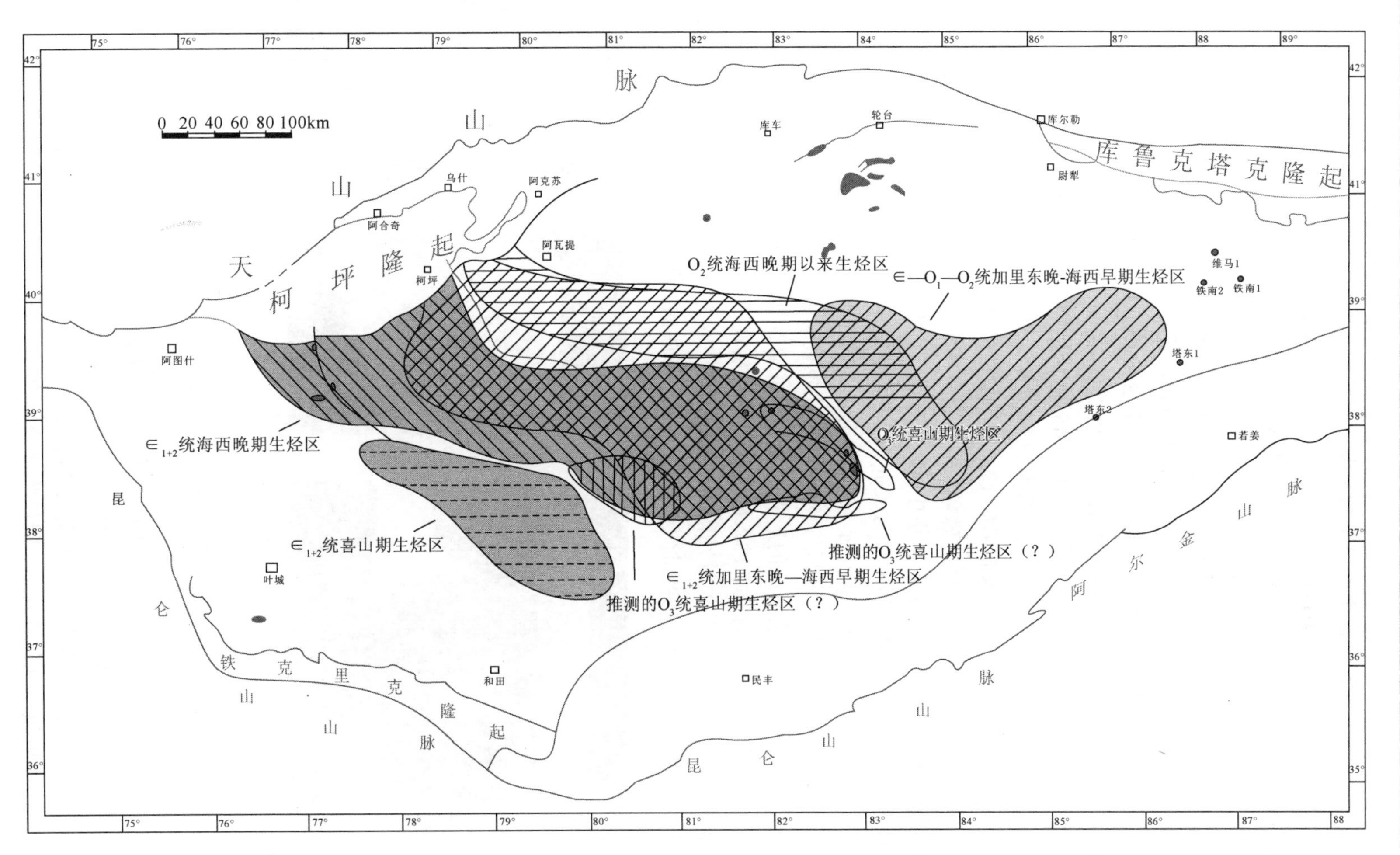

图 7-3　塔里木盆地中央隆起区烃源岩有效生烃区分布（张水昌，2008）

表明，塔中西部地区存在沿深大断裂从盆地基底以下进入盆地内部的深部热流体，并与碳酸盐岩发生了交代作用。塔中地区深部流体中含有氟和 CO_2 等成分，其中氟主要以 HF 或 F^-形式存在。如塔中 45 井油藏，成藏于上奥陶统良里塔格组灰岩溶蚀孔洞、缝中，储层的溶蚀作用与埋藏热液有关，其下奥陶统灰岩中萤石脉发育段达 28m，萤石呈粒状，自形程度高，向外晶体变大；粗晶环带状萤石之外为斑状结构的细晶方解石、硬石膏、萤石和石英的共生组合体，充填于孔洞中部，是火山期后热液与碳酸盐岩反应的产物。据塔中 45 井萤石中流体包裹体液相成分：CO_2 45.4%、H_2S 9.9%、CH_4 19.9%、SO_2 19.9%，气相成分 CO_2 71.8%、N_2 8.1%、C_2H_4 4.2%、SO_2 12.2%，说明火山释气提供了大量的 CO_2、H_2S 等酸性物质，利于深部岩溶的进行。塔中 45 井中上奥陶统储层段 6095～6107m 为巨厚层淡紫色、白色萤石段。孔、洞、缝发育（图 7-4），取心段（42.81m）的孔洞和微裂缝发育，全充填洞 11 个，半—未充填洞 173 个，大洞直径可达 40mm×50mm×110mm。半—未充填裂缝 4 条，萤石岩段网状微缝、微孔发育成网状相交，连通性好，面孔率可达 10%；而形成溶蚀型储层（图 7-4）。塔中 45 井的萤石矿的形成可能就是大断裂的活动导致深部的热液上涌，深部含氟热流体与 $CaCO_3$ 发生交代作用而形成的。从化学反应看，一个 $CaCO_3$ 分子被交代形成一个萤石（CaF_2）分子，同时形成一个水（H_2O）分子。若不考虑其他因素的影响，方解石被等量萤石交代后孔隙空间可增加 26.4%，其分布受断层、裂隙的控制表明，塔中地区萤石脉的形成主要与岩浆期后热液作用有关。早二叠世末岩浆分异作用形成富氟的酸性热流体，进入碳酸盐岩地层后在适当的部位发生强烈溶蚀、交代作用，形成萤石和方解石脉及大量残留溶蚀孔洞（图 7-4），改善了碳酸盐岩储层的储集性，这是塔中 45 井碳酸盐岩高产油气藏优质储集层形成的原因之一。

塔中45井奥陶系岩心

(a)

塔中45井奥陶系岩心

(b)

图 7-4　塔中 45 井溶蚀孔洞照片

此外，在塔里木盆地西部一间房组以南在奥陶系碳酸盐岩出露区发现叠置排列的萤石矿洞，并且在露头区可以见到大型逆冲断层，与矿洞相距 7～8km 有二叠纪火山岩出露，大断裂以及火山通道可能是导致矿物交代的源头。交代作用是物质交换的体现，流体所含成分在对储层围岩进行交代作用时，除矿物成分本身发生变化外，往往还会使交代后新矿物的占位空间发生改变，从而引起储层物性发生变化。当然，这种变化由于交代作用类型的不同而对储层的改造方向完全不同，有些交代作用因交代矿物体积增加而进一步破坏了储层原有的储集性能，有些交代作用则可因交代矿物的体积减小，而使储层的储集性能得到改善。

另外，受深大断裂和火山通道附近深部热流体的影响，发生深埋热液白云岩化作用，并且热液白云岩发生进一步的埋藏岩溶作用，使其储集性能得到改善。热液白云石化是近年来研究的热点，在国外尤其是北美地区，发现了大量与热液白云岩伴生的油气藏，国内已发现的优质热液白云岩储集体主要以塔深 1 井寒武系为代表。其作用机理为热液作用下（图 7-5），白云石晶体颗粒周围的成分发生变化的同时，也伴有溶解作用的进行，这样原来的白云石晶体就逐渐变小，亮边向中心推进，直至暗心消失，形成溶蚀残余，这样的一个过程导致白云岩中形成大量的晶间溶蚀孔。通过对研究区多口钻井取心段岩心和镜下的观察发现，热液溶蚀最显著的特征是鞍形白云石的发育，在中 1 井、中 11 井、中 13 井、中 3 井、中 4 井、古隆 1 井、同 1 井、和田 1 井等早奥陶—寒武系均有见到。典型的热液白云石就是鞍形白云石（也称之为异形白云石或者马鞍形白云石），其矿物学特征是白云石的晶面常为弯曲的，这是由晶格弯曲错位造成的，晶面和解理面变形而形成马鞍状晶体，热液白云石的颜色一般为白色，正交偏光下波状消光。热液白云石晶面弯曲的原因主要是在高温条件下，白云石结晶速度快。鞍形白云石在岩心通常充填孔洞，或沿孔洞壁向内生长，晶体常常弯曲成镰刀型，晶面解理缝发育，正交偏光下波状消光。在中 1 井发现鞍形

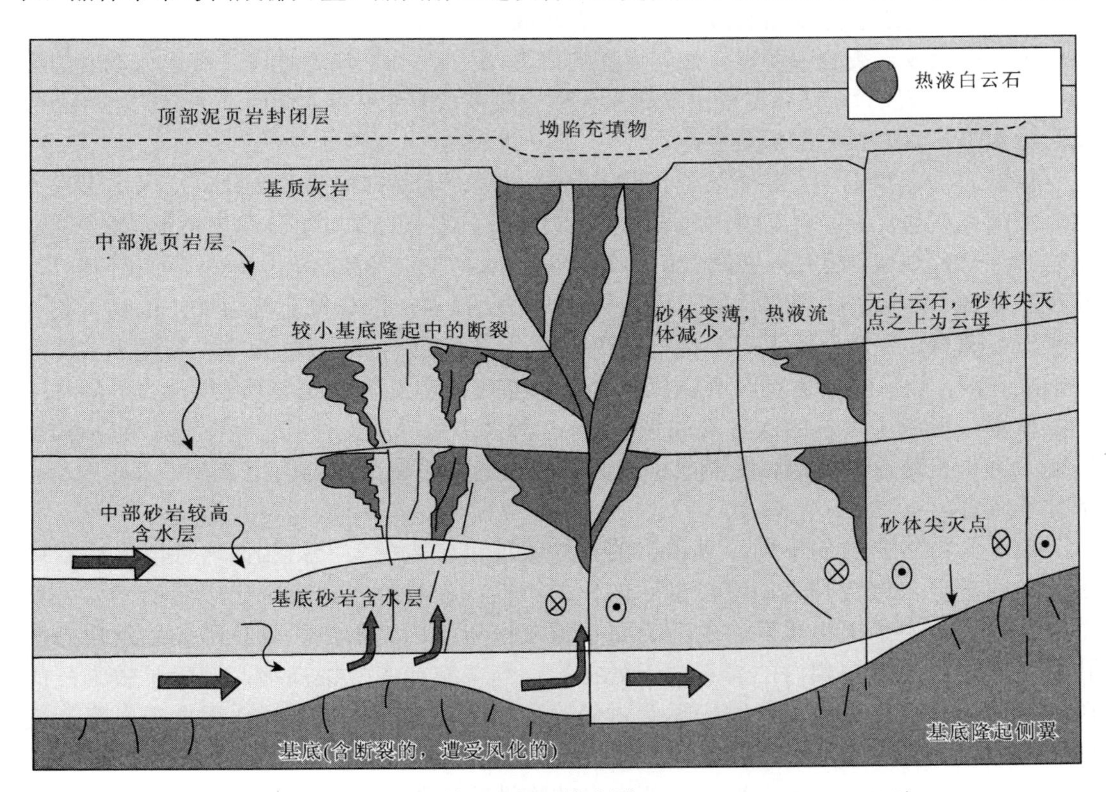

图 7-5　热液白云石储层的形成机理模式图（G. R. Davies et al.，2006）

白云石，可作为孔洞及裂缝中的胶结物存在，也可作为火山岩气孔内的沉淀物，说明其发育分布与岩浆活动有着密切的联系，碳氧稳定同位素分析表明，它们的δ18O值都异常偏负，达–14.44‰～–14.95‰PDB，若按地层水的δ18 O值为0‰SMOW，则要求成岩温度高达147.2℃，而正常埋藏难以达到此成岩温度，说明其受深部来源热液的影响。热液作用除了形成鞍形白云石之外，通常还与多种热液矿物共生，如萤石、重晶石、天青石、黄铁矿、铅锌矿及自生石英等。张哨楠（2010）利用扫描电镜（SEM）结合能谱分析发现，在中19井5553.5m，中15井5571.9m、中13井5977.39m等鹰山组的白云岩溶孔中均见有萤石发育（图7-6（c））。重晶石也是热液活动的产物之一，中4井蓬莱坝组3612.83m处有见（图7-6（d）），主要以孔洞充填物的形式出现，并与自生柱状石英伴生。中19井鹰山组5549.6m处发育重晶石，而且中19井鹰山组储集体上部的取心段中，可见大量溶蚀作用形成的缝洞，部分缝洞则由方解石或白云石充填，铸体薄片下观察可见晶间孔、晶间溶孔极为发育，溶孔内充填鞍形白云石及硅质，扫描电镜下观察见萤石充填与裂缝及孔洞中，根据孔洞内充填物的先后顺序，可以发现萤石最先充填（图7-6（e）），这是热液改造的有利证据之一。

7.3.2　提供了新的储集空间

火山岩在特定的地质条件下也可以形成良好的储集层，火山岩中的气孔、节理在遭受风化、剥蚀和构造裂隙及断裂改造后可具有较高的孔、渗性能，能作为良好的油气储层。如中1井在火成岩裂缝中发现有油气运移的痕迹，另外阿东和满西地区二叠系火成岩的孔洞、裂缝就比较发育，钻井过程中二叠系火成岩段多次发生井漏，满西2井电测解释孔隙度高达42%，具有良好的储集性能。

根据岩心观察描述，结合岩石薄片、铸体薄片、电镜扫描等综合分析，火山岩自身储集空间类型包括：①岩浆喷出地表时，压力降低，其中的挥发组分逸出后形成的气孔，据岩心和薄片观察，研究区玄武岩中的气孔面孔率在3%～8%，气孔多呈圆形和椭圆形，孔径多在3～5mm，在裂缝不发育段，气孔多彼此孤立，部分气孔已为次生矿物石英、方解石、沸石、硅质及绿泥石或钙质充填；②火山岩经后期热液蚀变或大气淡水淋滤溶蚀形成孔洞，该区火山岩在三叠系沉积之前，遭受了较长时间的风化剥蚀及大气降水的淋溶作用，形成了大量的次生溶蚀孔（洞）；③火山角砾间支撑孔；④裂缝，包括构造裂缝、风化裂缝、溶蚀缝和冷凝收缩缝四类，裂缝一般在火山岩的上部及中部较发育，下部不发育。

由于火山岩岩性的不同，火山岩的物性表现出较大的差异；相同岩性的火山岩由于所处的古地貌位置和火山喷发旋回部位的不同，在物性上也表现出一定的差异。其中火山爆发相由于火山爆发时的冲力将顶板及围岩破碎，形成大量裂隙裂纹及角砾间孔缝，加之火山爆发相内的岩石由于处在构造高部位或古侵蚀高地，遭受了较强烈的风化作用，且风化产物被及时搬运到古侵蚀洼地中，故风化及淋滤作用均很发育，使原生孔隙、缝等经风化溶蚀扩大，从而形成孔、洞、缝构成的多样化联合式储集空间，是最有利的储集相带。火山溢流相英安岩的物性略好于玄武岩，而且熔岩上部及下部

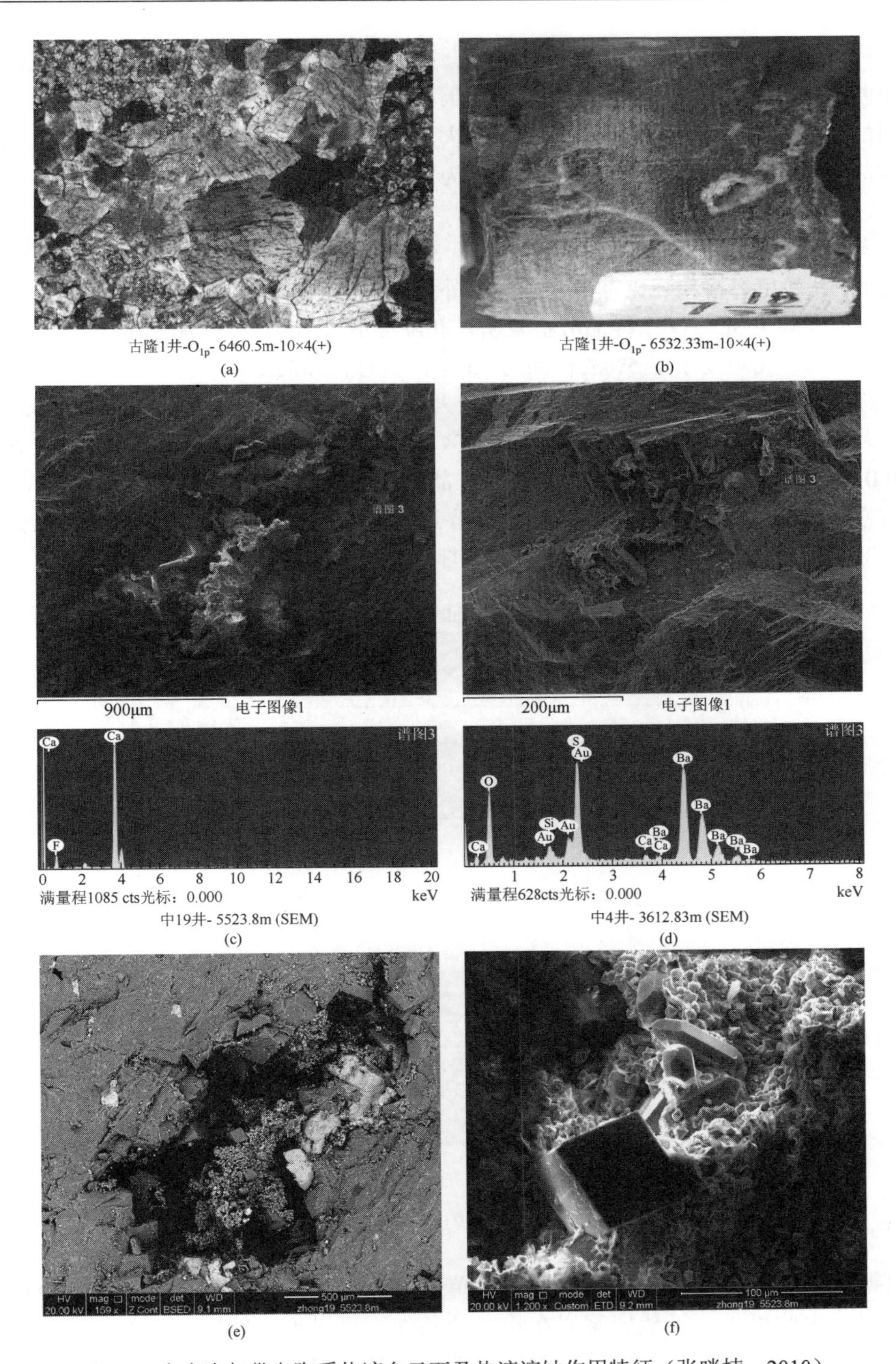

图 7-6　中央隆起带奥陶系热液白云石及热液溶蚀作用特征（张哨楠，2010）

（a）鞍形白云石，正交偏光下波状消光；（b）溶孔壁内的异形白云石；（c）萤石充填孔洞，下图为萤石能谱分析；（d）重晶石、自生石英充填晶间孔，下图为重晶石能谱；（e）与（c）为同一视域的 BSE 图像，可见溶孔壁首先充填萤石，说明溶孔的形成与热液溶蚀有关；（f）为（c）图中溶孔充填物的局部放大照片，可见孔隙内部充填白云石、柱状石英以及黄铁矿及黏土矿物是原生气孔较发育的地带，中部为致密带；此外，由于火山岩层与上覆地层之间存在沉积间断，火山岩顶部遭受了风化剥蚀，因此其上部及顶部次生溶孔（缝）较发育，是有利的储集地段。火山沉积相由于远离火山喷发中心，所以岩浆迅速冷凝，来不及充分结晶，矿物结晶程度低，胶结物主要为火山凝灰物质或玻璃质。该相带各类孔隙不发育，储集条件差，是不利的储集地带。

本次共采集中 1 井、中 16 井和顺 1 井等 3 口井火成岩段样品 24 个，小海子南闸、小海子北闸、瓦基里塔格和阿克苏沙井子等野外火成岩样品 15 个，共 39 个样品进行了空隙度渗透率的实验分析。39 个样品分析表明，孔隙度最大值为 20.31%，最小为 0.43%，平均值为 6.43%，孔隙度小于 5%的样品为 23 个，占总样品的 59%，小于 10%的样品为 30 个，占总样品的 77%，有 9 个样品的孔隙度大于 10%（图 7-7）。39 个样品分析表明，渗透率最大值为 $30.9\times10^{-3}\mu m^2$，最小为 $0.002\times10^{-3}\mu m^2$，平均值为 $0.85\times10^{-3}\mu m^2$，渗透率小于 $0.01\times10^{-3}\mu m^2$ 的样品为 20 个，占总样品的 51.3%，小于 $0.1\times10^{-3}\mu m^2$ 的样品为 32 个，占总样品的 82.1%，有 7 个样品的渗透率大于 $0.1\times10^{-3}\mu m^2$，渗透率最大值为 $0.609\times10^{-3}\mu m^2$ 的样品很可能是存在裂缝（图 7-8）。

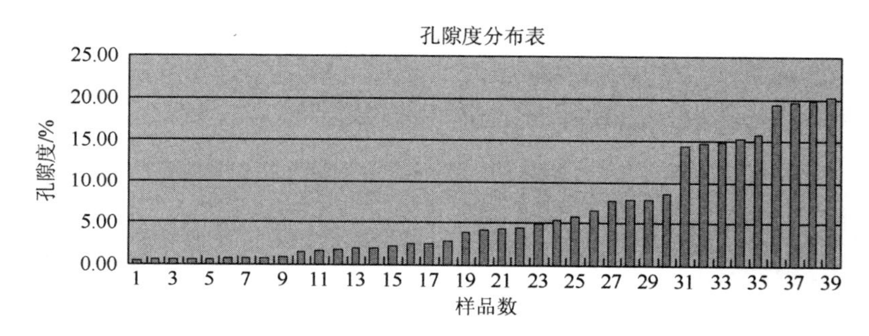

图 7-7　塔中地区火成岩孔隙度分布表

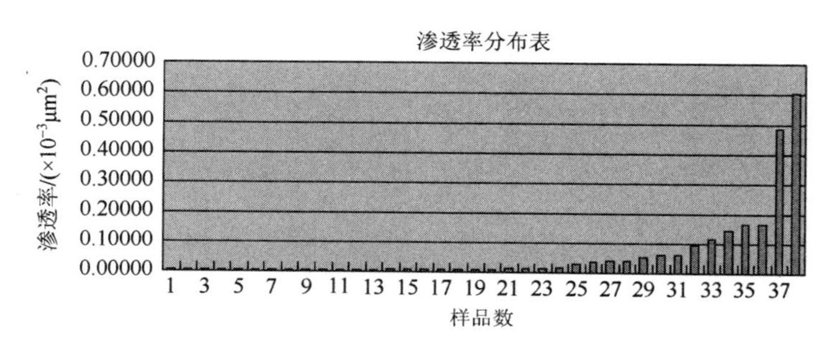

图 7-8　塔中地区火成岩渗透率分布表

根据以上资料分析，二叠系火山岩段单层厚度虽大，但储集性能差，综合评价为差储集层。由此可见，虽然岩浆岩在特定的条件下可以形成储层，但大多数岩浆岩都比较致密，或孔隙的连通性较差，对油气的运移具有很强的封挡作用，塔中探区二叠系广泛分布的火成岩对下伏储层而言，为一套良好区域性盖层，对地层中油气的保护具有重要意义。

7.3.3　卡 1 三维区块火成岩储层建模

火成岩岩性致密，平面分布不均，用常规手段没有能力掌握其储性特征。本次研究利用基于遗传算法的神经网络高分辨反演方法，以三维地震数据为基础，以测井曲线、岩心测试资料为控制，进行了三维孔隙度反演，以此为基础对储层空间分布状态进行描述，完成储层建模的研究工作。

1. 卡 1 三维区块测井孔隙度求取

本次研究内容主要是针对塔中卡 1 区块二叠系火成岩地层。火山岩储层有效孔隙度的确定是火山岩储层精细评价的难点之一。火山岩地层矿物成分复杂、骨架属性多变，纵横向上火山岩的岩性有较大差异，岩性对常规测井曲线影响大，这些因素使常规测井计算有效孔隙度精度低。本次研究，在现有资料基础上，经过分析比较，采用了逐步回归的方法，充分利用岩心资料，建立了岩心孔隙度与声波孔隙度测井的合理线性回归方程，进而得到了整个研究区的孔隙度模型。与常规的孔隙度计算方法相比较，效果更好，适用范围更加广泛。

1）岩心归位

钻井取心由于采收率不高以及岩心残余厚度估算不准等原因，常常造成录井深度与实际深度间存在偏差，相对而言，测井记录的深度要准确得多。在测井解释模型建立之前，首先要进行岩心深度归位，也就是将岩心分析数据归位到测井深度，以确保岩心分析数据与测井解释资料处于同一深度，保证他们反映的是同一目的层，使计算的孔隙度符合真实地质情况。在本次研究中，以研究院提供的两口井（中 1、中 16）的岩心孔隙度及密度为数据基础，在 FORWARD 软件环境中进行了良好的校正归位工作。

2）测井资料标准化

测井资料标准化处理，就是利用同一油田或地区同一层段往往具有相似的地质-地球物理特性这一自身相似分布规律，对油田各井的测井数据进行整体分析，校正刻度的不精确性和不统一性，从而达到全油田测井资料的标准化。目前，测井资料标准化方法已经有很多，主要包括直方图法、重叠法、均值校正法和趋势面分析法。本次研究主要选取测井响应敏感而且稳定的中 16 井凝灰岩作为标准层，通过各种校正方法实验对比分析，最后我们发现在本地区使用峰值和平均值相结合的方法，效果最好，即标准化值=（峰值+平均值）/2，运用此方法，进行统一的测井资料标准化处理。这样才能排除非地质因素的影响，保证储层参数计算的准确性。

3）利用逐步回归方法计算火成岩有效孔隙度

岩心孔隙度是检测测井计算孔隙度正确与否的重要数据指标，同时也是区内勘探选择采取恰当测井组合、正确设计孔隙度计算方程的重要研究内容。根据实验室测得的 21 个已经归位的岩心孔隙度（其中中 11 井 11 个、中 16 井 10 个），首先对已经标准化处理的各单孔隙度测井曲线（声波、密度、中子）与岩心孔隙度之间进行逐步回归计算，检测各测井曲线在孔隙度计算方面的彼此优劣性，从中寻找相对较佳的岩心孔隙度拟合计算关系式。

逐步回归检验结果表明，孔隙度受声波测井响应的影响显著，受密度、中子测井响应的影响不显著。经逐步回归，得出孔隙度回归方程为

$$\varphi=-23.915+0.515\times AC \tag{7-1}$$

用此方法计算出的孔隙度与实验室岩心分析孔隙度对比见表 7-2，统计孔隙度和岩心分析孔隙度吻合程度见图 7-9，经分析，统计孔隙度与岩心分析孔隙度相关系数 R 达 0.793，如图 7-10 所示，造成少部分样品（如第 11 号样品）误差较大的原因主要是用于建立孔隙度模型的样品数量较少。

表 7-2　计算孔隙度与岩心分析孔隙度比较表

样品编号	AC/(μs/ft[①])	$\varphi_{计算}$/%	$\varphi_{岩心}$/%	绝对误差/%
1	72.42	13.38	14.67	−1.29
2	71.51	12.91	14.91	−2.00
3	73.63	14.00	20.31	−6.31
4	74.13	14.26	14.47	−0.21
5	75.12	14.77	4.94	9.83
6	73.02	13.69	8.58	5.11
7	55.69	4.77	7.86	−3.09
8	47.60	0.60	2.53	−1.93
9	50.76	2.22	1.50	0.72
10	61.16	7.58	7.95	−0.37
11	70.84	12.57	2.57	10.00
12	56.49	5.18	4.13	1.05
13	57.93	5.92	5.32	0.60
14	56.34	5.10	5.87	−0.77
15	48.84	1.24	0.43	0.81
16	48.62	1.12	0.55	0.57
17	71.67	13.00	15.80	−2.80
18	74.31	14.36	19.86	−5.50
19	75.51	14.97	19.60	−4.63
20	73.65	14.01	15.33	−1.32
21	53.35	3.56	2.29	1.27

① 1ft=3.048×10^{-1}m

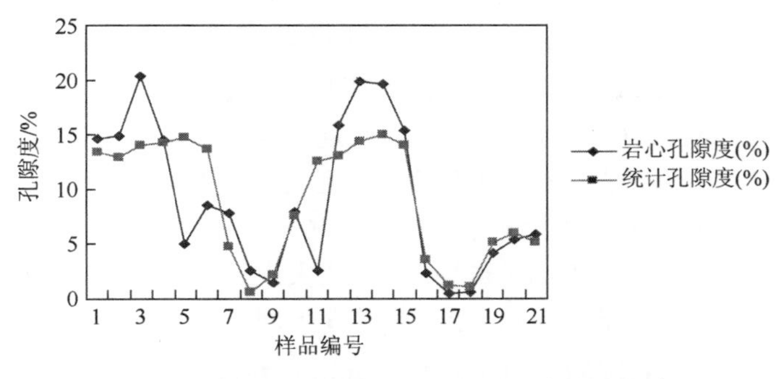

图 7-9　统计孔隙度和岩心分析孔隙度吻合程度

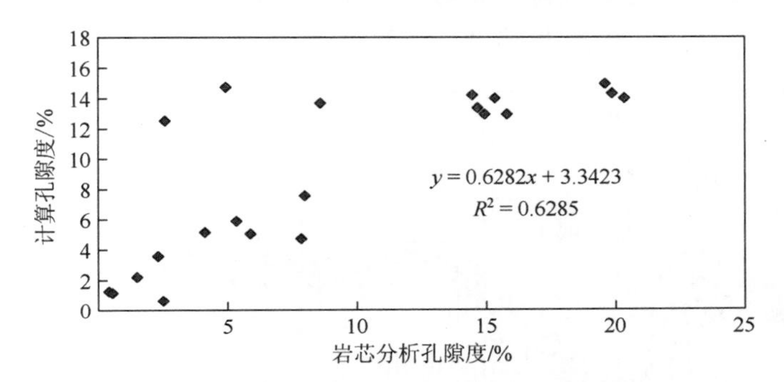

图 7-10　统计孔隙度与岩心分析孔隙度交汇对比图

将该回归关系式代入五口单井（中 1 井、中 11 井、中 12 井、中 16 井、中 17 井）的二叠系火成岩段处理中，对储层孔隙度作计算，计算结果与已有资料作比较，拟合程度较好。

2. 卡 1 三维区块测井孔隙度反演及储层发育特征

对卡 1 区块三维地震数据体进行孔隙度反演，获得了三维空间孔隙度数据体。从图 7-11 可以看出，反演剖面上孔隙度纵横特征明显，对储层储性的发育特征有清楚的响应。

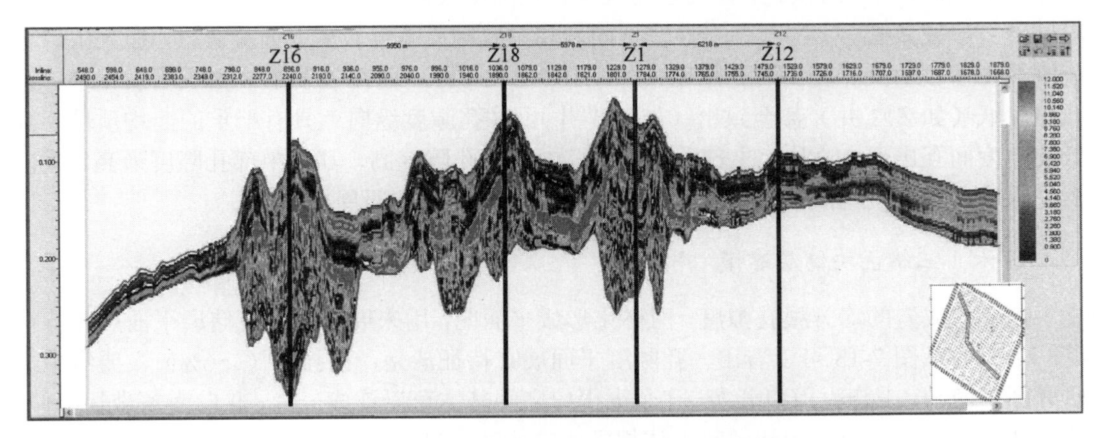

图 7-11　卡 1 区块 NW—SE 向连井孔隙度剖面

以三条连井剖面来描述火成岩的岩性与孔隙度发育的相关关系，以及孔隙度纵横向发育特征（图 7-12）。图 7-11 是过几个火山口的连井孔隙度剖面，Z16 纵向上有三个层段具有较高的孔隙度（＞6%），最上面一个对应凝灰岩和火山角砾岩，中间一组和最下面一组高孔对应安山岩与火山角砾岩；Z18 井有两组高孔层段：上面一组对应凝灰岩，最下面一组主要对应玄武岩，但孔隙度值相对较低（3%～6%），值得注意的是这里面的凝灰质砂岩和凝灰质粉砂岩的孔隙度并不高（＜3%），说明火山沉积岩由于火山灰的充填使得其质地更致密，孔隙度极低，无储层价值；Z1 井纵向上同样有多组高孔层段：最上、最下面两组主要对应火山角砾岩，中间一组主要对应安山岩和玄武岩；Z12 井较高孔层段主要位于下部，岩性以凝灰岩为主，孔隙度相对较低（3%～6%）。而图 7-12 中的 Z11 井，岩性上为大段凝灰岩，质地密，孔隙度极低（＜3%）。

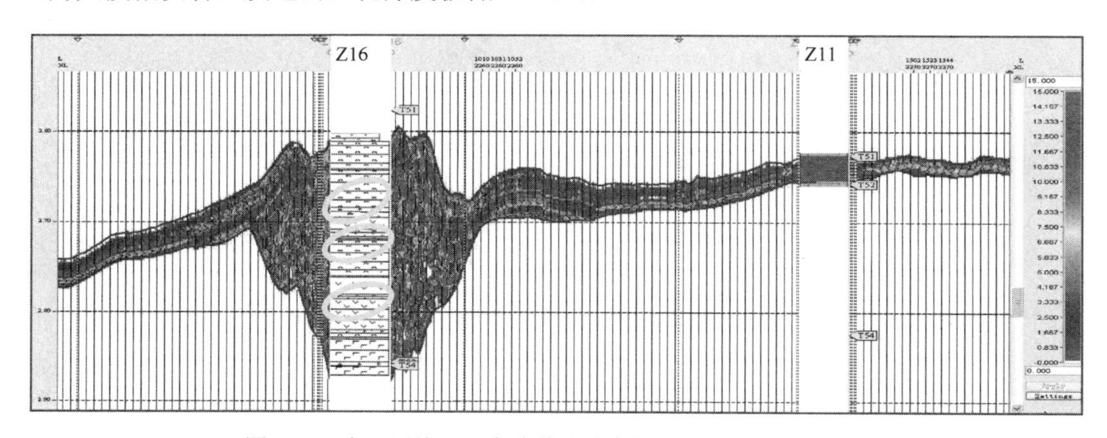

图 7-12　卡 1 区块 EW 向连井孔隙度剖面与钻井岩性对比图

在横向上，图 7-12 展示过 Z16 井 EW 向剖面上孔隙度由火山口向 E 向 W 快速减小，而图 7-11 过 Z12 井 SN 向剖面上孔隙度由火山口各往南北减小，但延伸范围较大。根据以上描述，可以得出几点结论：①各种火成岩中均存在一定程度的孔隙度，其中火山角砾岩孔隙度最高，安山岩次之，玄武岩及凝灰岩孔隙度较低，而火山沉积相中的凝灰质砂岩、粉砂岩一般较致密。②同一种岩性在不同岩相中孔隙度差异较大，如凝灰岩，在火山口相或溢流主体相中具有较高的孔隙度（如 Z16、Z18 井），而在喷发主体相或喷发相中，则孔隙度低（如 Z12 井）甚至致密（如 Z11 井）。③孔隙度纵向上具有严重的非均质性，高低孔隙度间互出现，总体上上部孔隙度低，中下部孔隙度高，其中中部孔隙度最高。横向上孔隙度同样具不均质性，总体火山口周围孔隙度高，向四周减小。

3. 卡 1 三维区块储层建模

提取火成岩的均方根孔隙度，网格化形成平面图，用来展示火成岩储层平面展布特征（图 7-13）。从图 7-13 可以看出，孔隙度平面展布特征清楚，高孔区（＞6%）主要集中于研究区中南部，围绕火山口分布，几个火山口之间基本可以连成一片，并向南条带状延伸，这些地区基本是火山口相和溢流主体相区。中孔区（3%～6%）分布于火山口外围，与喷发主体相区一致。低孔区（＜3%）主要位于研究区北部，与喷发相区一致。需要说明的是 Z11 以东有部分高孔区，这可能是地震数据为 0 造成的边界效果所致。

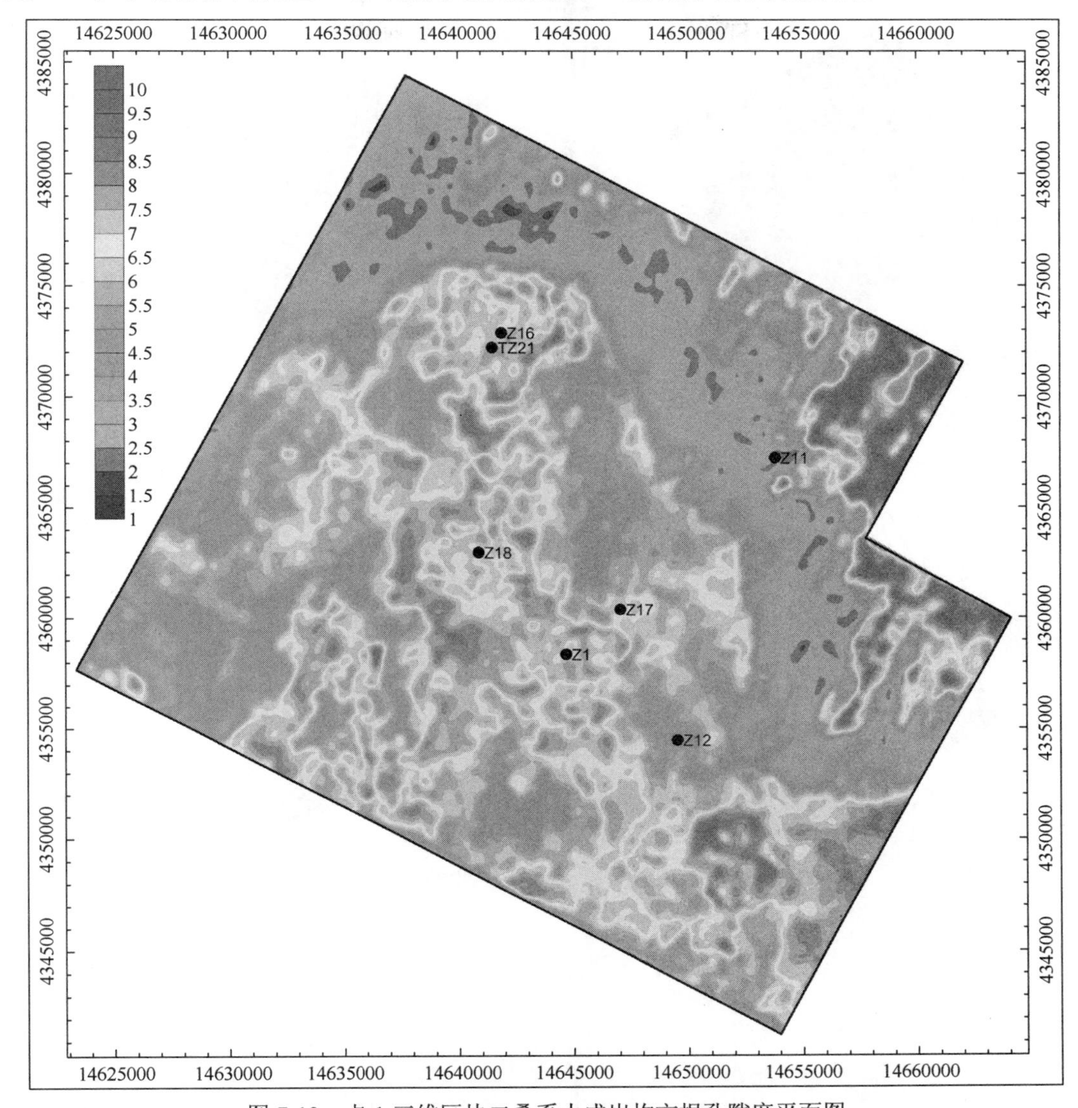

图 7-13　卡 1 三维区块二叠系火成岩均方根孔隙度平面图

通过孔隙度切片可以了解储层纵向上的储性变化（图 7-14），从中可以看出纵向上横向上随切片位置的变化，孔隙度具严重的均质性，纵向上高孔段没有连续性，横向上局部围绕火山口有一定的连续性，但总体上连续性还是非常差。

虽然火山岩在特定的条件下可以形成储层，但大多数火山岩都比较致密，或孔隙的连通性较差，对油气的运移具有很强的封挡作用，塔中探区二叠系广泛分布的火成岩对下伏储层而言，为一套良好的区域性盖层，对地层中油气的保护具有重要意义。

但是不可否认，火山活动产生的高温与热液，也能使储层发生不同程度的变质和产生填充储集空间与阻塞渗滤通道的成岩矿物，降低岩石的储集空间，进而导致储集层物性变差与油气藏破坏。

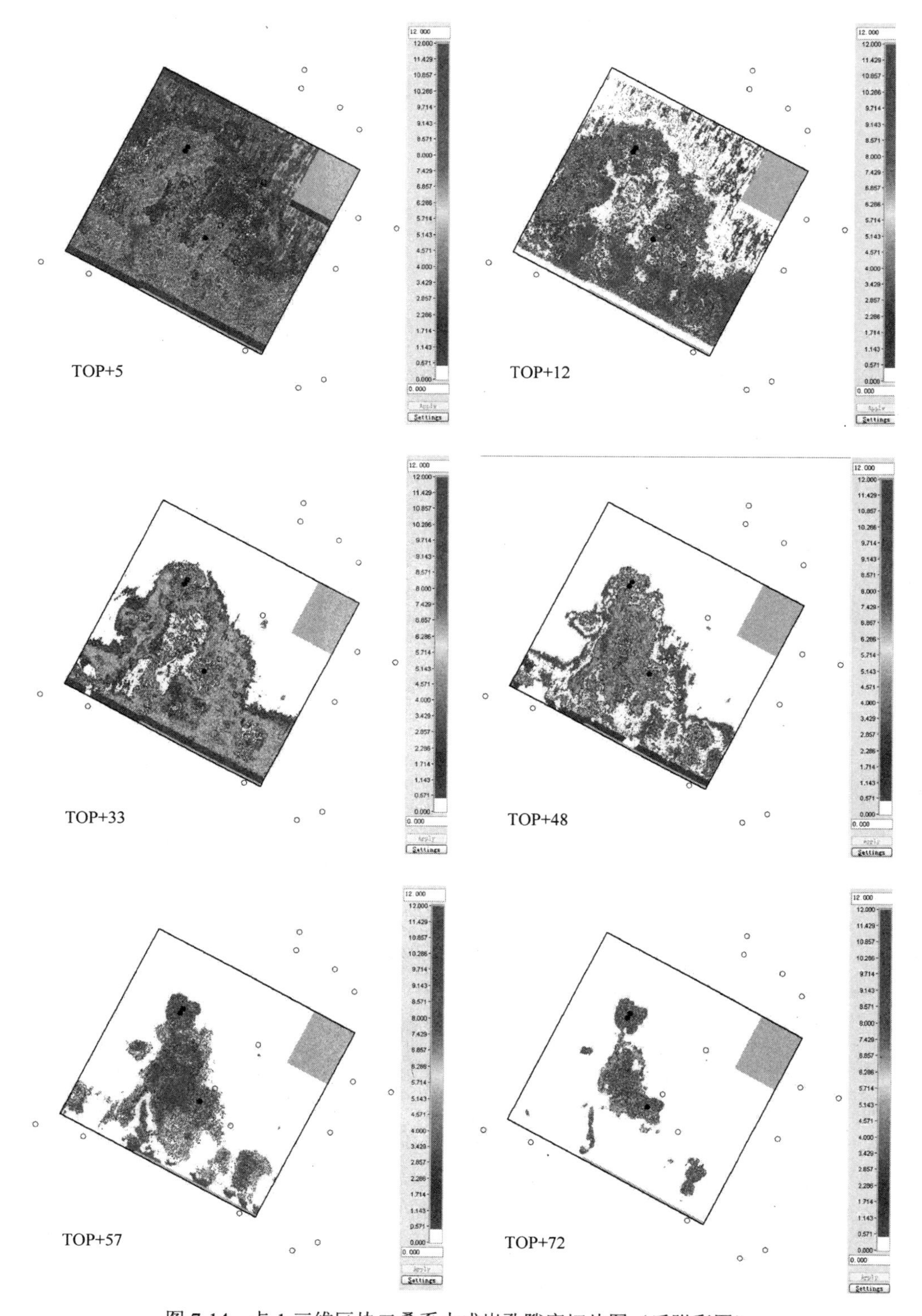

图 7-14　卡 1 三维区块二叠系火成岩孔隙度切片图（后附彩图）

7.4　火山活动与圈闭关系

塔里盆地多期次、多方式的岩浆活动，形成了多岩相、多产状的火成岩，同时也形成了多种局部构造（圈闭），有火成岩直接形成的局部构造（圈闭），也有间接形成的局部构造（圈闭）。如由于岩墙、岩柱和其他类型的侵入岩形成的拱弯褶皱，如塔中 10、40 井区构造；高温岩浆在与围岩接触时往往会对围岩孔渗有很大的改善，从而形成热液蚀变岩性圈闭，如塔中 45 井碳酸盐岩圈闭的形成就是这种情况；另外，由于岩墙的不规则发育，可能在穿过砂岩的过程中，以盖层的形式在上部和侧向上遮挡，从而形成圈闭；后期岩浆刺穿、喷发，可以组成复杂化背斜圈闭或破坏早期圈闭，如塔中 47 井区圈闭的形成过程；此外，由于火成岩侵入过程中，对早期上覆沉积地层进行托举以及火成岩的喷发形成火山锥等因素，在地貌上形成正地形，这样后期沉积地层受前期古地貌控制从而形成的各种披覆背斜等。结合中央隆起带火山岩的发育特点研究认为，塔中地区与火山岩有关的圈闭类型主要有以下三种类型：

1. 岩颈刺穿圈闭

火山沿火山通道上涌和喷发过程中刺穿围岩并使其产生向上的牵引现象，只要围岩中存在有利的储盖组合，火山通道内充填的岩颈在储层上倾方向构成遮挡，即可形成刺穿圈闭。塔中地区各纪火山岩发育，必然存在多个火山颈，而且被刺穿的古生代地层中含有多套储盖组合，具备形成刺穿圈闭的条件，其中尤以石炭系底部东河砂岩储层与其上覆泥岩盖层的配置最为有利。已发现的塔中 10 井油藏即以东河砂岩为储层的火山岩刺穿圈闭油藏。

2. 超覆/披覆背斜圈闭

超覆/披覆背斜圈闭是中、新生界或古生界沉积岩层覆盖在古潜山高凸块体之上，在沉积作用和差异压实的作用下形成的。这种背斜呈短轴状，倾角平缓，两翼倾角一般小于 5°，地层厚度具有在背斜顶部变薄，向两翼加厚的特点，它的形成、范围受到披覆盖层下的火山岩凸起的制约（图 7-15）。塔中地区二叠系火山岩广泛发育，火山口及火山岩分布的不均匀性引起上二叠统—三叠系地层中形成许多局部的构造高点，只要有充足的油源即可形成油气藏。

3. 火山岩脉侧向遮挡圈闭

火山岩侧向遮档圈闭油气藏大都与侵入岩有关，火山大规模侵入时，对围岩产生强大的侧向挤压力，使得围岩地层碎裂或者产生大量的裂缝，从而成为优质储层。尤其是在碳酸盐岩发育地区，由于碳酸盐岩具有脆性强、易断裂的特点，火山的侧向挤压会使碳酸盐岩形成大量的裂缝，储集性能发生明显改善。而且侵入岩冷却时间长，结晶程度高，气孔不发育，可以在储层上方形成遮挡，成为封盖层，同时，火山冷凝收缩也会增大侵入岩下方的储集空间。塔中地区如此发育的火山岩必然伴随着多期的侵入，侵入岩切穿储层并形成侧向遮挡就形成了火山岩体侧向遮挡型圈闭。主要分布于奥陶系、志留系碳酸盐岩地层中。

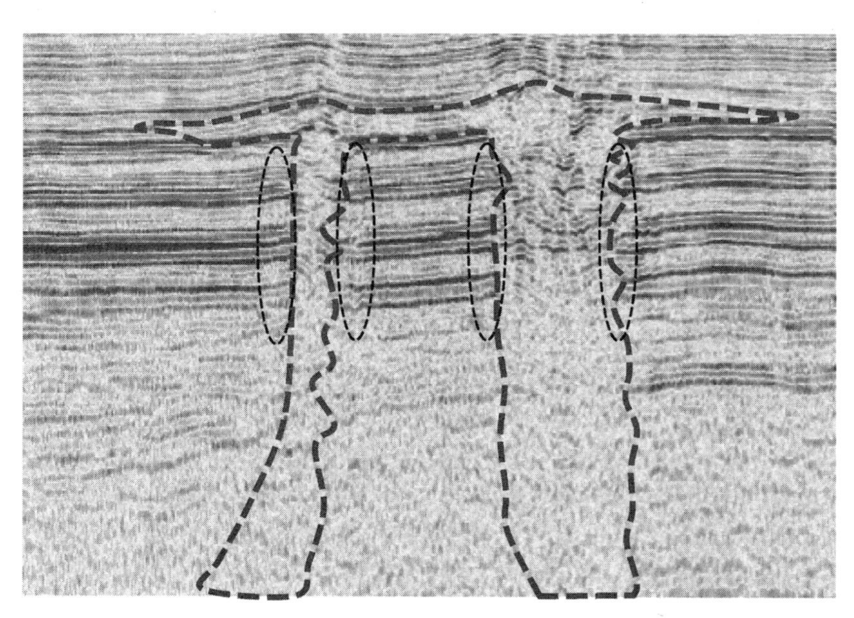

图 7-15 火成岩相关圈闭剖面图（超覆圈闭和火山岩脉侧向遮挡圈闭（TZ336.2 侧线））

塔中地区多期次的火山活动作用形成了很多相关的圈闭，除上述常见的圈闭类型外，还发育与溶蚀改造作用非常密切的火山岩潜山圈闭和埋藏溶蚀性圈闭。塔中地区早古生代的火成岩主要形成的相关圈闭以侧向遮挡性为主，而晚古生代即二叠纪发育的火成岩相关圈闭类型较多。

7.5 火山活动与油气运移关系

油气本身就是一种特殊的热流体。尽管油气运移主要发生在沉积盆地中，贯穿于油气成藏的全过程，但油气的生成、运移、聚集乃至散失同样受深部热流体活动（岩浆活动）的影响。岩浆活动对油气运移的影响表现在：

（1）深部热流体在向上运移过程中，可改变通道围岩的孔渗条件，从而对油气运移产生有利的影响。不过岩浆活动有时在非常有利的张性断层等油气运移通道中侵入，从而造成堵塞，如塔中 18 井。另外，在油气运移的上倾方向如遇火成岩体，这些火成岩又会阻止油气继续运移。

（2）深部热流体具有很高的温度和压力，在向上运移的过程中，可产生并形成异常高压，为油气二次运移提供动力，并控制油气运移的方向。

（3）首先，深部热流体在向上运移的过程中，有机质形成金属——有机络合物的形式而在热流体中稳定存在并随之迁移；其次，流体中水的存在和较高的流体压力也可抑制烃类的热裂解而使其稳定存在，从而对油气运移起一定的促进作用。作为深部热流体，岩浆在上侵过程中不但会与围岩发生交代变质，而且热变质作用使其结构构造发生变化，可产生许多原生或次生孔隙，从而改善围岩储集性能或本身形成储层。再次，致密的火山岩则可成为良好的盖层和岩性圈闭。

（4）火成岩还可与断层、不整合等构造共同形成有利于油气聚集成藏的各种条件。岩浆活动时间与油气形成时间的先后配置关系对油气藏保存极为重要，若岩浆活动期晚于油气聚集，将对油气藏起到明显的破坏作用。就塔中地区而言，虽然岩浆岩在特定条件下可以形成储层，但大多数岩浆岩都比较致密，或孔隙的连通性较差，对油气的运移具有很强的封挡作用，因此，二叠系广泛分布的火成岩被对下伏储层而言，又可视为一套良好的区域性盖层，对下伏地层中油气的保存具有重要意义。

7.6　火山活动与油气藏调整与破坏

火山活动中，岩浆沿断层、裂缝侵入，使完整的岩层碎断，形成许多次级断层和裂缝，贯穿圈闭，使之遭到破坏。同时会对前期可能的油气水分布产生影响，火山活动产生的高温，也会使储层发生不同程度的变质，进而使储层物性变差。使早期可能的油气发生热裂变，而火成岩本身对油气又具有封隔作用，这都会影响后期的油气储运。

塔中地区在早海西运动后，逐渐定型，晚海西运动在下古生界构造背景上形成了成排成带分布的以背斜为主的各类圈闭。但此时，塔中西部发生了强烈的火山侵入及火山喷发活动，早期形成圈闭被改造，与之相关的圈闭类型也由背斜型转化为火成岩侧向封堵的火成岩刺穿遮挡构造圈闭。塔中 18、21、22、64 等井位于塔中地区带西段，属于低幅背斜，具备断层运移通道，与塔中 10、11 井构造位置基本相当，应当是油气运移的有利场所，但是，在二叠纪火山活动期，这几口井正好位于火山口附近，志留、泥盆系聚集的油气因火山活动遭到破坏，同时破坏了周围的储层，后期油气运移时，火山岩墙的封堵使得油气难以进入后期形成的圈闭。

对同位于塔中西部火山活动较强区域的塔中 47 而言，早二叠世强烈的火山侵入和火山喷发活动，使早期形成背斜圈闭被改造成为火成岩侧向封堵的刺穿圈闭，而塔中 47 井区构造北侧紧邻塔中 I 断裂，油气沿此断裂向上运移经志留系下砂岩段和东河砂岩这两套优质输导层进入塔中 47 井构造，同时火成岩和围岩接触带也可作为油气运移通道，将构造下部寒武系—下奥陶统、中上奥陶统生成的油气输送到志留、石炭系圈闭中（图 7-16）。

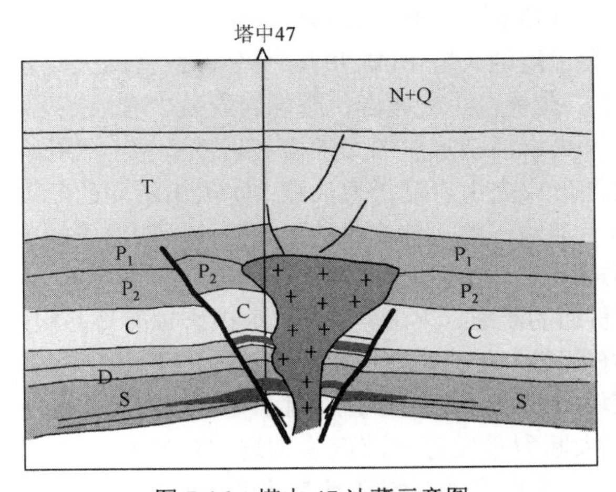

图 7-16　塔中 47 油藏示意图

圈闭上倾方向的火成岩体在构造定型之后又起到了侧向封堵作用，因此，油气在 47 号构造中得以聚集成藏。总之，火成岩具有很强的侧向及横向封堵能力，但岩浆的刺穿对古油藏又有很强的破坏作用，因此，在勘探这一类型的圈闭时，应首先搞清楚构造的形成时期与油气的生成、运移之间的关系，看它们之间是否匹配，只有这样，才能找到火成岩刺穿遮挡油气藏。

火山活动对油藏的破坏是两方面：其一火山通道断层将油藏与地表沟通，含氧的大气降水对原油起氧化破坏作用；其二火山岩浆本身的热烘烤作用。根据石油分馏方面的知识，正常原油受热后，会反生分馏。在埋深近千米的近封闭条件下，当温度达 200℃左右时，与石油气和汽油等对应的轻组分会发生沸腾，在浮力的作用下会沿断层或火山口朝地表流窜散失。在受到 400℃左右的高温时，与煤油、柴油等对应的轻组分会沸腾和朝地表流窜散失。当经受过 500℃左右的高温时，下奥陶统储层中只剩余了胶质、蜡质和沥青质等重组分。地质及测井研究结果表明，塔中地区以玄武岩、凝灰岩和英安岩代表的火山喷发喷溢亚旋回至少有 4～5 次，多个喷发—喷溢旋回过程增加了油藏与淡水或热岩浆接触的机会，从而加剧了对油藏的改造和重质油的形成。岩浆的温度可达 800～1000℃，热烘烤所涉及的范围可达 1000～2000m。因此，在存在多个火山通道的状况下，烘烤作用也可以是重质油形成的原因之一。

7.7 火山活动对油气聚集评价

通过上述火山活动与油气成藏关系的六个方面探讨，认为火山岩原始基质孔隙都比较低，要想在火山岩层段获得较好的产量，必须发育次生溶蚀孔和裂缝，而火山活动对油气的有利型主要是油气的形成、运移及成藏发生在火山活动之后。主要表现为：①岩浆活动使得盆地内古地温普遍增高，火成岩发育区附近的烃源岩能够提前进入生油门限，加速了烃源岩成熟，促使有机质向烃类转化，且生烃量大，已生过烃的源岩发生二次生烃作用，还能促进油气运移；②岩浆侵入过程中会对围岩造成挤压，这会在火山岩层上部和下部形成大量的微裂缝，使围岩成为很好的储层，地下水交替变得活跃，深部岩浆活动释放的酸性气体使得水化学性质发生变化，偏酸性，溶蚀能力增强，使岩石发生重结晶，晶粒变粗，结构疏松，利于溶蚀（塔中 45 井）。另外，致密的火成岩也会在后期构造运动中产生裂缝（中 1 井二叠系岩心玄武岩、辉绿岩裂缝中有油迹），从而为后期油气的储集提供一定的空间；③火山活动形成的大部岩石岩性致密，气孔含量少，具有很好的封闭性能，可以作为盖层形成火山岩遮挡型油藏；④火山活动的断裂通道以及对围岩挤压形成的微裂缝可以为后期油气的运移提供输导，另外后期形成的火成岩体也可以在侧向上遮挡油气（塔中 47）。

综上所述，上下贯通的断裂、火山岩裂缝、火山岩顶面鼻凸构造带（局部构造）以及 T_5^0 不整合面构成很好的网状输导体系，这是火山岩上、下层系发现较好的油气显示的前提和基础。最近，在塔中北坡顺南 4 井、顺南 5 井相继在鹰山组下段获得高产气流，其成藏主控因素是沿深大断裂带发育与海西晚期岩浆活动相关热液溶蚀及改造的缝洞型储集体（图 7-17）。海西晚期多次张裂活动为热液上涌提供通道，形成溶蚀或改造碳酸盐岩储层，顶部致密灰岩及上覆巨厚上奥陶统砂泥岩直接封盖，侧向致密灰岩封挡，最终在燕山—喜山期挤压断裂活动期天然气充注成藏。

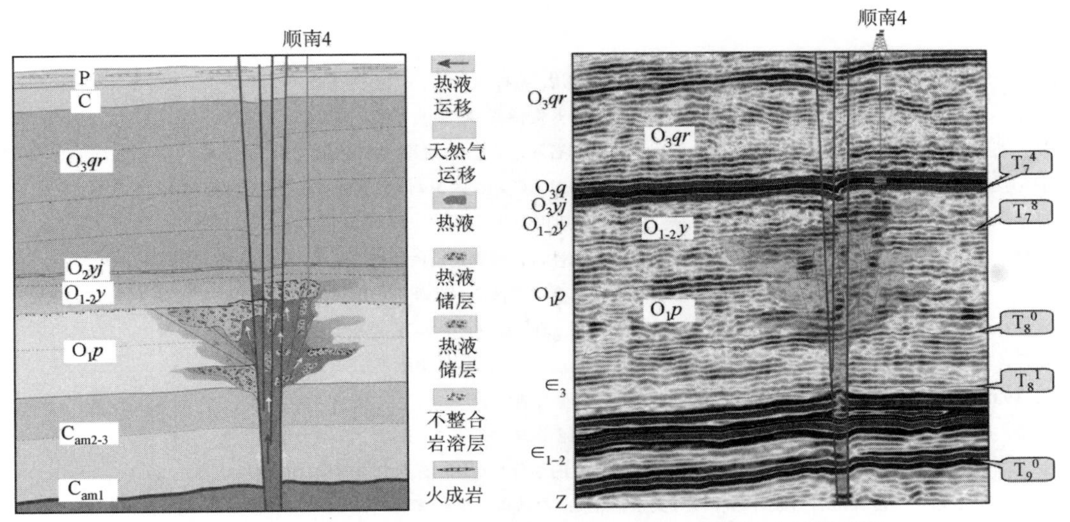

图 7-17　塔中北坡顺南 4 井奥陶系碳酸盐岩缝洞型圈闭成藏模式图

参考文献

白新华. 1999. 浅析断裂活动对火山岩油气藏形成的控制作用. 特种油气藏，6（1）：6-9.

曹宝军，刘德华. 2004. 深层火山岩油气藏的分布与勘探、开发特征. 特种油气藏，11（1）：18-21.

苌衡，龚奇，欧阳睿，等. 2003. 塔中地区火成岩特征及其石油地质意义. 石油物探，42（1）：49-54.

苌衡，张新艳，彭鑫岭. 2003. 塔里木盆地塔中地区火成岩对油气勘探的影响. 断块油气田，10（1）：5-10.

常丽华，曹林，高福红. 2009. 火成岩鉴定手册. 北京：地质出版社.

陈汉林，杨树锋，董传万，等. 1997. 塔里木盆地二叠纪基性岩带的确定及大地构造意义. 地球化学，26（6）：77-87.

陈汉林，杨树锋，王清华，等. 2006. 塔里木板块早—中二叠世玄武质岩浆作用的沉积响应. 中国地质，33（3）：545-552.

陈建文，魏斌，李长山，等. 2000. 火山岩岩性的测井识别. 地学前缘，7（4）：458.

陈树民，姜传金. 2015. 盆地火山岩储层地震预测理论与方法. 北京：科学出版社.

陈岩. 1988. 克拉玛依油田一区石炭系火山岩油藏剖析. 新疆石油地质，9（1）：17-31.

陈业全，李宝刚，刘春晓. 2004. 塔中地区火山岩预测的综合地球物理方法. 东营：石油大学出版社.

陈业全，李宝刚. 2004. 塔里木盆地中部二叠系火山岩地层的划分与对比. 石油大学学报（自然科学版），28（6）：6-10.

陈业全. 2005. 塔中地区火山岩形成分布和油气关系. 北京：中国科学院大学.

陈振岩，仇劲涛，王璞珺，等. 2011. 主成盆期火山岩与油气成藏关系探讨. 沉积学报，29（4）：798-808.

程志平，刘家远. 2005. 新疆北部金矿火山岩的地质地球化学和地球物理特征. 火山作用与地球层圈演化—全国第四次火山学术研讨会论文摘要集. 北海.

崔泽宏，唐跃. 2010. 塔河地区海西晚期火山岩地球化学特征及地质意义. 中国地质，37（2）：334-346.

代诗华，罗兴平，王军，等. 1998. 火山岩储集层测井响应与解释方法. 新疆石油地质，19（6）：466-467.

丁秀春. 2003. 测井响应在火成岩储层研究中的应用. 特种油气藏，10（1）：69-72.

董富荣，李嵩龄，冯新昌. 1999. 库鲁克塔格地区新太古代深沟片麻杂岩特征. 新疆地质，17（1）：82-87.

杜金虎. 2010. 新疆北部石炭系火山岩油气勘探. 北京：石油工业出版社.

杜贤樾，肖焕钦. 1998. 渤海湾盆地火成岩油气藏勘探研究进展. 复式油气田，4（7）：1-4.

顿铁军. 1995. 克拉玛依油田火山岩储层研究. 西北地质，16（2）：58-66.

范典高，段本春. 2000. 岩浆岩储层的形成及油气藏类型. 青岛海洋大学学报，20（2）：321-326.

冯翠菊，王敬岩，冯庆付. 2004. 利用测井资料识别火成岩岩性的方法. 大庆石油学院报，28（4）：9-11.

冯翠菊，王敬岩，冯庆付. 2004. 利用测井资料识别火成岩岩性的方法. 大庆石油学院学报，28（4）：9-11.

冯乔，汤锡元. 1997. 岩浆活动与油气成藏地质条件的关系. 西北地质科学，18（1）. 56-62.

冯乔，汤锡元. 1997. 岩浆活动与油气成藏地质条件的关系. 西北地质科学，18（1）：56-62.

负海朋. 2003. 塔里木微板块震旦——寒武系火山岩地球化学及其大地构造意义. 西北地质，36（3）：1-6.

高斌，王伟锋，卫平生，等. 2013. 三种典型火山岩储层的特征和综合预测研究. 石油实验地质，35（2）：207-212.

郭占谦. 2002. 火山活动与石油天然气的生成. 新疆石油地质，23（3）：183-185.

郭战峰，刘新民，刘颉. 2004. 塔里木盆地柯坪、巴楚断隆志留—泥盆系砂岩碎屑组分与构造背景关系分析. 河南石油，18（4）：7-10.

郭召杰，张志诚，刘树文，等. 2003. 塔里木克拉通早前寒武纪基底层序与组合：颗粒锆石 U-Pb 年龄新证据. 岩石学报，19（3）：537-542.

郝建荣，周鼎武，柳益群，等. 2006. 新疆三塘湖盆地二叠纪火山岩岩石地球化学及其构造环境分析. 岩石学报，22(1)：189-198.

何登发，贾承造，柳少波，等. 2002. 塔里木盆地轮南低凸起油气多期成藏动力学. 科学通报，47（z1）：122-130.

何登发，　　杨海军，等. 2008. 塔里木盆地克拉通内古隆起的成因机制与构造类型. 地学前缘，5（2）：207-221.

何文渊，李江海，钱祥麟，等. 2002. 塔里木盆地柯坪断隆断裂构造分析. 中国地质，29（1）：37-43.

何琰，伍友佳，吴念胜. 1999. 火山岩油气藏研究. 大庆石油地质与开发，18（4）：6-14.
黄布宙，潘保芝. 2001. 松辽盆地北部深层火成岩测井响应特征及岩性划分. 石油物探，40（3）：43-44.
黄隆基，范宜仁. 1997. 火山岩测井评价的地质和地球物理基础. 测井技术，21（5）：341-342.
贾承造. 1997. 中国塔里木盆地构造特征与油气. 北京：石油工业出版社.
贾润胥. 1991. 中国塔里木盆地北部油气地质研究. 武汉：中国地质大学出版社.
姜常义，贾承造，李良辰，等. 2004. 新疆麻扎尔塔格地区铁富集型高镁岩浆的源区. 地质学报，78（6）：770-780.
姜常义，张蓬勃，卢登蓉，等. 2004. 柯坪玄武岩的岩石学地球化学 Nd、Sr、Pb 同位素组成与岩石成因. 地质论评，50（2）：492-450.
解晨，王保才，尚雅珍，等. 2003. 塔里木盆地塔中低隆起构造演化对油气藏的控制. 大庆石油地质与开发，22（2）：4-6.
解启来，周中毅. 2002. 利用干酪根热解动力学模拟实验研究塔里木盆地下古生界古地温. 地球科学，06：767-769.
康玉柱. 2008. 新疆两大盆地石炭—二叠系火山岩特征与油气. 石油实验地质，30（4）：321-327.
匡立春，薛新克，邹才能，等. 2007. 火山岩岩性地层油藏成藏条件与富集规律——以准噶尔盆地克-百断裂带上盘石炭系为例. 石油勘探与开发，34（3）：285-291.
李宝刚，王伟锋，陈业全，等. 2004. 合成地震记录在塔中地区火山岩识别中的应用. 石油物探，43（3）：262-267.
李彬，贺凯，吕海涛，等. 2011. 塔北地区二叠系火山岩岩性特征及油气勘探前景. 石油与天然气地质，32（54）：851-858.
李昌年，路凤香，陈美华. 2001. 巴楚瓦吉里塔格火成杂岩体岩石学研究. 新疆地质，19（1）：38-42.
李昌年. 1992. 火成岩微量元素岩石学. 北京：中国地质大学出版社.
李东旭. 2015. 塔里木大火成岩省地幔柱成因的沉积学证据. 杭州：浙江大学.
李宏伟，邓宏文，陈富新. 2007. 含油气盆地火山岩与油气关系浅论. 地学前缘，7（4）：410-416.
李洪辉，周东延，丛祝安. 2001. 塔里木盆地地震反射异常体及其地质属性初探. 石油勘探与开发，28（2）：50-54.
李慧莉，邱楠生，金之钧，等. 2004. 塔里木盆地塔中地区地质热历史研究. 西安石油大学学报（自然科学版），19（4）：36-40.
李建忠，吴晓智，齐雪峰，等. 2010. 新疆北部地区上古生界火山岩分布及其构造环境. 岩石学报，26（1）：195-206.
李彦明，李艳丽，赵徽林，等. 2002. 深层火山岩储集层定量预测方法的探讨. 石油地球物理勘探，37（2）：175-180.
李勇，苏文，孔屏，等. 2007. 塔里木盆地塔中—巴楚地区早二叠世岩浆岩的 LA-ICP-MS 锆石 U-Pb 年龄. 岩石学报，23（5）：1097-1103.
李宇平，王振宇. 1997. 塔中地区奥陶统碳酸盐重力流沉积. 新疆石油地质，18（3）：231-238.
李曰俊，宋文杰，吴根耀，等. 2005. 塔里木盆地中部隐伏的晋宁期花岗闪长岩和闪长岩. 地球科学，35（2）：97-104.
李曰俊，孙龙德，吴浩若，等. 2004. 塔里木盆地西北缘三叠系硅岩砾石中的放射虫化石及其地质意义. 地质科学，39（2）：153-158+305.
李中朝. 1999. 岩浆侵入体的地震地质解释. 中国煤田地质，11（12）：59-61.
励音骐. 2013. 塔里木早二叠世大火成岩省岩浆动力学及含矿性研究. 杭州：浙江大学.
刘春晓，张晓花，刘建军. 2004. 塔中地区火山岩与油气藏关系研究. 断块油气田，11（5）：18-20.
刘景彦，梁运基，梁亚南. 2005. 塔里木盆地火成岩发育区地震数据处理方法研究. 江汉石油学院报，27（4）：610-612.
刘绍平，刘学峰，等. 1997. 塔中地区火成岩的地震特征及圈闭特征. 江汉石油学院报，19（3）：35-39.
刘为付，孙立新，刘双龙，等. 2002. 模糊数学识别火山岩岩性. 特种油气藏，9（1）：14-17.
刘晓，关平，潘文庆，等. 2011. 塔里木盆地二叠系火山岩空间展布的精细刻画及其地质意义. 北京大学学报（自然科学版），47（2）：315-320.
刘亚雷，胡秀芳，黄智斌，等. 2012. 塔里木盆地塔北隆起西部火山岩～（40）Ar-～（39）Ar 年代学和地球化学特征. 岩石学报，28（8）：2423-2434.
刘亚雷，黄智斌，吴根耀，等. 2012. 塔北隆起西部中晚二叠世岩浆岩的分布和构造背景. 新疆石油地质，33（6）：672-675.
路波，赵萍. 2004. 火山岩的分布及其对油气藏的作用. 特种油气藏，11（2）：17-20.
罗金海，车自成，曹远志，等. 2008. 南天山南缘早二叠世酸性火山岩的地球化学、同位素年代学及其构造意义. 岩石学报，24（10）：2281-2288.

罗静兰，邵红梅，张成立. 2003. 火山岩油气藏研究方法与勘探技术综述. 石油学报，24（1）：31-39.
罗群，刘为付，郑德山，等. 2001. 深层火山岩油气藏的分布规律. 新疆石油地质，22（3）：196-199.
罗群，刘为付，郑德山. 2001. 深层火山岩油气藏的分布规律. 新疆石油地质，22（3）：196-199.
罗照华，白志达，赵志丹，等. 2003. 塔里木盆地南北缘新生代火山岩成因及其地质意义. 地学前缘（中国地质大学，北京），10（3）：179-189.
马中远，任丽丹，黄苇，等. 2013. 塔里木盆地塔中地区火成岩的基本特征. 特种油气藏，20（3）：64-67.
毛小平，何大伟，辛广柱，等. 2005. 厚层火山岩地震响应研究. 石油地球物理勘探，40（6）：670-676.
聂保锋，于炳松，朱金富. 2008. 巴楚地区碳酸盐岩中深成侵入岩特征及其对储层发育的影响. 地学前缘（中国地质大学（北京），15（2）：90-99.
潘长春，周中毅，范善发，等. 1996. 塔里木盆地热历史. 矿物岩石地球化学通报，03：150-152，177.
潘家伟，李海兵，孙知明，等. 2011. 塔里木盆地古董山火山岩地球化学特征及可能的时代. 中国地质，38（4）：829-837.
潘建国，郝芳，张虎权，等. 2007. 花岗岩和火山岩油气藏的形成及其勘探潜力. 天然气地球科学，18（3）：380-385.
潘赟，潘懋，田伟，等. 2013. 塔里木中部二叠纪玄武岩分布的重新厘定：基于测井数据的新认识. 地质学报，87（10）：1542-1550.
裴正林，牟永光. 2004. 火成岩区地震波传播规律研究. 石油物探，43（5）：443-438.
彭彩珍，郭平，贾闽惠. 2006. 火山岩气藏开发现状综述. 西南石油学院学报，28（5）：69-73.
蒲仁海，党晓红，许璟，等. 2011. 塔里木盆地二叠系划分对比与火山岩分布. 岩石学报，27（1）：166-180.
綦敦科，齐景顺，王革，等. 2002. 徐家围子地区火山岩储层特征研究. 特种油气藏，9（4）：30-32.
邱楠生，金之钧，李京昌. 2002. 塔里木盆地热演化分析中热史波动模型的初探. 地球物理学报，45（3）：398-406.
邱楠生，金之钧，王飞宇. 1997. 多期构造演化盆地的复杂地温场对油气生成的影响——以塔里木盆地塔中地区为例. 沉积学报，02：142-144.
邱楠生，秦建中，Brent I A McInnes，等. 2008. 川东北地区构造-热演化探讨——来自（U-Th）/He 年龄和 Ro 的约束. 高校地质学报，02：223-230.
邵正奎，孟宪禄，王洪艳，等. 1999. 松辽盆地火山岩地震反射特征及其分布规律. 长春科技大学学报，29（1）：33-36.
宋文杰，李曰俊，胡世玲，等. 2003. 巴楚瓦基里塔格基性—超基性杂岩 40Ar-39Ar 定年. 新疆石油地质，24（4）：284-285.
宋占东，查明，曲江秀. 2007. 阳信洼陷火成岩对烃源岩形成及演化的作用. 石油学报，28（3）：39-44.
宋宗平. 2008. 火山岩储层地震预测技术研究. 成都：成都理工大学.
孙林华，王岳军，范蔚茗，等. 2008. 再论巴楚麻扎山正长岩体岩石成因和构造意义. 吉林大学学报（地球科学版），38（1）：8-20.
孙淑艳，李艳菊，彭莉，等. 2003. 火成岩地震识别及构造描述方法研究. 特种油气藏，10（1）：47-51.
孙肇才. 1990. 发展我国天然气工业的政策、思路与选区. 地球科学进展，2：28-30.
唐跃，崔泽宏，王靓靓. 2011. 塔河地区火山岩类型、分布与主控因素. 中国地质，38（5）：1188-1200.
万从礼，翟庆龙，金强. 2001. 生油岩与火成岩的相互作用研究初探——有机酸对火成岩的蚀变及过渡金属对有机质演化的催化作用. 地质地球化学，29（2）：46-51.
王炳章，徐雷鸣，王世星. 2006. 塔中围斜区碎屑岩储层火成岩侵入体预测. 石油物探，45（6）：602-607.
王飞宇，李谦，张水昌，等. 2004. 塔东地区侏罗系生烃史. 新疆石油地质，1：19-21.
王飞宇，张水昌，张宝民，等. 2003. 塔里木盆地寒武系海相烃源岩有机成熟度及演化史. 地球化学，5：461-468.
王宏语，樊太亮，魏福军，等. 2004. 塔里木盆地巴楚中部地区寒武系盐下构造发育特征. 石油与天然气地质，25（5）：554-558.
王鸿祯. 1990. 中国及邻区构造古地理和生物古地理. 武汉：中国地质大学出版社.
王廷印，王金荣，刘金坤，等. 1993. 华北板块和塔里木板块之关系. 地质学报，11：287-299.
王焰，钱青，刘良，等. 2000. 不同构造环境中双峰式火山岩的主要特征. 岩石学报，16（2）：169-73.
卫平生，潘建国，谭开俊. 2015. 世界典型火成岩油气藏储层. 北京：石油工业出版社.
温声明，王建忠，王贵重，等. 2005. 塔里木盆地火成岩发育特征及对油气成藏的影响. 石油地球物理勘探，40（S1）：33-39.
温声明，杨书江，雷裕红. 2006. 综合物探在塔里木盆地英买力地区火成岩研究中的应用. 成都理工大学学报，33（3）：317-321.

吴根耀，李曰俊，刘亚雷，等. 2012. 塔里木盆地塔北隆起二叠纪—早三叠世火山岩的岩石化学和区域构造意义. 矿物岩石，32（4）：21-30.
吴根耀，李曰俊，王国林，等. 2006. 新疆西部巴楚地区晋宁期的洋岛火山岩. 现代地质，20（3）：361-369.
吴光红，张宝民，边立曾，等. 1999. 塔中地区中晚奥陶世灰泥丘初步研究. 沉积学报，17（2）：198-202.
伍友佳，刘达林. 2004. 中国变质岩火山岩油气藏类型及特征. 西南石油大学学报，26（4）：1-4.
夏步余，谌廷姗. 2002. 地震技术在火成岩发育区开发中的应用. 石油物探，41（4）：461-465.
夏林圻，夏祖春，徐学义. 2008. 天山及邻区石炭纪—早二叠世裂谷火山岩岩石成因. 西北地质，41（4）：1-68.
夏祖春，徐学义，夏林圻，等. 2005. 天山石炭—二叠纪后碰撞花岗质岩石地球化学研究. 西北地质，38（1）：1-14.
肖安成，杨树锋，李曰俊，等. 2005. 塔里木盆地巴楚隆起断裂系统主要形成时代的新认识. 地质科学，40（2）：291-302.
肖尚斌，姜在兴，操应长，等. 1999. 火成岩油气藏分类初探. 石油实验地质，21（4）：324-327.
校培喜，黄玉华，王育习，等. 2006. 新疆库鲁克塔格地块东南缘钾长花岗岩的地球化学特征及同位素测年. 地质通报，25（6）：725-728.
邢秀娟，周鼎武，柳益群，等. 2004. 吐哈盆地及周缘早二叠世火山岩地球化学特征及大地构造环境探讨. 新疆地质，22（1）：50-55.
邢秀娟，周鼎武，柳益群. 2004. 吐哈盆地及周缘早二叠世火山岩地球化学特征及大地构造环境探讨. 新疆地质，22（1）：50-56.
徐国强，鲁惠丽，武恒志，等. 2006. 塔中西北部上奥陶统丘状地震反射异常体的成因. 新疆石油地质，27（4）：403-406.
徐汉林，方乐华，张昕，等. 2006. 塔里木盆地早二叠世岩浆特征及其对油气成藏关系初探. 地球学报，27（3）：235-240.
徐夕生，邱检生. 2010. 火成岩岩石学. 北京：科学出版社.
徐学义，何世平，马中平，等. 2002. 新疆柯坪库木如吾祖克地区二叠纪火山岩. 西北地质，35（3）：35-41.
许风光，邓少贵，范宜仁. 2006. 火成岩储层测井评价进展综述. 勘探地球物理进展，29（4）：239-244.
许永忠，杨海军. 2012. 地震反演技术在岩性及火成岩识别中的研究与应用. 北京：中国矿业大学出版社.
许志琴，李思田，张建新，等. 2011. 塔里木地块与古亚洲/特提斯构造体系的对接. 岩石学报，1：1-22.
闫磊，李明，潘文庆. 2014. 塔里木盆地二叠纪火成岩分布特征——基于高精度航磁资料. 地球物理学进展，29（4）：1843-1848.
杨海军，李曰俊，冯晓军，等. 2007. 塔里木盆地玛扎塔格构造带断裂构造分析. 地质科学，42（3）：506-517.
杨辉，徐怀民，黄娅，等. 2013. 塔里木盆地塔中地区火山岩识别及其油气成藏意义. 科技导报，31（1）：38-42.
杨金龙，罗静兰，何发歧，等. 2004. 塔河地区二叠系火山岩储集层特征. 石油勘探与开发，31（4）：44-47.
杨明慧，金之钧，吕修祥，等. 2007. 塔里木盆地基底卷入扭压构造与巴楚隆起的形成. 地质学报，81（2）：158-165.
杨宁，吕修祥，郑多明. 2005. 塔里木盆地火成岩对碳酸盐岩储层的改造. 西安石油大学学报，20（4）：1-5.
杨树锋，陈汉林，董传万，等. 1996. 塔里木盆地二叠纪正长岩的发现及其地球动力学意义. 地球化学，25（2）：121-128.
杨树锋，陈汉林，董传万，等. 2005. 塔里木盆地早—中二叠世演讲作用过程及地球动力学意义. 高校地质学报，11（4）：504-511.
杨树锋，陈汉林，厉子龙，等. 2014. 塔里木早二叠世大火成岩省. 中国科学：地球科学，44（2）：187-199.
杨树锋，厉子龙，陈汉林，等. 2006. 塔里木二叠纪石英正长斑岩岩墙的发现及其构造意义. 岩石学报，22（5）：1405-1412.
杨树锋，余星，陈汉林，等. 2007. 塔里木盆地巴楚小海子二叠纪超基性脉岩的地球化学特征及其成因探讨. 岩石学报，23（5）：1087-1096.
杨艳芳. 2011. 火山岩储层储集空间演化、成岩作用及成岩相研究. 西安：西北大学.
伊培荣，彭峰，韩芸. 1998. 国外火山岩油气藏特征及其勘探方法. 特种油气藏，5（2）：65-70.
于宝利，刘新利，范素芳，等. 2009. 火山岩相地震研究方法及应用. 新疆石油地质，30（2）：264-266.
于峻川，莫宣学，董国臣，等. 2011. 塔里木北部二叠纪长英质火山岩年代学及地球化学特征. 岩石学报，27（7）：2184-2194.
余星. 2009. 塔里木早二叠世大火成岩省的岩浆演化与深部地质作用. 杭州：浙江大学.
喻高明，李金珍，刘德华，等. 1998. 火山岩油气藏储层地质及开发特征. 特种油气藏， 5（2）：60-64.
喻高明，李金珍. 1998. 火山岩油气藏储层地质及开发特征. 特种油气藏，5（2）：60-64.
张臣，郑多明，李江海. 2001. 柯坪断隆古生代的构造属性及其演化特征. 石油与天然气地质，22（4）：314-318.
张传林，于海峰，叶海敏，等. 2006. 塔里木西部奥依塔克斜长花岗岩：年龄、地球化学特征、成岩作用及其构造意义. 中国科学，36（10）：881-893.

张传林，赵宇，郭坤一. 2003. 塔里木南缘元古代变质基性火山岩地球化学特征——古塔里木板块中元古代裂解的证据. 中国地质大学学报，28（1）：47-53.

张传林. 2003. 塔里木盆地塔中地区火成岩体识别与预测技术. 石油实验地质，25（5）：513-516.

张大权，邹妞妞，姜杨，等. 2015. 火山岩岩性测井识别方法研究——以准噶尔盆地火山岩为例. 岩性油气藏，27（1）：108-114.

张红斌，牛淑琴，邓小力. 1999. 塔中西部火成岩特征及其地震假构造构造校正. 海相油气地质，4（3）：55-60.

张旗，钱青，王焰. 1999. 造山带火成岩地球化学研究. 地学前缘，6（3）：113-120.

张巍，关平，简星. 2014. 塔里木盆地二叠纪火山——岩浆活动对古生界生储条件的影响——以塔中 47 井区为例. 沉积学报，32（1）：148-158.

张巍，关平，齐英敏，等. 2014. 塔里木盆地满西—阿瓦提地区二叠系火山岩空间展布与主控因素. 天然气地球科学，25（S1）：79-90.

张新荣，王东坡. 2001. 火山岩油气储层特征浅析. 世界地质，20（3）：272-278.

张艳，孙晓猛. 2010. 新疆库鲁克塔格地区晚泥盆世火山岩（40）Ar/～（39）Ar 年代学及其地质意义. 岩石学报，26（1）：302-308.

张莹. 2010. 火山岩岩性识别和储层评价的理论与技术研究. 长春：吉林大学.

张子枢，胡邦辉. 1994. 国内外火山岩油气藏研究现状及勘探技术调研. 天然气勘探与开发，16（1）：1-26.

赵海玲，刘振文，李剑，等. 2004. 火成岩油气储层的岩石学特征及研究方向. 石油与天然气地质，25（6）：609-613.

赵围. 2006. 火山岩中找油气——访中国科学院院士刘嘉麒. 中国石油石化，14（3）：38-39.

赵锡奎，曹正林，邬兴威，等. 1998. 滇西耿马盆地构造—沉积综合分析. 矿物岩石，1：55-60.

赵锡奎. 2010. 塔中地区火山活动规律与油气成藏关系研究. 中石化西北油田分公司内部科研报告.

赵泽辉，郭召杰，韩宝福，等. 2006. 新疆三塘湖盆地古生代晚期火山岩地球化学特征及其构造——岩浆演化意义. 岩石学报，22（1）：199-214.

赵泽辉，郭召杰，韩宝福. 2006. 新疆三塘湖盆地古生代晚期火山岩地球化学特征及其构造——岩浆演化意义. 岩石学报，22（1）：199-213.

赵振华. 2006. 中国新疆北部富碱火成岩及其成矿作用. 北京：地质出版社.

周波，李舟波，潘保芝. 2005. 火山岩岩性识别方法研究. 吉林大学学报（地球科学版），35（3）：394-397.

周中毅. 1985. 塔里木盆地的地温梯度偏低深部有较大油气前景. 石油与天然气地质，S1：24-25.

朱俊玲，张继腾，焦存礼，等. 2004. 塔中地区顺西区块中、上奥陶统异常体与圈闭评价. 石油勘探与开发，31（5）：34-37.

朱毅秀，金之钧，林畅松，等. 2005. 塔里木盆地塔中地区早二叠世岩浆岩及油气成藏关系. 石油实验地质，27（1）：50-55.

庄博. 1998. 火成岩储集层的地震识别方法探讨——以罗家地区为例. 复式油气田，4（2）：27-31.

邹才能. 2012. 火山岩油气地质. 北京：地质出版社.

Glover F. 1986. Future paths for integer programming and links to artificial intelligence. Computers and Operations Research，13（5）：533-549.

Loffler H K. 1980. 含 SiO_2 低于 43%的岩石的里特曼“系数指数”的修正. 地球与环境. 10.

Le Bass N J. 1962. The role of aluminium in igneous clinopyroaenes with relation to their percentage. Amer，60：267-288.

Lv X，Yang H，Xu S，et al. 2004. Petroleum accumulation associated with volcanic activit y in the Tarim Basin. Petroleum Science，3（1）：30-36.

索　引

彩　图

图 4-2　块状玄武岩的少斑状结构

样品 S01-13，+N

图 4-3　玄武岩的绿泥石杏仁体及基质绿泥石化

样品 S01-15，+N

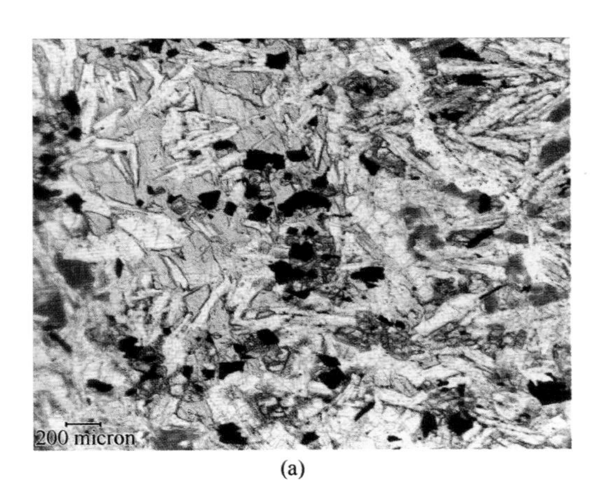

(a)

(b)

图 4-4　橄榄玄武岩

样品 S01-23，（a）单偏光；（b）正交偏光

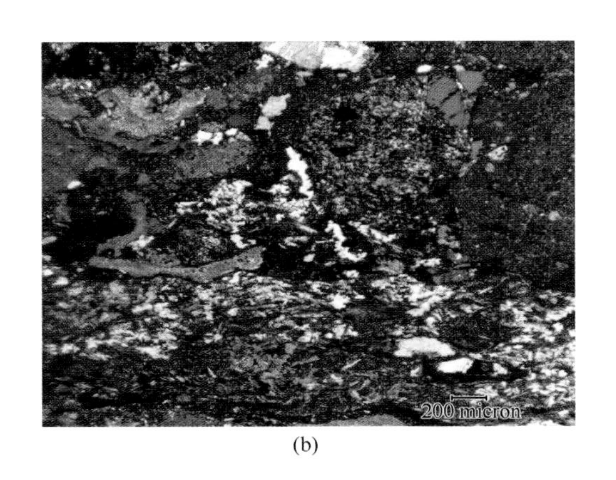

(b)

图 4-5　火山角砾岩

样品 S-1-22，（a）单偏光；（b）正交偏光

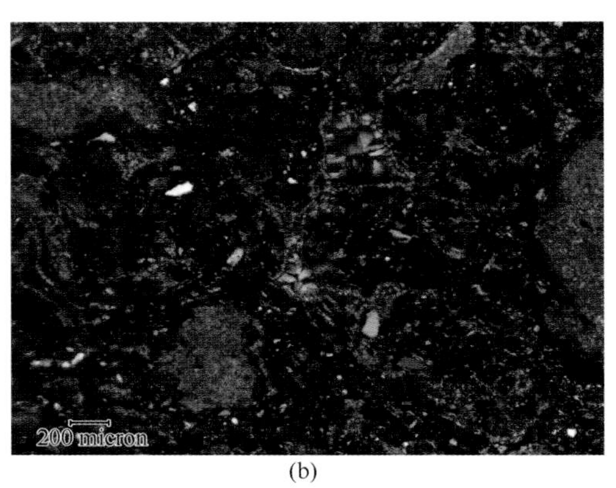

(b)

图 4-6　凝灰岩

样品 S01-21，（a）单偏光；（b）正交偏光

(b)

图 4-9　含橄辉石正长岩

XB001-2，（a）单偏光；（b）正交偏光

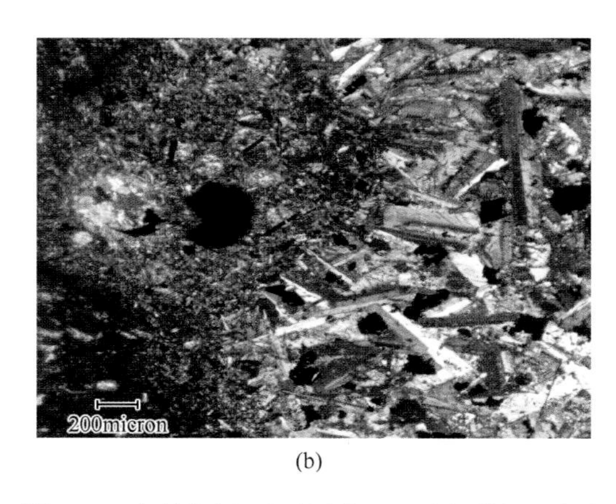

(b)

图 4-11　细粒辉绿—辉长岩侵入形成细粒辉石角岩

样品：中 16-4；（a）单偏光；（b）正交偏光

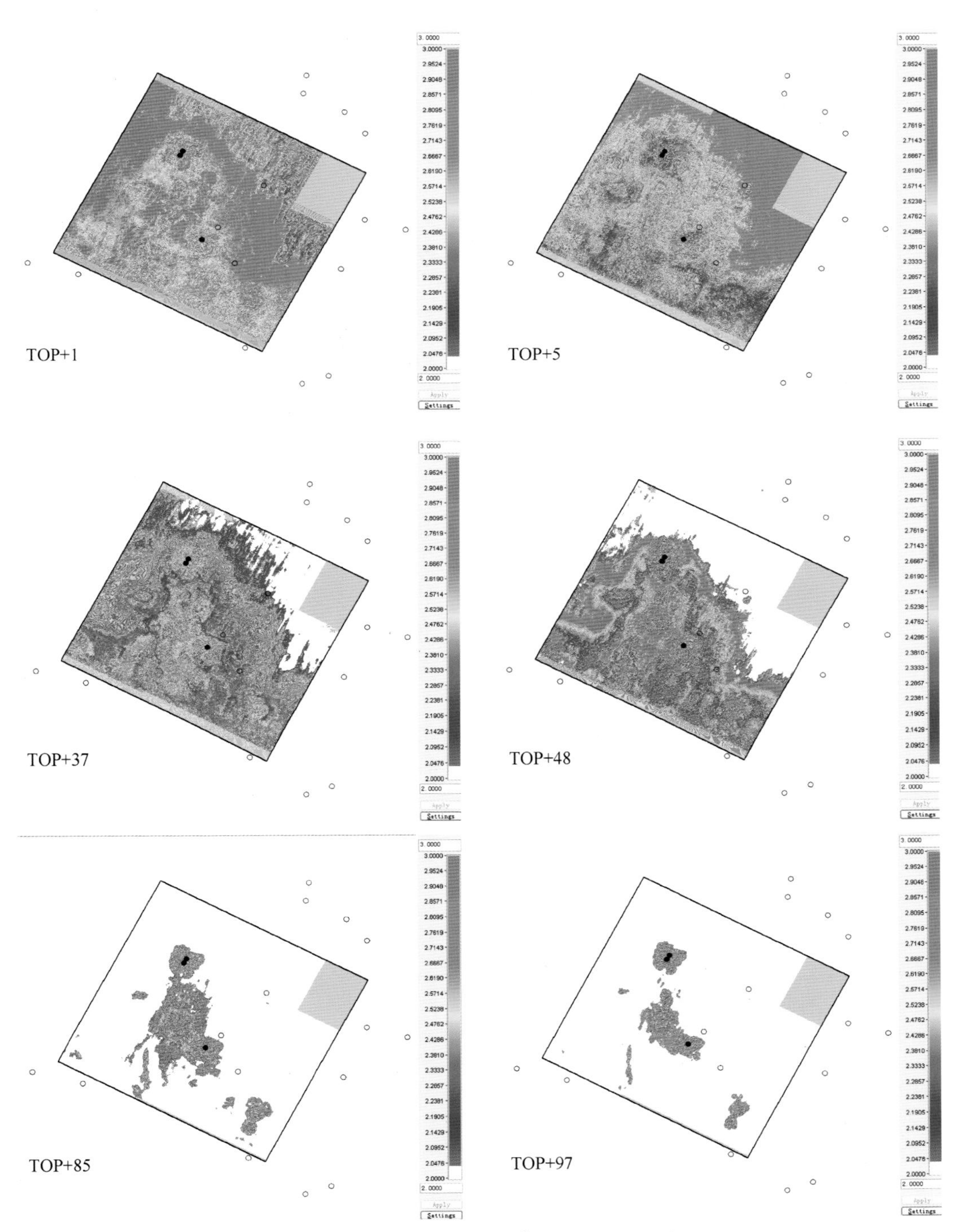

图 4-27　卡 1 区块密度沿 T_5^1 层水平切片反演图

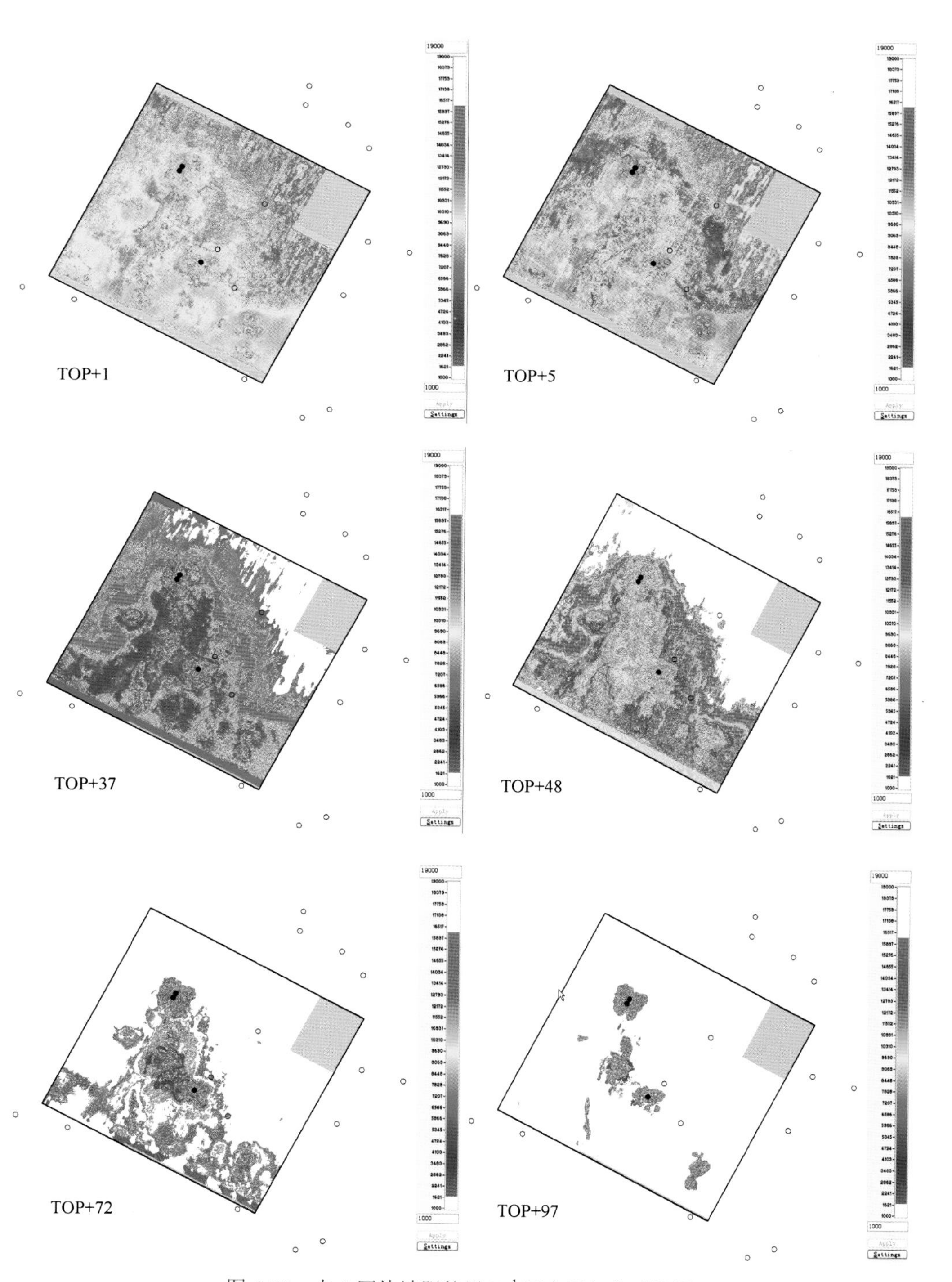

图 4-28　卡 1 区块波阻抗沿 T_5^1 层水平切片反演图

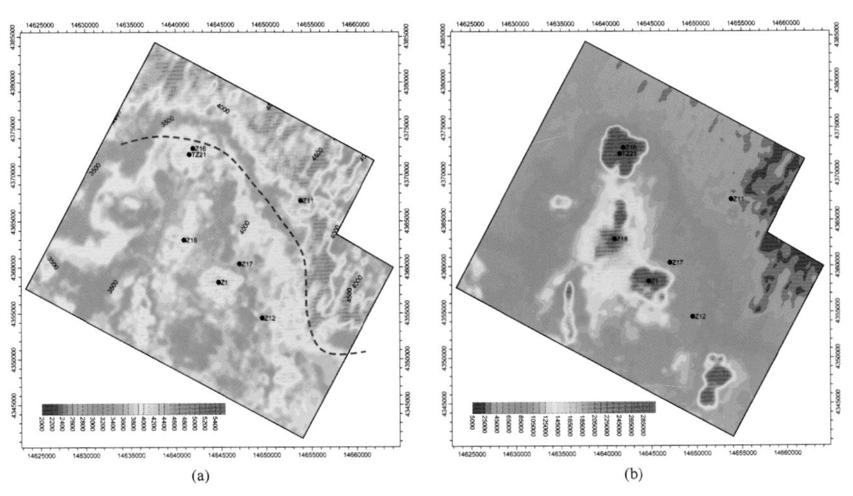

图 4-29　卡 1 区块火成岩均方根速度（a）和累计速度（b）平面图

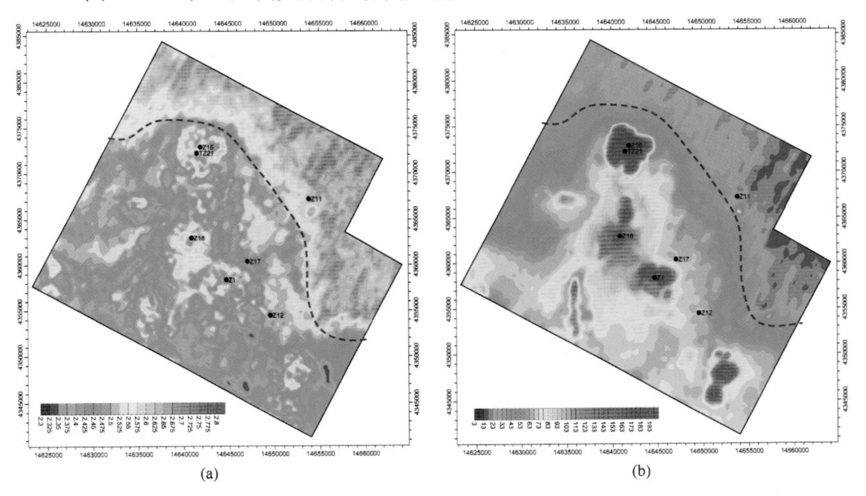

图 4-30　卡 1 区块火成岩均方根密度（a）和累计密度（b）平面图

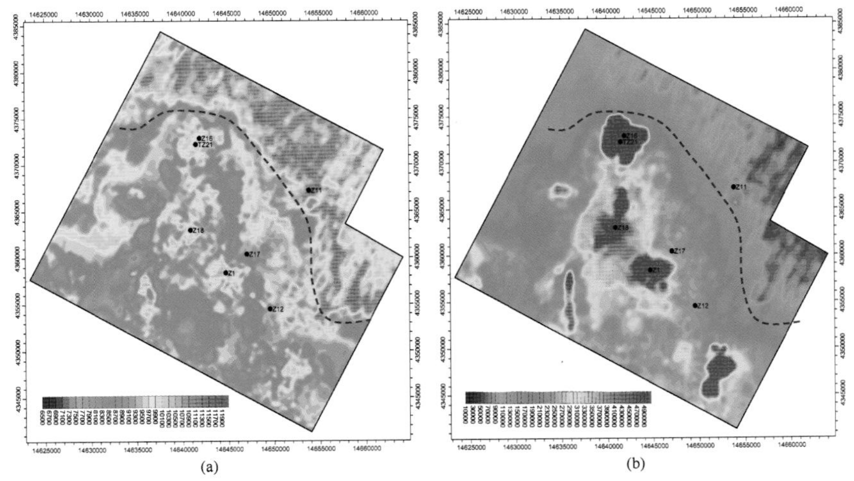

图 4-31　卡 1 区块火成岩均方根波阻抗（a）和累计波阻抗（b）平面图

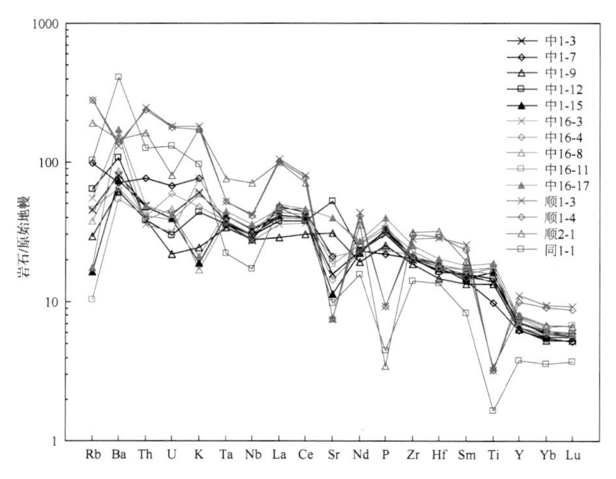

图 6-7　早二叠世井下火山岩微量元素配分曲线蛛网图

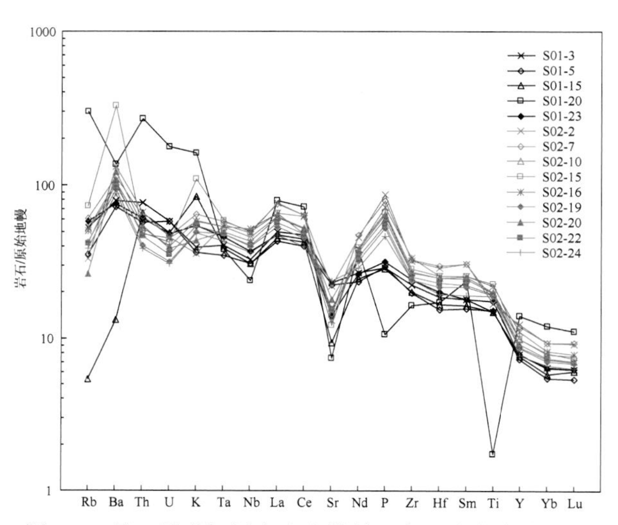

图 6-8　早二叠世柯坪火山岩微量元素配分曲线蛛网图

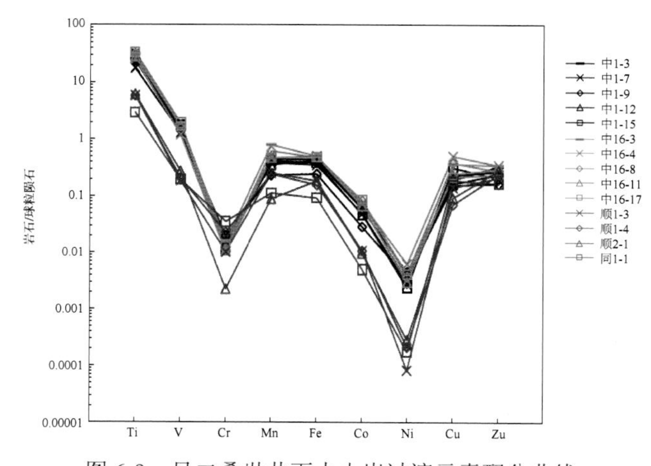

图 6-9　早二叠世井下火山岩过渡元素配分曲线

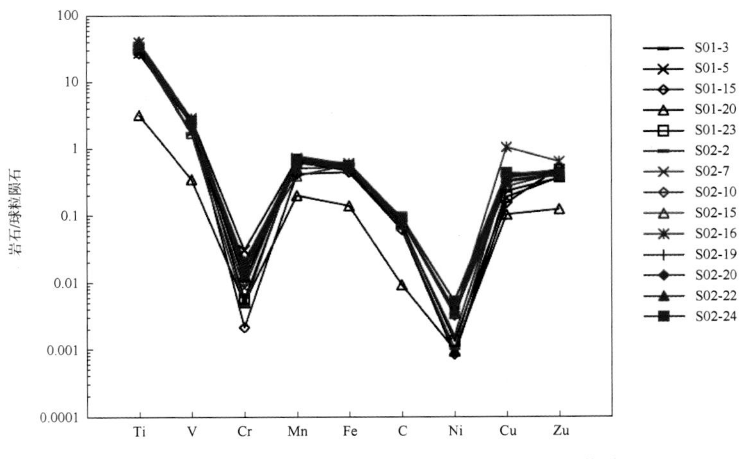

图 6-10 早二叠世柯坪火山岩过渡元素配分曲线

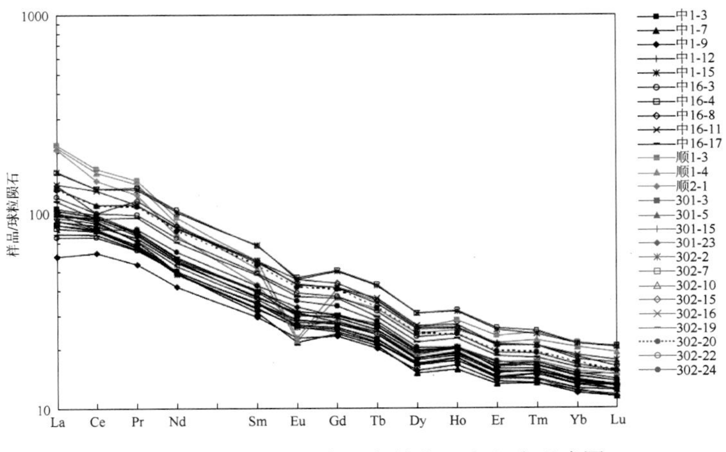

图 6-18 早二叠世火山岩稀土元素配分形式图

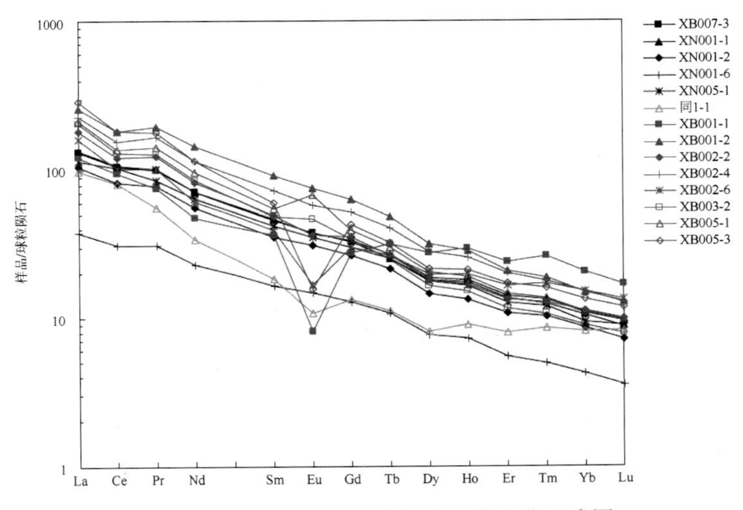

图 6-19 早二叠世侵入岩稀土元素配分形式图

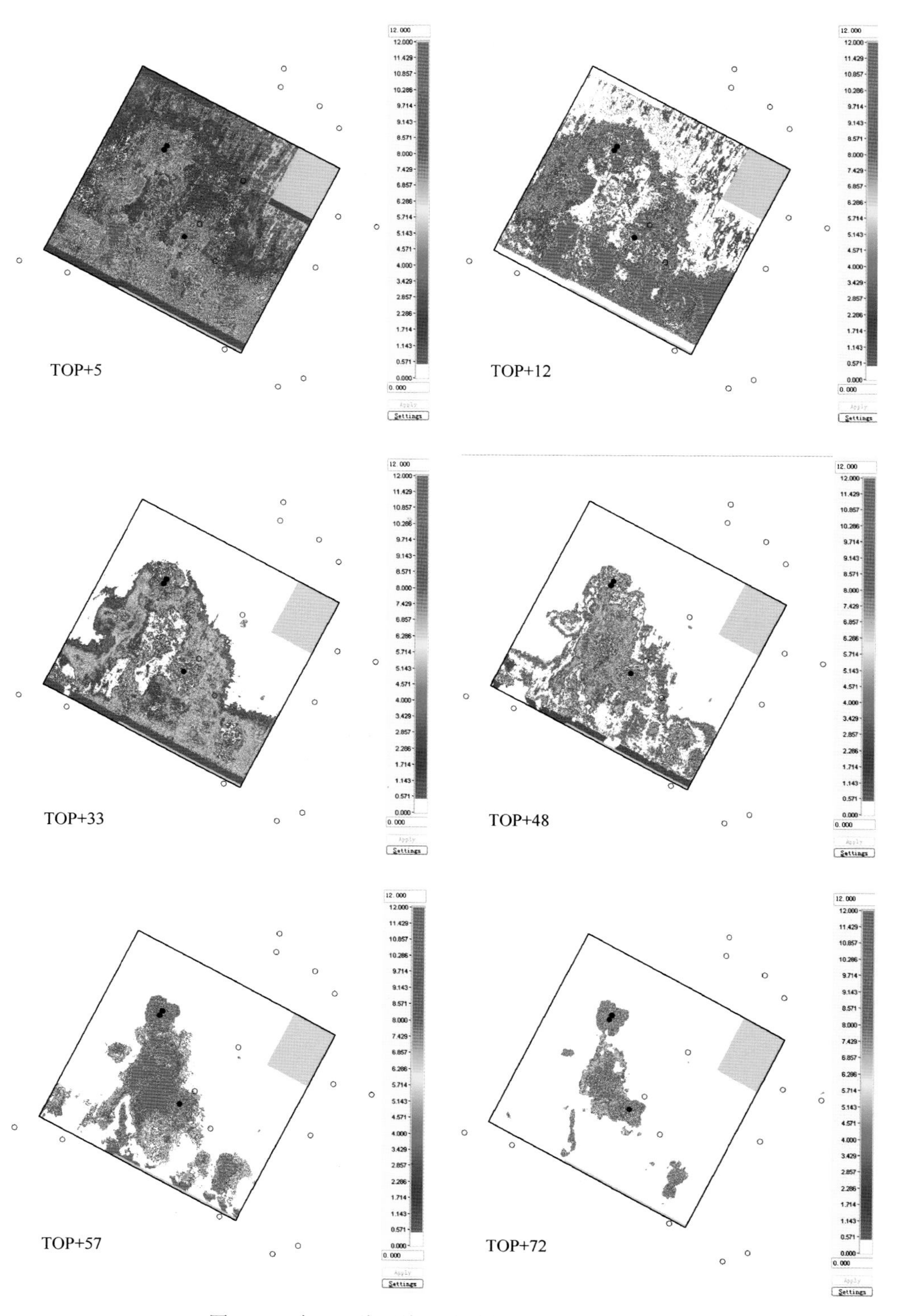

图 7-14　卡 1 三维区块二叠系火成岩孔隙度切片图